高职高专电梯工程技术专业系列教材

电梯维修与保养

主　编　阮广东
副主编　刘国文　王秦越　俞　平
参　编　张春孩　沈　贝

机 械 工 业 出 版 社

全书分为三个模块，分别为电梯的维护与保养、电梯电气系统常见故障诊断与维修、电梯机械系统常见故障诊断与维修。模块一包括五个项目，以电梯位于不同位置的设备为主线展开，介绍了电梯的维护与保养安全操作基本规范，以及电梯机房设备、电梯井道设备、电梯底坑设备、电梯层门轿门系统的维护与保养；模块二包括九个项目，以电梯主要控制电路为主线展开，介绍了电梯电气控制系统故障诊断的相关知识，电梯电源电路、安全与门锁电路、主控制电路、制动电路、开关门控制电路、外呼内选通信电路和变频驱动电路的故障诊断与维修，以及电梯其他故障现象分析；模块三包括四个项目，以位于不同位置的机械部件为主线，介绍了电梯机械系统故障诊断与维修的基本知识、电梯曳引机故障诊断与维修、电梯轿厢运行故障诊断与维修、电梯层门轿门系统故障诊断与维修。

本书可作为高职高专电梯工程技术专业及相关专业的教材，也可供从事相关工作的工程技术人员参考。

为方便教学，本书配有电子课件、模拟试卷等，凡选用本书作为授课教材的老师，均可来电索取。咨询电话：010-88379375。

图书在版编目（CIP）数据

电梯维修与保养/阮广东主编. —北京：机械工业出版社，2021.1
（2024.9重印）
高职高专电梯工程技术专业系列教材
ISBN 978-7-111-67499-3

Ⅰ.①电… Ⅱ.①阮… Ⅲ.①电梯—维修—高等职业教育—教材 ②电梯—保养—高等职业教育—教材 Ⅳ.①TU857

中国版本图书馆 CIP 数据核字（2021）第 024741 号

机械工业出版社（北京市百万庄大街 22 号 邮政编码 100037）
策划编辑：王宗锋 责任编辑：王宗锋 王 荣
责任校对：王 延 责任印制：常天培
固安县铭成印刷有限公司印刷
2024 年 9 月第 1 版第 7 次印刷
184mm×260mm · 15.5 印张 · 382 千字
标准书号：ISBN 978-7-111-67499-3
定价：45.00 元

电话服务 网络服务
客服电话：010-88361066 机 工 官 网：www.cmpbook.com
010-88379833 机 工 官 博：weibo.com/cmp1952
010-68326294 金 书 网：www.golden-book.com
封底无防伪标均为盗版 机工教育服务网：www.cmpedu.com

前　言

随着我国经济结构的调整，建筑用地资源受到限制，高层建筑已成为我国建筑行业发展的主流和方向，随之带来的是与之配套的电梯产业的发展及电梯从业人员的稀缺。在电梯从业人员中，电梯安装、维修与保养人才的缺口尤为严重。为了弥补这种现状，许多学校相继开设了电梯专业或电梯相关课程。

为了适应电梯专业建设与发展的需要及人才培养的需求，特别是高职院校对于高素质技术技能电梯维修与保养人才的需求，有必要编写一本实用性强、理论与实践兼顾的电梯维修与保养专业的教材。基于上述目的，本书应运而生。

本书具有以下特点：以实训项目和工作任务作为编排的主线，每一个任务里都有相应的知识目标、能力目标、任务描述、任务分析、相关知识、任务准备、任务实施、任务考核及任务小结，实践性与针对性强，便于学生实施，也便于教师考核；每一个项目和任务的任务实施中设置了相关的实操训练任务，学生通过完成实训项目，可提高动手操作能力和分析及解决问题的能力，完善知识体系；每一个任务的任务考核中都以表格的形式详细设置了考核项目与知识点，教师可将其做成作业册，便于现场考核，也便于学生练习，同时，考核内容里增加了对理论认识的考核，教师可通过提问方式考核学生对相关知识和操作的理解，有助于全面考核学生的知识与技能。

本书由阮广东任主编，刘国文、王秦越、俞平任副主编，张春孩、沈贝参与编写。其中，模块一的项目一由俞平负责编写，模块一的项目二~项目五由王秦越负责编写，模块二由阮广东负责编写，模块三由刘国文、张春孩负责编写；插图工作由沈贝负责。全书由阮广东负责统稿。

由于编者水平有限，错误与疏漏之处在所难免，敬请读者批评指正。

编　者

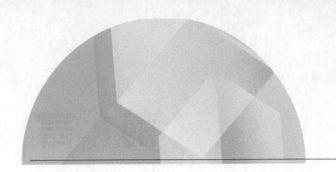

目 录

前 言
模块一 电梯的维护与保养 ·· 1
　项目一 电梯维护与保养基础 ·· 1
　　任务一 电梯维护保养与安全操作基本规范 ····························· 2
　　任务二 电梯机房安全操作基本规范 ··································· 9
　　任务三 进出电梯轿顶安全操作基本规范 ····························· 16
　　任务四 进出电梯底坑安全操作基本规范 ····························· 26
　　任务五 盘车安全操作基本规范 ··································· 31
　项目二 电梯机房设备的维护与保养 ··································· 36
　　任务一 电梯维护与保养的基本要素 ··································· 36
　　任务二 曳引机构的维护与保养 ··································· 40
　　任务三 控制柜的维护与保养 ··································· 46
　　任务四 限速器与安全钳的维护与保养 ····························· 49
　　任务五 电梯机房其他维护与保养项目 ····························· 57
　项目三 电梯井道设备的维护与保养 ··································· 60
　　任务一 电梯导向系统的维护与保养 ··································· 61
　　任务二 电梯悬挂系统的维护与保养 ··································· 67
　　任务三 电梯轿厢装置的维护与保养 ··································· 75
　　任务四 电梯对重装置的维护与保养 ··································· 81
　　任务五 电梯端站保护装置与井道照明装置的维护与保养 ··············· 85
　项目四 电梯底坑设备的维护与保养 ··································· 90
　　任务一 缓冲器的维护与保养 ··································· 91
　　任务二 电梯底坑照明与开关装置的维护与保养 ····················· 99
　　任务三 底坑其他设备的维护与保养 ··································· 101
　项目五 电梯层门轿门系统的维护与保养 ······························· 106
　　任务一 电梯层门系统的维护与保养 ··································· 107
　　任务二 电梯轿门系统的维护与保养 ··································· 118
模块二 电梯电气系统常见故障诊断与维修 ······························· 128
　项目一 电梯电气控制系统故障诊断相关知识 ··························· 129
　　任务一 VVVF 电梯电气控制系统的工作原理 ··························· 129
　　任务二 电梯电气控制系统故障点的判别方法 ························· 137
　项目二 电梯电源电路故障诊断与维修 ································· 145
　项目三 电梯安全与门锁电路故障诊断与维修 ··························· 154
　项目四 电梯主控制电路故障诊断与维修 ······························· 166
　　任务一 电梯主控制电路故障的逻辑分析 ····························· 167
　　任务二 电梯主控制电路相关开关故障诊断与维修 ····················· 172

项目五　电梯制动电路故障诊断与维修 …………………………………… 179

项目六　电梯开关门控制电路故障诊断与维修 ………………………… 185

项目七　电梯外呼内选通信电路故障诊断与维修 ……………………… 194

项目八　电梯变频驱动电路故障诊断与维修 …………………………… 202

项目九　电梯其他故障现象分析 ………………………………………… 209

模块三　电梯机械系统常见故障诊断与维修 ………………………… 214

项目一　电梯机械系统故障诊断与维修基本知识 ……………………… 215

项目二　电梯曳引机故障诊断与维修 …………………………………… 219

项目三　电梯轿厢运行故障诊断与维修 ………………………………… 227

项目四　电梯层门轿门系统故障诊断与维修 …………………………… 236

参考文献 ………………………………………………………………… 242

Chapter 1

模块一

电梯的维护与保养

本模块系统介绍了电梯维护与保养的基本安全操作及电梯维护与保养的内容、方法与步骤，即电梯机房设备的维护与保养、电梯井道设备的维护与保养、电梯底坑设备的维护与保养、电梯层门轿门系统的维护与保养。通过学习，学生应掌握电梯维护与保养的基础知识，具备安全操作电梯的基本技能；在此基础上，通过实操练习，学生应具备维护与保养电梯机房设备、井道设备、底坑设备、层门轿门系统的基本技能，能够熟练完成电梯设备各部位的保养，掌握电梯各部位维护与保养的基本方法与步骤。

模块目标

1）掌握电梯维护与保养的基础知识。
2）掌握电梯机房设备维护与保养的基本内容、方法与步骤。
3）掌握电梯井道设备维护与保养的基本内容、方法与步骤。
4）掌握电梯底坑设备维护与保养的基本内容、方法与步骤。
5）掌握电梯层门轿门系统维护与保养的基本内容、方法与步骤。

内容描述

进行电梯的维护与保养，必须掌握维护与保养的内容、方法和步骤。本模块对此做了简要介绍，包括安全操作电梯的基本要求与步骤；机房设备、井道设备、底坑设备、层门轿门系统维护与保养的内容、方法和步骤。本书中将维护与保养简称为维保。

项目一介绍了安全操作电梯的相关内容，包括机房、进出轿顶、进出底坑和盘车安全操作基本规范等内容，这是安全维保电梯的前提和基础，电梯维保人员必须熟练掌握。

项目二～项目五分别介绍了电梯机房设备、井道设备、底坑设备、层门轿门系统等的维护与保养的基本内容、方法和步骤。每一个项目分别介绍了设备的零部件组成、零部件维护与保养的部位、保养要求、保养方法及保养步骤。通过完成这四个项目中设置的分任务，学生可全面掌握电梯维保的基本知识与基本技能。

项目一　电梯维护与保养基础

本项目介绍了电梯维保人员需要掌握的基础知识，包括电梯维保的基本要求，电梯的管理与安全操作，电梯机房的安全操作，进出轿顶的安全操作，进出底坑的安全操作，盘车安全操作等内容。电梯维保的基础知识是电梯维保人员正常安全开展工作的前提，要求维保人员必须掌握。通过理论学习与实操练习，学生应掌握电梯安全操作的程序和步骤，树立良好的安全意识，为电梯的维保打下良好的基础。

项目目标 ≫

1）掌握电梯维保的基本要求。
2）掌握电梯安全操作的基本要求。
3）掌握电梯机房的安全操作基本规范。
4）掌握进出电梯轿顶的安全操作基本规范。
5）掌握进出电梯底坑的安全操作基本规范。
6）掌握盘车的安全操作基本规范。

内容描述 ≫

要对电梯进行常规保养、诊断、排除电气及机械故障，学生必须掌握电梯维保的基本要求、电梯安全操作的基本要求、电梯安全规范操作的方法及步骤，这样才能保证人身及设备的安全。一旦发生故障或困人等紧急事件，维保人员就会按照安全的步骤进行盘车救人，同时还要根据实际情况需要进出轿顶和底坑。

本项目根据电梯维保涉及的基本操作，设计了五个工作任务。通过完成这五个任务，学生可掌握进行电梯维保的基本规范动作。在电梯维保工作中，严格按照安全操作规范进行电梯基本操作，可避免不必要的安全事故，确保人身安全和设备安全，提高自身的安全意识和养成规范操作的良好习惯。

任务一 电梯维护保养与安全操作基本规范

在进行电梯机房设备、井道设备、底坑设备、层门轿门系统维护保养，电梯电气系统、电梯机械系统故障诊断与排除等过程中，有一些基本要求与规范贯穿到各个环节，它们是电梯维保基本操作的共同要求，本任务对此做了详细阐述。

知识目标

1）熟悉电梯维保作业安全操作基本要求。
2）掌握电梯维保单位及人员的职责。
3）熟悉电梯维保作业安全规程。

能力目标

1）能够熟记维保单位及人员的职责。
2）能够掌握电梯安全操作基本要求与规范。

任务描述

电梯维保人员必须熟记电梯维保单位与人员的职责，并掌握电梯安全操作基本要求。本任务详细介绍了维保单位及维保人员的职责要求、电梯安全操作基本要求与规范。

 **任务分析**

电梯的日常维保单位应当在维保操作中严格执行国家安全技术规范的要求，保证其维保电梯的安全技术性能，并负责落实现场安全防护措施，保证施工安全。因此，电梯维保单位和维保人员必须熟记各自岗位的相关职责。

相关知识

一、电梯维保单位和维保人员的职责

电梯是以人或货物为服务对象的起重运输机械设备，要求做到服务良好并且避免发生事故，必须对电梯进行经常、定期的维保。维保的质量直接关系到电梯运行、使用品质和人身安全，维保要由专门的电梯维保人员进行。维保人员不仅要有较高的知识素养，而且应具备电气、机械基本操作技能，对工作要有强烈的责任心，这样才能够使电梯安全可靠地为乘客服务。

1. 电梯维保单位的职责

1）按照电梯安全技术规范以及电梯安装使用维护说明书的要求制定维保方案，确保电梯的安全性能。

2）制定应急措施和救援预案，每半年至少针对本单位维保的不同类别的电梯进行一次应急演练。

3）设立24h维保值班电话，保证接到故障通知书后及时予以排除，接到电梯困人故障报告后，维保人员应及时抵达电梯所在地实施现场救援，直辖市或者设区的市抵达时间不超过30min，其他地区不超过1h。

4）对电梯发生的故障等情况，及时进行详细的记录。

5）建立每部电梯的维保记录，并且归入电梯技术档案，档案保存一般不少于4年。

6）协助使用单位制定电梯的安全管理制度和应急救援预案。

7）对承担维保的作业人员进行安全教育与培训，按照特种设备作业人员考核要求，组织取得具有电梯维修项目的特种设备作业人员进行培训和考核，并详细记录，存档备查。

8）每年度至少进行一次自行检查，自行检查在特种设备检验检测机构进行定期检验之前进行，自行检查项目根据使用情况决定，但是不少于《电梯使用管理与维护保养规则》年度维保和电梯定期检验规定的项目及其内容，并且向使用单位出具有自行检查和审核人员的签字、加盖维保单位公章或者其他专用章的自行检查记录或者报告。

9）安排维保人员配合特种设备检验检测机构进行电梯的定期检验。

10）在维保过程中，若发现事故隐患及时告知电梯使用单位，若发现严重事故隐患，及时向当地质量技术监督部门报告。

2. 电梯维保人员的职责

1）品德端正，有责任心。电梯维保的好坏，直接关系到国家财产和人身安全。

2）有专业基础知识与技能。电梯是机械、电气、电子技术一体化的产品，电梯作业人

员需要具有各方面的知识和技能。

3）掌握电工、钳工的基本操作技能以及电梯的安装与维修知识。

4）掌握电力拖动和电气控制电路的基本知识，并能够分析和排除基本故障。

5）掌握交流电动机的控制原理，能进行故障分析和排除。

6）掌握接地装置的安装与维修技巧。

7）了解微型计算机的基本原理及其在电梯控制中的基本应用。

8）熟练掌握电梯的基本结构和工作原理。

9）经过电梯技术培训，考试合格并取得特种设备作业人员证。

10）电梯维保人员对每台设备应建立维保档案，内容有设备地点、型号、保养日期、日常维保记录、大修与改造记录、故障原因及处理情况。

二、电梯安全操作基本要求

电梯的维保涉及维保人员的人身安全，尤其是电梯门区域，它是电梯最危险的地方之一。无论是乘客还是电梯维保人员，如果处在层门与轿门区域，电梯一旦发生故障或操作稍有不慎，很容易发生人身安全事故。因此，电梯使用人员必须掌握电梯安全操作的基本要求。电梯安全操作的基本要求包括电梯安全使用的基本要求、与乘用人员有关的安全操作基本要求、维保人员安全操作的基本要求等方面。

1. 电梯的安全使用

电梯是楼房里上下运送乘客或货物的垂直运输设备。根据电梯的运送任务及运行特点，确保电梯在使用过程中人身和设备安全是至关重要的。要确保电梯在使用过程中的人身与设备安全，必须做到以下几点。

1）重视加强电梯的管理，建立并坚持贯彻切实可行的规章制度。

2）有司机控制的电梯必须配备专职司机，无司机控制的电梯必须配备管理人员。除司机和管理人员外，还应委托电梯专业安装维保单位进行电梯的维保。

3）制定并坚持贯彻安全操作规程。

4）依据维保合同，监督维保人员的日常维护保养和预检修制度的执行情况。

5）司机、管理人员、维保人员等发现不安全因素时，应及时采取措施直至停止使用。

6）停用超过一周后重新使用时，使用前应经认真检查和试运行正常后方可交付使用。

7）电梯电气设备的一切金属外壳必须采取保护性接地或接零措施。

8）机房内应备有灭火设备。

9）照明电源和动力电源应分开供电。

10）电梯的工作条件和技术状态应符合随机技术文件和有关标准的规定。

2. 电梯维保人员安全操作的基本要求

（1）维保前的安全准备工作

1）维保现场作业人员必须经过专业的安全技术操作培训，经考核合格，并持有"特种设备作业人员证"。

2）电梯施工作业人员从事特定的施工作业须持有相应的资格证，如起重、电工、电／气焊等相关岗位证书。

3）禁止无关人员进入机房或维保现场。

4）日常维保工作应至少需要两人进行，并应随时注意相互配合和监护。

5）工作时必须穿工作服、绝缘鞋、戴安全帽。

6）保养前，基站层门口必须放置维保警示牌，出入层门必须放置安全警示障碍围栏并予以警示，防止无关人员靠近，以免发生意外。停电作业时，必须在开关处放置"停电检修，禁止合闸"警示牌。

（2）维保过程中的安全注意事项

1）有人在井道中进行维保作业时，禁止开动轿厢，并且不得在井道内上下立体作业。

2）禁止维保人员一只脚踏在轿顶、另一只脚踏在井道固定结构上站立操作。禁止维保人员在楼层门口探身到轿厢内和轿顶上操作。人在轿顶上工作时，站立之处应有选择，脚下不得有油污，否则应打扫干净，以防滑倒。

3）维修时，不得擅自改动电气线路。必要时，须向主管工程师或主管领导报告，经主管工程师或主管领导同意后才能改动，并保存更改记录并归档。

4）禁止在井道内和轿顶上吸烟。

5）禁止维保人员用手拉吊井道随行电缆。

6）给转动部位加油、清洗，或观察钢丝绳的磨损情况时，必须停闭电梯。

7）人在轿顶上准备开动电梯以观察电梯有关部件的工作情况时，必须牢牢握住轿厢绳头板、轿顶上梁或防护栅栏等机件。不能握住钢丝绳，并注意整个身体置于轿厢外框尺寸之内，防止被其他部件碰伤。需要由电梯司机或维保人员开动电梯时，要交代和配合好，未经许可不得开动电梯。

8）检修电气部件时，应尽可能避免带电作业。必须带电操作或难以在完全切断电源的情况下操作时，应预防触电，并由主持和助手协同进行，应注意电梯突然起动运行。

9）在多台电梯共用一个井道的情况下，检修电梯应加倍小心，除注意本电梯的情况外，还应注意其他电梯的动态，以防被碰撞。

（3）维保结束后的安全注意事项

1）工作结束，维保人员要离开时，必须关闭所有层门，如层门无法关闭，应设置明显障碍物，并切断总电源。

2）维保完毕后，必须将所有开关恢复到正常状态，清理现场，摘除警示牌，通电试运行正常后才能交付使用。

3）填写电梯维保记录单。

3. 电梯维保安全作业总规程

1）确保已经具备所有与施工作业相关的安全设备，根据规范正确使用。保持所有安全设备性能良好，定期检查，确保设备不出现破裂、磨损等缺陷。一经发现，须立即更换。

2）作业时，必须穿戴使用与工作相适应的且合身的安全防护用品，包括穿工作服、绝缘鞋，戴安全帽。一旦安全帽遭到重物撞击，应立即更换。

3）对设备进行清洁、吹风等操作，用真空吸尘器、毛刷清扫以及其他任何存在伤害眼睛的情况，应佩戴防护眼镜。

4）在存在噪声的环境下作业，应佩戴相应的耳套或耳塞，以避免听觉受到长时间的损害。

5）在对电梯井道进行清洁、对控制器吹风或其他任何存在空气颗粒的情况下，应佩戴防护手套；但在旋转设备周围作业时，严禁佩戴各种手套。

4. 电梯机房作业安全规程

电梯维保人员进入机房内作业时，必须遵守安全操作规程，要时刻注意所有现场作业人员的安全。

1）对带电的电气系统、控制柜等进行检查测试或在其附近作业时，注意用电安全，谨防触电。

2）涉及转动设备时一定要小心，要警惕或去除周围容易造成羁绊的东西。

3）要合理穿着工作服，不可穿戴容易卷入转动设备中的服饰，如首饰、翻边裤。

4）对于同一机房内多梯的情况，要首先按编号找到需要保养电梯的开关，并确认轿厢内确实没有乘客后再断电进行操作。

5）电梯运行时，不可用抹布擦拭转动部件，谨防抹布与人手一同被卷入运转部件中。

6）检查维护曳引机、电动机、限速器等各旋转部件时，必须首先切断电源，并应等设备完全停止运转后才能进行工作。

7）在转动设备附近作业时一定要高度警惕，以免不慎被旋转部件卷入。

5. 电梯轿顶作业安全规程

（1）危险源

1）坠落到井道底坑。

2）电梯移动时，被挤压在轿厢和固定物之间。

3）电梯移动时，被挤压在轿厢和对重装置之间。

4）电梯意外移动。

5）电击。

6）物体坠落打击。

（2）控制措施

1）在轿顶作业前，必须进行安全技术交底。如果可以选择，电梯先撤离群控或并联，检查现场人员的安全用品及物品是否完好。

2）在移动轿厢前，应大声、清楚地告知现场每一个人，并说明电梯将运行的方向，得到现场所有人的确认后方可运行。

3）轿厢在移动时，身体的任何部位都不应该超越轿顶边缘，应尽可能地靠近轿顶中心的位置（如有轿顶轮时应注意）。

4）留意电梯井道中的障碍。障碍物可能是静止的（如承接梁/托梁），也可能是移动的（如对重装置）。

5）人员或物件都不得倚靠轿顶或相邻井道（通井道电梯）。

6）不得将任何较长物体直立在轿顶和护栏的限制区域，或任何轿顶构成部分。

7）停留在电梯井道中间时，应注意隔壁（通井道电梯）的轿厢或后/侧面的对重装置运行情况。

8）如果可以选择，作业时尽量从上往下，而不要从下往上进行。这是因为在轿顶上行时可能的危险比下行时要大些。

9）在轿顶作业时，应始终将电梯置于"检修"或"停止"模式。严禁将电梯置于"正常"模式，否则电梯可能随时（响应外召唤信号等）运行。

10）在轿顶作业时，置电梯于停止运行状态，应即刻按下轿顶急停开关。

11）在轿顶作业时，轿顶以上及以下部位不得立体交叉作业，以免坠物打击。禁止维保人员一只脚踏在轿顶，另一只脚踏在井道固定结构上站立操作。禁止维保人员在楼层门口探身到轿厢内和轿顶上操作。人在轿顶上工作时，站立之处应有选择，脚下不得有油污，否则应打扫干净，以防滑。

12）人在轿顶上准备开动电梯以观察有关电梯部件的工作情况时，必须牢牢握住轿厢绳头板、轿顶上梁或防护栅栏等机件。不能握住钢丝绳，并注意整个身体置于轿厢外框尺寸之内，防止被其他部件碰伤。需要由电梯司机或检修人员开动电梯时，要交代和配合好，未经许可不得开动电梯。

6. 电梯底坑作业安全规程

（1）危险源

1）由电梯轿厢或对重装置降落到电梯井道底部而引起的挤压危险。

2）限速器张紧轮转动的危险。

3）补偿装置运动或绳轮转动危险。

4）随行电缆。

5）爬梯上的坠落危险。

6）因电梯底坑的油质造成滑倒。

7）被电梯底坑的设备绊倒。

8）有人通过底部层门通道进入电梯井道。

9）电击。

10）落物打击。

（2）控制措施

1）在进入电梯底坑作业前，必须进行安全技术交底。检查现场人员的安全用品和物品是否有问题。进入时，口令清晰，按下底坑急停开关。

2）注意电梯底坑正在移动或转动的部件，包括轿厢、对重装置及限速器绳轮、补偿装置、随行电缆。

3）确保电梯底坑整洁及照明设备完好。

4）底坑安全门开启时须有人看管。

5）不要在其他人上方或下方立体交叉作业。

6）在正在运转或移动的设备旁作业时，不得佩戴手套并注意衣物不要被缠绕。

7）当电梯正常运行时，不要滞留在电梯底坑。

8）底坑应设导轨盛油盒，并定期清理，以免油溢，人员滑倒受伤。

任务准备

根据任务内容分组，到达机房、层站及底坑指定的地方。

任务实施

1）按规定进行维保前的准备工作。

2）指出维保工作时需要注意的事项。

3）进入机房，小组讨论机房的危险源。

4）进入层站，小组讨论层站的危险源。

5）到达底坑的安全位置，小组讨论底坑的危险源。

 任务考核

任务完成后，由指导教师对本任务的完成情况进行实操考核。电梯维护保养与安全操作基本规范实操考核见表1-1。

表1-1　电梯维护保养与安全操作基本规范实操考核表

序号	考核项目	配　分	评分标准	得　分	备　注
1	安全操作	10	1）未穿工作服，未戴安全帽，未穿防滑电工鞋（扣1～3分） 2）不按要求进行带电或断电作业（扣3分） 3）不按要求规范使用工具（扣2分） 4）其他违反作业安全规程的行为（扣2分）		
2	电梯维保单位职责认知考核	15	1）不知道维保单位职责（扣15分） 2）维保单位职责认知不全（每少一项扣1分）		
3	电梯维保人员职责认知考核	15	1）不知道维保人员职责（扣15分） 2）维保人员职责认知不全（每少一项扣1分）		
4	电梯维保前的准备工作	10	1）未做任何准备便进行维保工作（扣10分） 2）维保工作准备不全（每处扣2分）		
5	电梯维保过程中的注意事项	30	1）未按维保过程中的注意事项进行维保工作（扣30分） 2）维保过程中未能完全按照注意事项进行操作（每处扣3分）		
6	电梯维保结束后的注意事项	10	1）未按维保结束后注意事项进行维保工作（扣10分） 2）维保结束后未能完全按照注意事项进行操作（每处扣3分）		
7	6S考核[①]	10	1）工具器材摆放凌乱（扣2分） 2）工作完成后不清理现场，将废弃物遗留在机房设备内（扣4分） 3）设备、工具损坏（扣4分）		
8	总分				

注：评分标准中，各考核项目的单项得分扣完为止，不出现负分。

① 6S考核指整理、整顿、清扫、清洁、素养、安全考核。

 任务小结

本任务介绍了电梯维保单位、电梯维保人员的职责，电梯维保操作基本要求与规范等内容。维保单位应制定本单位的职责要求，并严格按职责要求进行电梯的维保工作；维保人员进行维保工作时，应严格遵守基本操作要求与规范，认真履行自己的职责，确保电梯的安全运行。

任务二　电梯机房安全操作基本规范

知识目标

1）掌握机房配电箱的组成。
2）掌握三相五线制电源的组成与意义。
3）掌握电梯通电运行的步骤。
4）掌握断电、上锁、挂牌的步骤和注意事项。

能力目标

1）能够正确操作电梯总电源的通、断电。
2）能够进行电梯断电、上锁、挂牌的具体操作。
3）能够安全操作电梯，确保人身设备安全。

任务描述

在电梯机房进行通、断电及验电操作，要求遵守安全操作规范，维保人员离开电梯机房时，要给电梯配电箱上锁，做到同一人上锁及开锁，并能够详细描述操作的具体步骤。本任务详细介绍了在机房进行通、断电操作的基本知识和基本要领。

任务分析

电梯的通、断电及验电是操作电梯的基本动作，操作虽然简单，但涉及安全用电，必须严格按照操作规程进行，遵守安全操作要求，以确保维保人员和设备的安全。同时，为确保电梯维保人员能够熟练维修与保养电梯，本任务还对电梯配电箱的组成与工作原理、三相五线制的组成与工作原理做了简单介绍。

相关知识

一、配电箱的组成

电梯供电电源从供电单位指定的电源接入，使用专用的电源配电箱，如图 1-1 所示。配电箱应能上锁，防止意外送电。配电箱内的开关、熔断器、电气设备的电缆应与所带负载相匹配。

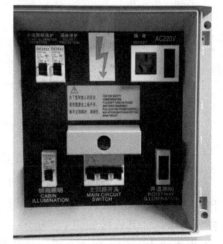

图 1-1　电源配电箱

电梯设备用电分为动力电源和照明电源。动力电源为三相五线制的 380V/50Hz 交流电源，照明电源为单向 220V/50Hz 交流电源，电压波动应在额定电压的 ±7% 范围内。电源进入机房后，通过各熔断器或总电源开关再分接到各台电梯的主电源开关上（有两台或两台以上电梯时）。

机房、轿顶、轿厢和井道照明电源应与动力电源分开。机房照明可由配电室直接提供；轿厢照明电源可由相应的主电源开关进线侧获得，并应设置开关进行控制；轿顶照明可采用直接供电或安全电压供电；井道照明应设置永久性电气照明装置，在机房和底坑设置井道照明控制开关。在距井道最高和最低处 0.5m 内各设一灯，中间各灯之间的距离不超过 7m。井道作业照明应使用 36V 以下的安全电压。作业范围应有良好的照明。

图 1-1 所示的电源配电箱中有 3 个断路器，主电源开关负责送电给控制柜，轿厢照明开关和井道照明开关分别控制轿厢和井道照明。在配电箱的右侧有 220V 的开关插座。断开主电源开关时，配电箱可上锁，防止发生意外送电。

每台电梯都应单独装设一个能切断该电梯所有供电电路电源的主开关，即主电源开关。该开关应具有切断电梯正常使用情况下最大电流的能力，但不应切断下列供电电路的电源：

1）轿厢照明和通风。

2）轿顶电源插座。

3）机房和滑轮间照明。

4）机房、滑轮间和底坑电源插座。

5）电梯井道照明。

6）报警装置。

双联开关用在两处控制一盏电灯的电路，如图 1-2a 所示。它主要为了方便控制照明灯，需要在两地控制一盏灯。电梯中使用的照明灯，要求在机房、底坑都能控制其亮、灭。它需要用两根连线把两只开关连接起来，这样可方便地控制灯的亮、灭。

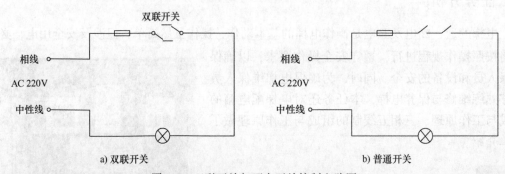

图 1-2 双联开关与两个开关控制电路图

二、三相五线制电源的组成和工作原理

三相五线制由 3 根相线（L1、L2、L3）、1 根工作中性线（N）和 1 根保护接地线（PE）组成。三相五线制的标准导线颜色为 L1 为黄色、L2 为绿色、L3 为红色，N 为蓝色，PE 为黄绿色。其连接如图 1-3 所示。

发电机中，三组感应线圈的公共端作为供电系统的参考零点，引出线称为中性线。另一端与中性线之间有额定的电压差，称为相线。一般情况下，中性线是以大地作为导体，故其对地电压应为零，因此也称为零线。零线是用电器的用电回路，正常时，相线电流经过用电器后，通过零线返回电源，即零线有电流流过，从而保证用电器正常工作。相线对地必然形成一定的电压差，可以形成电流回路。正常供电回路由相线和中性线（零线）形成。地线是接在用电器外壳上的安全保护线，正常时，地线不参与线路的工作，只有

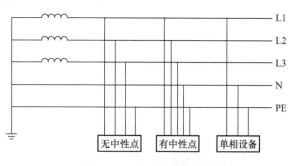

图 1-3 三相五线制的应用

出现电器对外壳短路故障时，地线泄放电器外壳所带的电压，保证外壳对地电压为 0V。

单相三线制是三相五线制的一部分，如图 1-4 所示。在配电中出现了工作中性线（N）和保护接地线（PE）：工作中性线是构成电气回路所必需的，其中有工作电流流过，在单相二线制中，工作中性线严禁装设熔断器等可断开点，但在单相三线制中则应同相线一样装设保护元器件；保护接地线应直接与接地网相连接。保护接地线（PE）与工作中性线（N）从某点分开后，就不得有任何联系，目的有两个：其一是为了使漏电电流动作保护能正确动作；其二是为了使保护接地线上没有电流流过（相对于工作中性线），以利于安全。

单相二线制如图 1-5 所示。这种情况下，中性线和地线接在一起。当用电器发生对外壳短路故障时，由于地线和中性线被接成一根线，电流会经过两条回路返回电源，一条是中性线回路，一条是用电器→用电器外壳→地线→电源。而这时若中性线断路，则地线上所有的设备外壳都是电流回路的参与者，一旦地线也断路或者接触不良，所有设备外壳都会带电，只要人体触碰到任意一台用电器外壳，都会遭到电击，发生触电事故。

如果把接外壳的保护线 PE 和中性线 N 并联合用一根，实际上这也是极不安全的。建筑物的配电线路由于接头松脱、导线断线等故障，很可能造成图 1-5 所示 A 点处开路。此时，当其中一台设备开关接通后，在 A 点后面所有中性线上，将出现相电压，这个高电压又被设备接地引至所有插入插座的用电设备外壳上，而且其后的设备即使并未开启，外壳上也有 220V 电压，这是十分危险的。

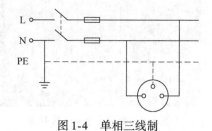

图 1-4 单相三线制

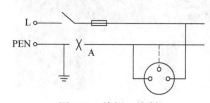

图 1-5 单相二线制

任务准备

根据任务内容及任务要求选用仪表、工具和器材，见表 1-2。

表1-2 仪表、工具和器材明细

序 号	名 称	型号与规格	单位	数量
1	电工通用工具	验电器、钢丝钳、螺钉旋具、电工刀、尖嘴钳、剥线钳	套	1
2	万用表	自定	块	1
3	劳保用品	绝缘鞋、工作服等	套	1

 任务实施

维保人员在进行工作之前，必须身穿工作服，头戴安全帽，脚穿防滑电工鞋，如果要进出轿顶还必须系好安全带。维保人员在检修电梯时，必须在电梯基站门口处放置防护栏和危险警示牌，如图1-6所示，以防止进行电梯维保时，其他无关人员进入电梯轿厢或井道。

一、通电运行

开机时，请先确认操纵箱、轿顶检修箱、底坑检修箱的所有开关置于正常位置，并告知其他人员，然后按以下顺序合上各电源开关。

1）侧身合上机房的主电源开关（AC 380V），如图1-7所示。

图1-6 电梯基站设置防护栏和危险警示牌

2）侧身合上照明电源开关（AC 220V、36V）。

3）将控制柜内的断路器置于ON位置，如图1-8所示。

图1-7 侧身合闸

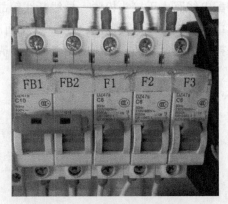

图1-8 断路器置于ON位置

二、断电、上锁、挂牌

1. 侧身断电

1）到达现场，带好工具箱，如图1-9所示。工作要求：劳保用品齐全；戴安全帽，穿工作服、工作鞋，戴手套等防护用品；携带操作工具，工具需要用专用工具箱存放。

2）进入机房，打开机房照明。

3）设置防护栏，如图 1-10 所示。工作要求：必须通知所有相关工作人员使用"锁闭/警示"系统及原因；将转换开关切换到检修状态（打检修）或用其他方法控制设备，在基站、轿厢放置防护栏、警示标志等。

注意事项：

打检修前和打检修后要用对讲设备或其他方式确认轿厢内有没有人。

图 1-9　电梯维保专用工具箱

图 1-10　在电梯基站和轿厢设置护栏

4）检验万用表。在 AC 220V 民用插座上或其他电压已知且没有电击风险的位置检验万用表是否工作正常，如图 1-11 所示。

注意事项：

身上不能佩戴诸如项链、戒指、手表及其他金属物件；万用表使用前，先用通、断确认表笔是否正常。

5）侧身断电。操作者站在配电箱侧边，先提醒周围人员避开，然后确认开关位置，伸手拿住开关，偏过头部，眼睛不可看开关，然后拉闸断电，如图 1-12 所示。

图 1-11　检验万用表

图 1-12　电梯侧身断电

注意事项：

关闭电源时，应用食指和大拇指来操作，身体保持侧身状态，断电时，先断高压再断低压；断电时，1.5m 范围内禁止站其他人。

2. 确认断电

用检验合格的万用表在配电箱、控制柜主接线桩 380V 处以及 220V 处先中性线后相线的原则测试每一相对地电压，测试相与相之间的电压来验证系统是否处于"零能量"状态，如图 1-13 和图 1-14 所示。

图 1-13　配电箱验电

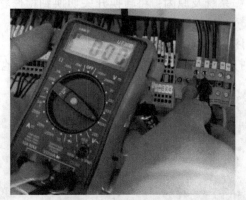

图 1-14　控制柜验电

注意事项：

1）测量位置在配电箱主断路器、照明断路器的下端，控制柜 R、S、T 端子。

2）注意变频器直流母线侧的直流电（充电电容器）。可在变频器充电指示灯熄灭后 5min 左右再操作。

3. 上锁、挂牌

维保人员用公司配发、自己专用的锁具和标牌将已关断的电源锁闭，并设置警示：注明姓名、上锁日期及时间，如图 1-15 所示。

注意事项：

如果需要一人以上同时在该设备区工作，则每一名维保人员都必须在锁闭装置上用其专用的、公司配发的锁具和标牌进行"锁闭/警示"程序。

4. 解锁，送电运行

工作完成后解除锁闭，以标准姿势送电，将电梯打至紧急电动状态，测试电梯慢速运行是否正常。

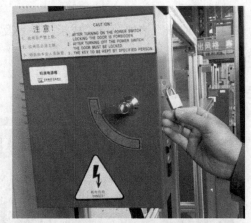

图 1-15　电梯上锁挂牌

注意事项：

1）送电时，先电送高压，再送低压。

2）送电时，1.5m 范围内禁止站其他人。

3）电梯正常运行数分钟观察有无异常，确认无误后交给用户。

 任务考核

任务完成后，由指导教师对本任务的完成情况进行实操考核。电梯机房安全操作基本规范实操考核见表1-3。

表1-3　电梯机房安全操作基本规范实操考核表

序号	考核项目	配　分	评分标准	得　分	备　注
1	安全操作	10	1）未穿工作服，未戴安全帽，未穿防滑电工鞋（扣1～3分） 2）不按要求进行带电或断电作业（扣3分） 3）不按要求规范使用工具（扣2分） 4）其他违反作业安全规程的行为（扣2分）		
2	配电箱开关认知	10	1）不能说出配电箱开关的名称和作用（扣10分） 2）配电箱开关的名称或作用阐述错误或阐述不全（每错一项或漏一项扣3分）		
3	三相五线制的组成和工作原理认知	15	1）不能说出三相五线制的组成（扣5分） 2）不能说出三相五线制的颜色（扣5分） 3）不能说出单相三线制的组成和优点（扣5分）		
4	侧身断电操作	15	1）不会进行侧身断电操作（扣15分） 2）侧身断电前未检验万用表的好坏（扣3分） 3）侧身断电前身上佩戴金属配件（扣3分） 4）侧身断电的顺序不正确（扣3分）		
5	验电操作	15	1）断电完毕后未进行验电操作（扣15分） 2）验电时，未验证配电箱出线端相相、相地电压（扣5分） 3）验电时，未验证控制柜R、S、T端电压（扣5分）		
6	上锁挂牌操作	10	1）未进行上锁挂牌操作（扣10分） 2）两人及两人以上上锁挂牌只挂一处（扣5分）		
7	通电运行操作	15	1）未按规定顺序进行通电运行操作（扣15分） 2）通电运行时，没有进行照明电源通电运行（扣5分） 3）通电运行时，控制柜内断路器未置于ON位置（扣5分）		
8	6S考核	10	1）工具器材摆放凌乱（扣2分） 2）工作完成后不清理现场，将废弃物遗留在机房设备内（扣4分） 3）设备、工具损坏（扣4分）		
9	总分				

注：评分标准中，各考核项目的单项得分扣完为止，不出现负分。

 **任务小结**

本任务介绍了电梯配电箱的开关组成、三相五线制的工作原理、通电操作步骤、断电锁闭操作步骤等内容。这些基本动作虽然操作简单，但必须严格按照操作规程进行，以保证电梯维保人员的安全。

任务三　进出电梯轿顶安全操作基本规范

 知识目标

1）掌握轿厢的组成。
2）掌握电梯轿顶检修箱按钮、开关的功能。
3）掌握进出轿顶的安全操作步骤。

 能力目标

1）能按正确步骤进入轿顶。
2）能够在电梯轿顶安全移动电梯。
3）能按正确步骤退出轿顶。
4）能够安全操作电梯，确保人身及设备安全。

 任务描述

电梯层门有时出现门扇间隙过大、位置偏移等故障，或对轿顶进行维保时，需要维保人员进入轿顶对层门进行检查和调整，有时还需要通过检修按钮移动轿厢。为确保进出轿顶时的安全，维保人员应掌握安全进出轿顶的规范操作步骤。

 任务分析

维保人员要安全进出轿顶，首先要对轿厢的结构、轿顶环境、层门结构有深入的了解；其次要掌握在电源未关闭的情况下进入轿顶的步骤以及通过操纵轿顶检修箱运行控制轿厢的步骤，以使维保人员安全进出轿顶并保证其在轿顶时的安全。本任务详细介绍了安全进出轿顶的基本规范，对安全进出轿顶的步骤做了详细分解。

 相关知识

一、电梯轿厢的组成

轿厢是运载乘客或其他负载的容器部件，是电梯用以承载和运送人员、物资的箱形空间。其内部净高度至少应为2m。轿厢主要由轿厢架和轿厢体构成。轿厢内部如图1-16所示。

1. 轿厢架的结构与组成

轿厢架是轿厢的承载结构，轿厢的负载（自重和载重）由它传递到钢丝绳。当安全钳动作或蹲底撞击缓冲器时，还要承受由此产生的反作用力，因此轿厢架要有足够的强度。

图1-16　电梯轿厢内部实物图

轿厢架由上梁、下梁和立梁组成。为了增强轿厢架的刚度并防止由于轿厢内载荷偏心造成轿厢倾斜，通常设置拉条。设置良好的拉条可分担轿厢底板近一半的载荷。轿厢架的主要作用是固定和悬吊轿厢，是轿厢的主要承载构件。上梁和下梁各用两根槽钢制成，也有用厚的钢板压制而成的。上、下梁根据槽钢是背靠背放置还是面对面放置有两种结构，因而立梁的槽钢放置形式也要随之变化，并且安全钳的安全嘴在结构上也有较大区别。

2. 轿厢体的组成

轿厢体一般由轿底、轿壁、轿顶及轿门等组成。轿厢体是形成轿厢空间的封闭围壁，除必要的入口和通风孔外，不得有其他开口。轿厢体由不易燃和不产生有害气体和烟雾的材料组成。

（1）轿底　轿底是直接承载部分，所以它必须有足够的强度和刚度。轿底由轿底板和框架组成，实物如图1-17所示。框架一般用6~10号槽钢和角钢焊接而成，或用压制钢板焊接而成。轿底板通常用3~4mm厚的钢板制成，轿底板规格主要依据额定载重量及具体使用场合确定。如货梯一般选用花纹钢板作为轿底板，普通客梯选用普通平面无纹钢板，并在钢板上铺一层塑料地板。装潢考究的客梯可在框架上铺设一层木板，然后在木板上铺放地毯，也可铺设花岗岩底板。不少电梯的轿底板与轿底框架之间不用螺栓直接紧固，而是做成活络的轿底，使轿底成为一个大称盘，在轿底与轿架之间都安装有测试载荷的装置，并能向控制系统发出空载、满载或超载信号。

（2）轿顶　轿顶结构如图1-18所示。轿顶一般采用薄钢板制成，并有强度要求。在轿顶的任何位置，应能支撑两个人的体重。每人按0.2m×0.2m面积上作用1000N的力计算，应无永久变形，因此必要时应对轿顶采取加强措施。轿顶一般都装有照明灯和风扇，有的还安装了空调，还有些在轿顶设置了安全窗，供紧急情况使用。

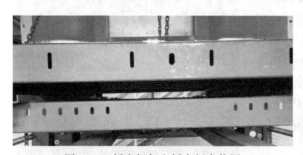

图1-17　轿底框架和轿底板实物图

图1-18　轿顶结构实物图

（3）轿壁　轿壁结构实物如图1-19所示，轿壁同样由薄钢板制成。轿壁之间以及轿壁与轿顶、轿底间用螺钉紧固成一体，如图1-20所示。轿壁高度由轿厢高度决定，壁板的宽度一般不大于1000mm，每一面的轿壁一般由2~3块壁板拼接而成。

二、轿顶检修箱的组成

轿顶检修箱位于轿厢顶部，以便检修人员安全、可靠、方便地检修电梯，如图1-21所示。轿顶检修箱装设的电气元器件一般包括控制电梯慢上/慢下的按钮、急停按钮、轿顶正常运行和检修运行的转换开关、轿顶检修灯、通话装置等。轿顶检修箱实物图如图1-22所示。

图1-19 轿壁结构实物图

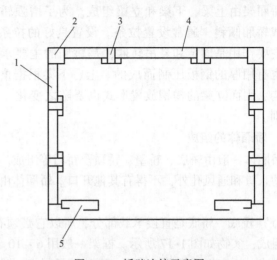

图1-20 轿壁连接示意图
1—侧壁 2，3—轿壁连接件 4—后壁 5—前壁

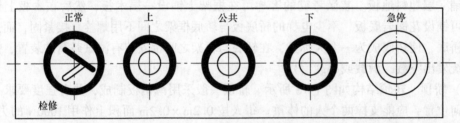

图1-21 轿顶检修箱示意图

对于一般信号集选控制的电梯，其检修状态的运行操作可以在机房内，也可以在轿顶。在轿顶操作时，机房内的检修操作不起作用，以确保轿顶操作人员的人身安全和设备安全。根据GB 7588—2003《电梯的制造与安装安全规范》规定：电梯的检修运行只能在轿顶或机房内操作，但机房内的操作必须服从轿顶的检修操作运行。

三、层门锁的结构与原理

在电梯事故中，乘客被运动的电梯剪切或坠入井道的情况比较多，且事故都十分严重。层门

图1-22 轿顶检修箱实物图

锁是防止人员坠落和被剪切的重要保护装置，层门锁俗称钩子锁，它是一种机电联锁装置，是锁住层门不被外力随便打开的重要保护设备，是确认层门已锁牢并经可靠性开关元件验证的关键监管装置。当电梯门关闭后，层门锁既可将层门锁紧，防止有人从层门外将层门扒开而发生危险，又可保证只有在层门、轿门完全关闭后才能接通电路，电梯方可行驶，从而进一步保证了电梯的安全性。因此，层门锁是电梯不可或缺的一种安全装置。层门机电联锁开关如图1-23所示。层门锁通常安装在层门上方。正常情况下，只有当电梯停靠在层站开锁区域时，层门锁才能被安装在轿门上的门刀与滚轮的相互作用而解开。特殊情况下，维保人

员可用三角钥匙将层门锁脱钩。

在进出轿顶时，必须验证层门锁电气回路的安全性，也就是验证层门电气联锁开关的有效性。当层门电气联锁开关有效时，层门打开，开关断开，此时层门锁电路断电，层门锁继电器断电，主控制器接收到层门锁反馈信号，电梯停止运行，从而起到安全保护作用。

图1-23 层门机电联锁开关

四、层门开门三角钥匙与顶门器

电梯维保人员进出轿顶进行维保工作时，首先要打开层门。层门的打开要用三角钥匙来完成。当三角钥匙插入锁孔并转动时，锁芯也随之转动，从而带动层门内部开门顶杆将门锁滚轮顶起转动，此时锁钩脱开，层门打开。层门打开后，可用顶门器插入门地坎当中将其完全固定。层门三角钥匙、顶门器、门锁孔实物如图1-24及图1-25所示。

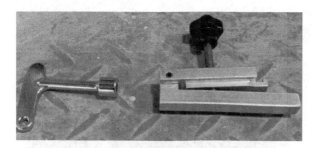

图1-24 层门三角钥匙与顶门器实物图

图1-25 门锁孔外部与内部结构实物图

 **任务准备**

根据任务内容及任务要求选用仪表、工具和器材，见表1-4。

表1-4 仪表、工具和器材明细

序 号	名 称	型号与规格	单 位	数 量
1	电工工具	验电器、钢丝钳、螺钉旋具、电工刀、尖嘴钳、剥线钳	套	1
2	开门工具	三角钥匙、顶门器	套	1
3	劳保用品	绝缘鞋、工作服等	套	1

 **任务实施**

一、进入轿顶安全操作步骤

1. 到达现场

1）劳保用品齐全。

戴安全帽，穿工作服、工作鞋，戴手套等防护用品。携带操作工具，工具需要用专用工具箱存放。

2）进入机房，打开井道照明。

2. 召唤电梯

1）在基站层设置防护栏和警示标识。

2）将电梯呼到要上轿顶的层站。

3）确保电梯轿厢内无人并放置防护栏，在轿厢操纵箱内按两个下行方向选层按钮（下一层和最底层），如图1-26所示。

注意事项：

1）按选层按钮时，身体的整个部位都要在轿厢内。

2）按下一层和最底层选层按钮的目的是为了防止在未成功验证本层层门电气装置是否良好的情况下抓梯失败，或者有反向选层指令使电梯反向上升造成人员伤亡。

3. 抓梯、开层门

1）电梯下行时打开层门，使轿厢停到适当位置（适当位置是能方便操作轿顶急停和容易进入轿顶位置），距本层层门地坎±20mm。

2）用左手开层门，右手扒开门缝不超过100mm，观察电梯运行情况，如图1-27所示。

图1-26　轿厢内按两个方向的选层按钮　　　　图1-27　抓梯与开层门示意图

注意事项：

1）三角钥匙是用于开层门锁的，不是用来开层门门扇的，使用三角钥匙需要提前观察层门门扇上的旋转方向。

2）三角钥匙不得外借给无上岗证人员。

3）抓梯时电梯平层，即认为失败，必须重新呼梯后，重新抓梯。

4. 验证层门锁回路

1）打开层门，以标准姿势放置顶门器，如图1-28所示。

2）将层门关到最小100mm处，按外呼按钮，等10s测试层门锁回路是否有效（看层门门缝或打开层门100mm确定轿厢没有移动），如图1-29所示。

图1-28 放置顶门器示意图　　　　　图1-29 验证层门锁示意图

注意事项：

1）如井道内较暗，可打开手电筒，观察轿顶环境后（观察时，人的任何身体部位不得探入井道内）。

2）如遇并联、群控的其他电梯响应验证外呼后，应将其送往尽可能远层站后再次按下外呼按钮以进行验证。依次类推。

5. 验证急停按钮

1）打开层门，以标准姿势放置顶门器并锁紧。

2）按下急停按钮，使轿厢处于停止状态，如图1-30所示。

3）取出顶门器。

4）关闭层门。

5）按外呼按钮，等10s测试急停按钮是否有效（看层门门缝或打开层门100mm确定轿厢没有移动）。

注意事项：

1）打开层门时，手必须扶在层门外的门套上。

2）将门保持在全开位置。维保人员站在层门地坎处，确认急停按钮容易被接触到（距急停按钮750mm处）。

3）禁止探身作业。

4）遇轿顶急停按钮在左侧时，要用左手把扶厅门外侧右手按压急停按钮。

5）关闭层门时，速度不得过快，同时注意不要夹到自己的手。

6. 验证检修开关

1）打开层门，以标准姿势放置顶门器并锁紧。

2）打开轿顶照明，将检修开关拨至"检修"（INS）位置，如图1-31所示。

图1-30 验证急停按钮示意图　　　　图1-31 验证检修开关示意图

3）将急停按钮复位，使轿厢处于检修状态。

4）关闭层门。

5）按外呼按钮，等10s测试检修开关有效（看层门门缝或打开层门100mm确定轿厢没有移动）

7. 进入轿顶

1）用标准姿势放入顶门器。

2）按急停按钮，使电梯处于"停止"状态。

3）进入轿顶，如图1-32所示。

4）在轿顶取掉顶门器，关闭层门，如图1-33所示。

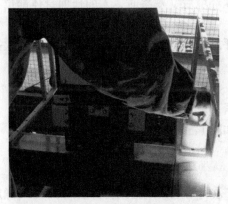 

图1-32　按下急停按钮进入轿顶示意图　　　图1-33　取出顶门器示意图

注意事项：

1）进入轿顶前，应观察轿顶是否有油污，以防脚底打滑。

2）进入轿顶时，切勿在轿顶和层门之间停留时间过长，降低造成剪切伤害的风险。

8. 验证检修上、下行装置

1）复位急停按钮。

2）单独按检修下行按钮（简称下行按钮），确认轿厢不动，如图1-34所示。

3）单独按检修公共按钮，确认轿厢不移动，如图1-35所示。

4）单独按检修上行按钮，确认轿厢不移动，如图1-36所示。

图1-34　单独验证检修下行按钮　图1-35　单独验证检修公共按钮　图1-36　单独验证检修上行按钮

5）同时按检修下行和检修公共按钮，电梯可以检修向下运行，如图1-37所示。

6）同时按检修上行和检修公共按钮，电梯可以检修向上运行，如图1-38所示。

图 1-37　验证检修下行和公共按钮

图 1-38　验证检修上行和公共按钮

注意事项：

1）验证检修上、下行装置时，运行距离为 50mm 左右。

2）先验证下行的目的是为了避免剪切伤害。

3）注意检修上、下行按钮与电梯实际检修方向是否一致。

二、退出轿顶安全操作步骤

1. 同一楼层退出轿顶

1）将电梯检修运行至最初的进入层，停到适当位置。

2）按下轿顶急停按钮使电梯处于停止状态。

3）打开层门，放置顶门器并锁紧，将层门保持在全开的位置，走出层门。

4）站在层门口，将轿顶的检修开关拨回到正常状态。

5）关闭轿顶照明开关。

6）将轿顶急停按钮复位，使电梯恢复运行状态。

7）拿走顶门器，关闭层门，确认电梯正常运行后移走防护栏。

注意事项：

1）出轿顶前，需用手轻敲层门以防有人斜靠在层门外。

2）出轿顶时，注意不要被门机等异物绊倒。

3）出轿顶时，快进快出，不要在轿顶和层门之间滞留时间过长。

2. 不在同一楼层退出轿顶

1）将电梯停到退出轿顶楼层的合适位置。

2）按下轿顶急停按钮。

3）对外喊，"电梯在开门，请勿靠近"。

4）打开层门，放置顶门器模式（100mm 处）。

5）复位急停按钮，以检修模式上、下运行，验证层门锁回路是否有效。

6）按下急停按钮，打开层门。

7）放置顶门器，走出轿顶。

三、进出轿顶标准姿势

1. 开门姿势

1）将电梯召唤至指定楼层（轿厢顶开至距本层地坎 ±20mm），用三角钥匙打开层门，如图 1-39 所示。

2）用右手开三角钥匙，左手扒开层门100mm左右，等待10s观察电梯轿厢是否运行。

3）一只手扶门套外，侧身单手推开层门，如图1-40所示。

图1-39　开门姿势示意图（一）

图1-40　开门姿势示意图（二）

注意事项：

1）打开层门时，要保持身体重心的稳定。

2）身体的任何部位不能探入井道内。

2. 设置顶门器姿势

1）（以右手操作为例）身体下蹲，左手选择可靠的地方把扶，将身体重心放在左腿上，伸出右腿顶住右侧的层门门扇，右手即可自由操作。

2）右手放置顶门器并锁紧或拿开顶门器，如图1-41所示。

注意事项：

1）右脚顶住层门时脚尖不得超出层门地坎。

2）左手把扶层门外侧，身体任何部位不得探入井道内。

任务考核

任务完成后，由指导教师对本任务的完成情况进行实操考核。进出电梯轿顶安全操作基本规范实操考核见表1-5。

图1-41　设置顶门器示意图

表1-5　进出电梯轿顶安全操作基本规范实操考核表

序号	考核项目	配　分	评分标准	得　分	备　注
1	安全操作	10	1）未穿工作服，未戴安全帽，未穿防滑电工鞋（扣1～3分） 2）不按要求进行带电或断电作业（扣3分） 3）不按要求规范使用工具（扣2分） 4）其他违反作业规程的行为（扣2分）		

（续）

序号	考核项目	配分	评分标准	得分	备注
2	电梯轿厢组成认知	10	1）不能说出轿厢的组成（扣10分） 2）不能说出轿厢体的组成（扣5分） 3）不能说出轿厢架的组成（扣5分）		
3	轿顶检修箱组成认知	10	1）不能说出轿顶检修箱的组成（扣10分） 2）不知道轿顶检修箱各开关、按钮的功能（每少一项扣2分）		
4	层门锁结构与原理认知	15	1）不能正确阐述层门锁的结构（扣5分） 2）不能正确阐述层门锁的原理（扣10分）		
5	层门开门三角钥匙与顶门器结构认知	15	1）未正确阐述开门原理（扣15分） 2）不能正确使用开门三角钥匙（扣5分） 3）不能正确使用顶门器（扣5分）		
6	进入轿顶	20	1）不能正确进入轿顶（扣15分） 2）未设置防护栏（扣2分） 3）未在轿厢内按两个选层按钮（扣2分） 4）轿厢未停在合适位置（扣2分） 5）未正确使用三角钥匙（扣2分） 6）未正确放置顶门器（扣2分） 7）没有验证层门锁回路（扣5分） 8）没有验证急停按钮（扣5分） 9）没有验证检修开关（扣5分） 10）没有按正确步骤进入轿顶（扣3分） 11）没有在轿顶验证上、下行按钮（扣5分）		
7	退出轿顶	10	1）没有将电梯运行至易于退出轿顶的位置（扣2分） 2）退出轿顶时没有将检修开关和急停按钮按下（扣5分） 3）退出轿顶后没有复位检修开关和急停按钮（扣5分） 4）退出轿顶后没有关闭轿顶照明设备（扣2分） 5）不在同一层退出轿顶时，没有验证层门锁回路（扣5分）		
8	6S考核	10	1）工具器材摆放凌乱（扣2分） 2）工作完成后不清理现场，将废弃物遗留在机房设备内（扣4分） 3）设备、工具损坏（扣4分）		
9	总分				

注：评分标准中，各考核项目的单项得分扣完为止，不出现负分。

任务小结

本任务介绍了轿厢的组成、轿顶检修箱的组成和功能、层门锁的工作原理、层门开启工具（三角钥匙和顶门器）的使用、进出轿顶的步骤和注意事项等内容。通过相关知识的学习和进出轿顶实操练习，学生可掌握安全进出轿顶的基本技能。

任务四　进出电梯底坑安全操作基本规范

 **知识目标**

1）掌握底坑各部件的组成。
2）掌握进出底坑的步骤和注意事项。

能力目标

1）能够按操作规范安全进入底坑。
2）能够按操作规范安全退出底坑。
3）能够安全操作电梯，确保人身设备安全。

任务描述

电梯的缓冲器和张紧轮等底坑中的部件出现故障或需要保养时，维保人员需进入底坑进行操作。本任务内容为进出底坑的安全操作步骤及注意事项。

任务分析

维保人员在进行电梯维修保养时经常要进出底坑，所以必须建立进出底坑的安全操作程序。这些程序包括将轿厢开离底坑，在进入底坑前验证上急停按钮被按下及保持上急停按钮被按下直到维保人员离开底坑的安全方法。为了确保他人及自身的安全，维保人员一定要严格遵守进出底坑的操作规范，以保证人员和设备的安全。

相关知识

一、底坑的结构组成

底坑在井道的底部，是电梯最低层站下面的环绕部分，底坑里有导轨底座、轿厢和对重、缓冲器、限速器张紧装置、补偿绳轮、急停按钮盒等。

1. 限速器张紧装置

张紧装置由配重架、张紧轮和配重组成，分为悬挂式结构和悬臂式结构，如图 1-42 所示。张紧轮安装在张紧装置的支架轴上，可以灵活转动，调整配重的重量，可以调整钢丝绳的张力。

2. 缓冲器

缓冲器是电梯的最后一道安全装置，设在井道底坑的地面上，当所有保护措施都失效时，轿厢便会冲向底坑，缓冲器能够吸收或消耗轿厢的能量。缓冲器分为弹簧缓冲器、油压缓冲器和聚氨酯缓冲器三种。图 1-43 所示为聚氨酯缓冲器。

图 1-42　限速器张紧装置实物图　　　　图 1-43　缓冲器实物图

3. 上下急停按钮盒及底坑照明灯

电梯底坑的急停按钮和照明灯如图 1-44 和图 1-45 所示。底坑急停按钮包括上急停按钮（见图 1-44a）和下急停按钮（见图 1-44b）。急停按钮是安全电路的一部分，当急停按钮被按下时，电梯立即停止运行。照明灯用于底坑作业时的照明。

a)　　　　　　　　　b)

图 1-44　上下急停按钮实物图　　　　图 1-45　底坑照明灯实物图

二、底坑危险源

1）由电梯轿厢或对重装置降落到电梯井道底部而引起的挤压危险。

2）限速器绳轮转动危险。

3）补偿装置运动或绳轮转动危险。

4）随行电缆。

5）爬梯上的坠落危险。

6）因电梯底坑的油质造成滑倒。

7）被电梯底坑的设备绊倒。

8）有人通过底部层门通道进入电梯井道。

9）电击。

10）落物打击。

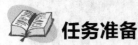
任务准备

根据任务内容及任务要求选用仪表、工具和器材，见表1-6。

表1-6 仪表、工具和器材明细

序 号	名 称	型号与规格	单 位	数 量
1	电工工具	验电器、钢丝钳、螺钉旋具、电工刀、尖嘴钳、剥线钳	套	1
2	开门设备	开门钥匙、顶门器	套	1
3	劳保用品	绝缘鞋、工作服等	套	1

任务实施

一、进入底坑安全操作步骤

1. 到达现场

1）劳保用品齐全。

戴安全帽，穿工作服、工作鞋，戴手套等防护用品。携带操作工具，工具需要用专用工具箱存放。

2）进入机房，打开井道照明。

2. 召唤电梯

1）在基站层设置防护栏和警示标识。

2）将电梯呼到要下底坑的层站。

3）确保电梯轿厢内无人并放置防护栏，在轿厢操纵箱内按两个上行方向选层按钮（上一层和最顶层）。

注意事项：

1）按选层按钮时，身体的整个部位都要在轿厢内。

2）按上一层和最顶层选层按钮的目的是为了防止在未成功验证本层层门电气装置是否良好的情况下抓梯失败，或者有反向选层指令使电梯反向下降造成人员伤亡。

3. 抓梯、开层门

1）电梯下行时打开层门，使轿厢停到适当位置（适当位置是能方便操作轿顶急停和容易进入轿顶位置），距本层层门地坎±20mm。

2）用左手开层门，右手扒开门缝不超过100mm，观察电梯运行情况。

注意事项：

1）三角钥匙是用于开层门门锁的，不是用来开层门门扇的，使用三角钥匙需要提前观察层门门扇上的旋转方向。

2）三角钥匙不得外借给无上岗证人员。

3）抓梯时电梯到达上一层平层，即认为抓梯失败，必须重新呼梯后，重新抓梯。目的是防止上层平层有人误入轿厢。

4. 验证层门锁回路

1）打开层门，以标准姿势放置顶门器。

2）将层门关到最小100mm处，按外呼按钮，等10s测试层门锁回路是否有效（看层门缝或打开层门100mm确定轿厢没有移动）。

注意事项：

1）如井道内较暗，可打开手电筒，观察底坑环境后（观察时，人的任何身体部位不得探入井道内）。

2）如遇并联、群控的其他电梯响应验证外呼后，应将其送往尽可能远层站后再次按下外呼按钮以进行验证。依次类推。

5. 验证上急停按钮

1）打开层门，以标准姿势放置顶门器并锁紧。

2）按下上急停按钮，使轿厢处于停止状态，如图1-46所示。

3）取出顶门器。

4）关闭层门。

5）按外呼按钮，等10s测试上急停按钮是否有效（看层门缝或打开层门100mm确定轿厢没有移动）。

注意事项：

1）打开层门时，手必须扶在层门外的门套上。

图1-46　验证底坑上急停按钮示意图

2）左手把扶层门，身体重心支撑在左脚上，右脚顶住层门（脚尖不应伸入层门内侧），右手拎紧顶门器。

3）可从层门门缝看轿厢护脚板来判断电梯是否移动。

4）关闭层门时，速度不得过快，同时注意不要夹到自己的手。

6. 验证下急停按钮

1）打开层门，以标准姿势放置顶门器并锁紧。手握紧爬梯进入底坑，按下下急停按钮，出底坑，复位上急停按钮，以标准姿势移除顶门器，关闭层门。

2）按外呼按钮，等10s测试下急停按钮是否有效（看层门缝或打开层门100mm确定轿厢没有移动）。

注意事项：

1）下底坑前，按下下急停按钮后要把底坑照明灯打开。

2）下底坑前，先确认爬梯是否牢固。

3）上、下爬梯时，身体三个点与爬梯保持平衡。

7. 进入底坑作业

1）用标准姿势放入顶门器并锁紧。

2）按下上急停按钮，进入底坑，进入底坑后，同时确认下急停按钮也已按下，如图1-47、图1-48所示。

图 1-47 进入底坑示意图　　　　图 1-48　验证底坑急停按钮示意图

注意事项：

将层门关至 100mm 处放入顶门器并锁紧，开始工作，如图 1-49 所示。

二、退出底坑安全操作步骤

1）拧松顶门器，完全打开层门，使用顶门器固定层门。

2）将下急停按钮复位，关闭照明灯，爬出底坑。

3）在层门地坎处复位上急停按钮。

4）以标准姿势移除顶门器，关闭层门。

5）确认电梯正常，移走防护栏，结束工作，交给用户使用。

图 1-49　底坑作业示意图

 任务考核

任务完成后，由指导教师对本任务的完成情况进行实操考核。进出电梯底坑安全操作基本规范实操考核见表 1-7。

表 1-7　进出电梯底坑安全操作基本规范实操考核表

序号	考核项目	配 分	评分标准	得 分	备 注
1	安全操作	10	1）未穿工作服，未戴安全帽，未穿防滑电工鞋（扣 1 ~ 3 分） 2）不按要求进行带电或断电作业（扣 3 分） 3）不按要求规范使用工具（扣 2 分） 4）其他违反机房作业安全规程的行为（扣 2 分）		
2	底坑设备组成认知	15	1）不知道底坑设备的组成（扣 15 分） 2）不知道底坑电气开关的位置（扣 10 分）		

(续)

序号	考核项目	配 分	评分标准	得 分	备 注
3	底坑危险源认知	15	1）不清楚底坑危险源有哪些（扣15分） 2）底坑危险源认识不全面（每少一项扣3分，扣完为止）		
4	进入底坑	30	1）不会进入底坑（扣30分） 2）未设置防护栏（扣4分） 3）未在轿厢内按两个选层按钮（扣4分） 4）轿厢未停在合适位置（扣4分） 5）未正确使用三角钥匙（扣4分） 6）未正确放置顶门器（扣4分） 7）没有验证层门锁回路（扣4分） 8）没有验证上急停按钮（扣4分） 9）没有验证下急停按钮（扣4分） 10）未正确关闭层门（扣4分）		
5	退出底坑	20	1）未复位下急停按钮（扣10分） 2）未关闭照明灯（扣5分） 3）未复位上急停按钮（扣5分） 4）未正确关闭层门（扣5分）		
6	6S考核	10	1）工具器材摆放凌乱（扣2分） 2）工作完成后不清理现场，将废弃物遗留在机房设备内（扣4分） 3）设备、工具损坏（扣4分）		
7	总分				

注：评分标准中，各考核项目的单项得分扣完为止，不出现负分。

任务小结

本任务讲述了电梯底坑设备的组成、底坑危险源、进出底坑的步骤和注意事项。通过实操练习，学生可掌握安全进出底坑的基本技能。

任务五 盘车安全操作基本规范

知识目标

1）掌握盘车工具的组成和使用方法。
2）掌握平层标志的意义。
3）掌握电梯盘车的操作步骤与注意事项。

能力目标

1）能够按要求与步骤安全盘车。

2）能够安全操作电梯，确保人身设备安全。

 **任务描述**

在电梯运行过程中会有很多突发事件，导致电梯进入保护状态，将乘客困在轿厢中。本任务内容为盘车救人安全操作的基本知识、基本操作步骤及注意事项。

 **任务分析**

在电梯救援或维修工作中往往需要盘车，如果电梯轿厢停靠位置超过平层位置0.3m，就需要通过盘车将轿厢移至平层位置。整个操作需要两个维保人员相互配合，合理运用紧急救援工具，以正确的姿势进行松闸和盘车操作，最后通过查看平层标志确认平层位置。

相关知识

一、盘车装置

电梯困人的救援以往主要采用自救的方法，即电梯司机从上部安全窗上轿顶将层门打开。随着电梯行业的发展，无人员操纵的电梯被广泛使用，发生困人时，已不再适合采用自救的方法了。因为作为公共交通工具的电梯发生困人时，非专业人员若自救方法不得当反而会发生其他安全事故。

救援装置包括盘车手轮与松闸扳手，如图1-50所示。机房内的紧急手动操作装置应放在拿取方便的地方，盘车手轮应漆成黄色，松闸扳手应漆成红色。

目前一些电梯安装了停电应急装置，在停电或电梯故障时自动接通。装置动作时用蓄电池作为电源向电动机送入低频交流电（一般为5Hz），并通过制动器释放。在判断负载力矩后按力矩小的方向迅速将轿厢移动至最近的层站，自动开门将人放出。应急装置在停电、冲顶、蹲底和限速器安全钳动作时均能自动接通，但若是门未关或门的安全电路发生故障，则不能自动接通。

图1-50　电梯盘车手轮与
松闸扳手实物图

二、平层标志

为了在操作时知道轿厢的位置，机房内必须有层站指示。最简单的方法就是在曳引绳上用油漆做标记，同时将标记对应的层站写在机房操作地点附近，如图1-51和图1-52所示。

不同的电梯生产厂商设置的平层标志不一样。其中一种表示方法是用二进制表示，在机房曳引钢丝绳上用红漆或黄漆表示出来，这就是平层标志。图1-51所示的平层标志是在不同钢丝绳上涂黄漆，并且每根钢丝绳涂不同道数的黄漆来表示。

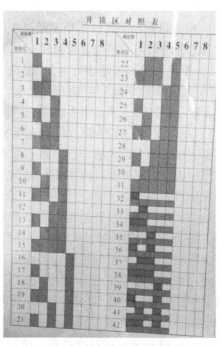

图 1-51　电梯平层标志与钢丝绳上的油漆标记　　　图 1-52　机房内电梯平层标志说明

 任务准备

根据任务内容及任务要求选用仪表、工具和器材，见表1-8。

表1-8　仪表、工具和器材明细

序　号	名　　称	型号与规格	单　位	数　量
1	电工工具	验电器、钢丝钳、螺钉旋具、电工刀、尖嘴钳、剥线钳	套	1
2	盘车工具	盘车手轮、松闸扳手、三角钥匙	套	1
3	劳保用品	绝缘鞋、工作服等	套	1

 **任务实施**

一、盘车操作步骤

1. 切断电源

保留照明电源，切断主电源并上锁挂牌，以防不知情人员接通主电源而对正在施救的人员及正在撤离的乘客造成危险。同时，告知乘客"正在施救，请保持镇静"。

2. 判断轿厢位置和确定盘车方向

判断轿厢位置是否超过最近的楼层平层位置0.3m，当超过时需要松闸盘车。可通过查看平层标志的方法和在被困楼层用三角钥匙稍微打开层门的方法判断轿厢位置并确定盘车

3. 电梯轿厢与平层位置相差超过 0.3m 时

若电梯轿厢与平层位置相差超过 0.3m，应进行如下操作：

1）维保人员迅速赶往机房，根据平层标志说明判断电梯轿厢所在楼层。

2）用工具取下盘车手轮开关装置，如图 1-53 所示，取下挂在附近的盘车手轮和松闸扳手。

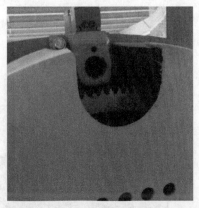

3）一人安装盘车手轮，将盘车手轮上的小齿轮和曳引机上的大齿轮啮合，如图 1-54 所示。确认后，另一人用松闸扳手对抱闸施加均匀压力，使制动闸瓦松开。操作时，应注意两人配合口令（松、停）断续操作，切记，开始第一次只可移动轿厢约 30mm，不可过急或幅度过大，以确定轿厢是否获得安全移动及验证抱闸的性能。当确定为可靠移动后，一次可使轿厢滑移约 300mm，直到轿厢到达最近楼层平层位置。在盘车之前，告知乘客"施救过程中电梯将会多次起动和停车，不用慌张"。盘车

图 1-53　松开盘车手轮开关装置示意图

操作如图 1-55 所示。需注意的是，维保人员在盘车过程中禁止两手同时离开盘车轮，两脚应与肩同宽站立。

图 1-54　安装盘车手轮与松闸扳手示意图　　　　图 1-55　两人配合盘车示意图

4）到达平层位置后，用层门锁钥匙打开电梯层门和轿门，引导乘客迅速有序地离开轿厢。

5）重新关好电梯层门、轿门。

6）电梯没有排除故障前，应在各层门处设置禁用电梯的警示牌。

4. 电梯轿厢与平层位置相差在 0.3m 以内

当电梯轿厢与平层位置相差在 0.3m 以内时，则按上述步骤中的 4）～6）进行操作。

5. 恢复电梯

当所有乘客撤离后，必须把层门、轿门重新关闭，将松闸扳手、盘车手轮放回原位后，再按照电梯故障检修程序进行检修，直至电梯维修完毕，试运行一切正常后，同时做好维修记录，才能交付使用。

二、盘车操作注意事项

1）确保电梯各层门、轿门关闭，切断主电源。通知轿厢内人员不要靠近轿门，注意安全。

2）机房盘车时，至少两人配合作业，一人松闸，一人盘车，通过观察钢丝绳上的平层标志识别轿厢是否处于平层位置。

3）使用层门钥匙开启层门，先打开100mm的宽度向内观察，确定轿厢在该楼层，检查轿厢地坎与楼层地面间的上下距离。确认上下距离不超过0.3m时才可打开轿厢疏散被困乘客。

4）待故障处理完毕，试运行正常后才可恢复电梯正常运行。

 任务考核

任务完成后，由指导教师对本任务的完成情况进行实操考核。盘车安全操作基本规范实操考核见表1-9。

表1-9　盘车安全操作基本规范实操考核表

序号	考核项目	配　分	评分标准	得　分	备　注
1	安全操作	10	1）未穿工作服，未戴安全帽，未穿防滑电工鞋（扣1~3分） 2）不按要求进行带电或断电作业（扣3分） 3）不按要求规范使用工具（扣2分） 4）其他违反作业安全规程的行为（扣2分）		
2	盘车装置的正确使用	10	1）未能找到盘车装置（扣10分） 2）不会正确使用盘车手轮（扣5分） 3）不会正确使用松闸扳手（扣5分）		
3	平层标志的识别	10	1）不能找到平层标志说明表（扣5分） 2）不能正确识读平层标志说明表（扣5分）		
4	盘车操作	50	1）不会按正确步骤进行盘车操作（扣50分） 2）盘车时没有切断电源（扣10分） 3）不能正确识读平层标记（扣10分） 4）不能判断是否需要盘车（扣10分） 5）盘车时没有配合口令（扣5分） 6）盘车时第一次移动距离过大（扣5分） 7）盘车时两手同时离开盘车手轮（扣10分）		
5	电梯恢复	10	1）盘车结束后未关闭层门、轿门（扣5分） 2）盘车结束后，盘车工具未放回原位（扣5分） 3）电梯故障未排除时将警示牌撤离（扣5分）		
6	6S考核	10	1）工具器材摆放凌乱（扣2分） 2）工作完成后不清理现场，将废弃物遗留在机房设备内（扣4分） 3）设备、工具损坏（扣4分）		
7	总分				

注：评分标准中，各考核项目的单项得分扣完为止，不出现负分。

 **任务小结**

本任务讲解了盘车操作所用工具、平层标志的识读、正确规范的盘车步骤等内容。盘车时两人需要相互配合，在确认切断主电源后，一人将盘车手轮上的小齿轮与曳引机上的大齿轮啮合，一人用松闸扳手将制动闸瓦轻轻打开，一人盘动手轮，配合（松、停）口令，反复断续操作，直至轿厢平层，再用三角钥匙打开层门、轿门，将被困人员救出。通过学习和实操练习，学生可掌握盘车操作的基本技能。

项目二 电梯机房设备的维护与保养

本项目主要讲述了电梯维保的基本要素与电梯机房设备的保养内容、步骤及注意事项，主要包括曳引机构、控制柜、限速器、安全钳及机房其他装置保养等工作任务。通过学习及实操练习，学生应掌握机房设备的保养方法和步骤，树立良好的安全意识，能够安全地对机房设备进行维护与保养。

项目目标 >>

1）掌握电梯机房设备的组成和工作原理。
2）掌握电梯机房设备的保养方法和步骤。
3）能够安全操作电梯进行机房设备的维保。
4）能够正确填写维保记录单。
5）培养良好的安全意识与职业素养。

内容描述 >>

要完成电梯机房设备的维保任务，首先要熟悉保养工作事项，任务一讲述了电梯维护保养的基本要素，是电梯机房设备、井道设备、底坑设备、层门轿门系统等保养工作通用的要领；任务二讲述了曳引机构，包括曳引电动机、制动器、减速器、曳引轮与导向轮等的组成与原理、保养内容、保养步骤；任务三讲述了控制柜的组成、电路原理、保养内容、保养步骤；任务四讲述了限速器与安全钳的组成与原理、保养内容、保养步骤；任务五讲述了机房环境的清洁、照明装置和通风装置等其他项目的保养内容与步骤。通过完成这五个任务，学生可掌握电梯机房设备维保的基本操作，培养安全规范操作的良好习惯。

任务一 电梯维护与保养的基本要素

💡 知识目标

1）掌握电梯维保的意义。
2）掌握电梯维保的基本要素。

能力目标

1）能够按照清洁基本要求完成电梯各部位各部件的清洁。
2）能够按照润滑基本要求完成电梯各部位各部件的润滑。
3）能够检查出电梯各部件的故障。
4）能够按照要求调整电梯关键部件。

任务描述

电梯维保人员需要掌握维保的基本要素以便按规定对电梯进行维保。本任务详细介绍了电梯维保的基本要素。

任务分析

电梯维保意义重大，电梯维保人员必须深刻认识到这一点。电梯维保都需要做什么工作，维保人员也必须清楚。本任务对此做了深入解析，讲述了电梯维保的意义与维保的四要素，分析了电梯维保工作的一般事项。通过学习，学生应掌握电梯维保的常见操作与基本技能。

相关知识

一、电梯维保的意义

电梯为什么要进行维保是电梯维保人员必须清楚的重要事项。作为电梯维保人员，只有深入地认识到电梯维保的重要性，才会提高其工作的积极性与主动性，从而提高工作效率与工作质量。

对电梯进行维保是为了确保电梯系统以最高的效率和最小的损耗提供可靠舒适的运行服务。通过对电梯维保，可保证其运动部件运转顺畅，减少摩擦和损耗，及时发现故障和隐患并采取措施进行纠正和排除，可提高电梯运行的效率。同时，定期进行系统性保养和规范的维护还能延长电梯零部件的使用寿命，最大限度地减少电梯故障，保证设备的安全性能和可靠使用。通过规范的保养，可保证电梯运行安全可靠、经久耐用与平稳舒适。

二、电梯维保的基本要素

电梯维保的基本要素（四要素）为清洁、润滑、检查和调整。

1. 清洁

确保电梯能正常运行的最基本要求是清洁。积尘容易造成电气元器件的触点接触不良或误动作、机械部件工作的不流畅等，从而引发运行故障。油污容易造成机械装置工作表面生锈、机械部件的运转不流畅，从而引发故障。表 1-10 列出了积尘与油污对电梯零部件的影响。

表 1-10 积尘与油污对电梯性能的影响

易产生积尘、油污的部位		积尘、油污对电梯的影响
积尘部位	层门、轿门门锁触点积尘	1. 层门关闭后因接触不良致使电梯不能正常起动 2. 触点处由于不干净易产生电火花而加快触点的磨损与损坏，从而导致日后故障频发
	层门、轿门上坎积尘与地坎积尘	1. 层门上、下坎积尘易使开关门动作不流畅且振动、噪声加大 2. 自锁闭系统失效，造成层门不能正常关闭到位
	层门上的光幕积尘	光幕太脏容易造成电梯不能正常关门
	控制柜电气部件积尘	影响电气部件及印制电路板线路间的爬电距离，从而影响设备的稳定性与可靠性
	电梯井道电气开关积尘	
	机房电气开关积尘	
油污部位	导轨表面油污	导轨、安全钳表面生锈，电梯运行不畅
	安全钳钳块表面油污	
	导靴表面油污	
	绳轮轮槽表面油污	轮槽表面生锈，摩擦力减小，效率降低，磨损加剧；对限速器绳轮来讲，影响其安全动作
	钢丝绳表面油污	钢丝绳表面生锈，摩擦力减小，磨损加剧，运行效率下降

2. 润滑

系统性正确的润滑可以保证机械部件运动自如，减少摩擦力、能量损失、噪声、磨损和振动，确保各机械装置运行在最佳状态，从而保证电梯的正常运行，延长设备各零部件的使用寿命。

在电梯中需要润滑的部位包括曳引轮、导向轮、反绳轮、限速器绳轮、张紧轮等绳轮的轴承部位；限速器、安全钳等连接的销轴部位；层门轿门滑轮及偏心轮的轴承部位，轿门门刀各动作部件的转动部位等。

3. 检查

检查是维保工作中至关重要的关键环节，是进行清洁、润滑、调整的基础和前提。通过规范的检查工作能及时地发现和解决问题，或予以纠正和预防。仔细的检查和测试工作能提前发现问题所在，及时排除故障或隐患，并能对不良部件进行及时更换，进而最大限度地降低电梯的故障率，确保电梯设备各部分持续、安全可靠地运行。

4. 调整

调整是保证电梯各部位处于最佳工作状态的重要措施。通过不断地检查与调整，使电梯设备中的各个环节、机械部件间的啮合与运动，电气部件的连接与释放，一体化部件间的有效配合都达到最合理的工作状态，是确保电梯安全、可靠、正常、舒适运行的基础。电梯中需要调整的对象包括层门、轿门门板，门刀门锁，安全钳及导靴与导轨的间隙，限速器的动作弹簧，制动器制动力与抱闸间隙，钢丝绳张力等。

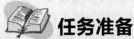 **任务准备**

根据任务内容及任务要求选用仪表、工具和器材，见表 1-11。

表 1-11　仪表、工具和器材明细

序　号	名　　称	型号与规格	单　位	数　量
1	电工工具	验电器、钢丝钳、螺钉旋具、电工刀、尖嘴钳、剥线钳	套	1
2	其他工具	三角钥匙、顶门器、盘车手轮、松闸扳手	套	1
3	劳保用品	绝缘鞋、工作服等	套	1

**任务实施**

1）分组查找电梯需要润滑的部位。

2）分组查找电梯易产生积尘和油污的部位。

3）分组查找电梯调整的关键零部件。

任务考核

任务完成后，由指导教师对本任务的完成情况进行实操考核。电梯维保基本要素实操考核见表 1-12。

表 1-12　电梯维保基本要素实操考核表

序号	考核项目	配　分	评分标准	得　分	备　注
1	安全操作	10	1）未穿工作服，未戴安全帽，未穿防滑电工鞋（扣 1～3 分） 2）不按要求进行带电或断电作业（扣 3 分） 3）不按要求规范使用工具（扣 2 分） 4）其他违反作业安全规程的行为（扣 2 分）		
2	维保意义认知	10	1）不能说出维保的意义（扣 10 分） 2）能说出维保意义，但不全（每少一项扣 3 分，扣完为止）		
3	清洁对象与清洁原因认知	20	1）不知道清洁的对象（扣 20 分） 2）知道清洁的对象，但不全面（每少一项扣 2 分） 3）不能查找出清洁对象的位置（每少一项扣 2 分） 4）不能说出清洁的原因（每个项目扣 2 分）		
4	润滑对象认知	15	1）不能说出润滑的意义（扣 5 分） 2）不能说出润滑的对象（每少一项扣 2 分） 3）不能查找出需要润滑对象的位置（每少一项扣 2 分）		
5	调整对象认知	25	1）不能说出要调整的零部件（扣 25 分） 2）能说出调整的零部件，但不全（每少一项扣 3 分） 3）不能说出要调整零部件的项目（每少一项扣 3 分） 4）不能查找出零部件的位置（每少一项扣 3 分）		
6	检查认知	10	1）不能说出检查的意义（扣 5 分） 2）不能说出检查的对象（扣 5 分）		

（续）

序号	考核项目	配 分	评分标准	得 分	备 注
7	6S 考核	10	1）工具器材摆放凌乱（扣2分） 2）工作完成后不清理现场，将废弃物遗留在机房设备内（扣4分） 3）设备、工具损坏（扣4分）		
8	总分				

注：评分标准中，各考核项目的单项得分扣完为止，不出现负分。

 任务小结

本任务详细介绍了电梯进行维保的意义以及维保的基本要素（各要素的意义、对象）。通过学习及实操练习，学生可全面掌握电梯维保的基本要素，为电梯各零部件的保养打下了坚实的基础。

任务二　曳引机构的维护与保养

知识目标

1）掌握电梯曳引机构的组成与工作原理。
2）掌握曳引电动机的保养内容与保养步骤。
3）掌握制动器的保养内容与保养步骤。
4）掌握曳引轮与导向轮的保养内容与保养步骤。
5）掌握减速器的保养内容与保养步骤。

能力目标

1）能够按规定要求与步骤进行电梯曳引电动机的维保。
2）能够按规定要求与步骤进行制动器的维保。
3）能够按规定要求与步骤进行曳引轮与导向轮的维保。
4）能够按规定要求与步骤进行减速器的维保。
5）能够正确填写维保记录单。
6）通过实际操作养成安全操作的职业素养。

任务描述

电梯曳引系统是电梯的动力设备，其功能是输送与传递动力使电梯运行。它由曳引电动机、制动器、联轴器、减速器、曳引轮、导向轮、反绳轮、机架、钢丝绳、绳头组合和盘车手轮、松闸扳手等组成。本任务学习机房内除曳引钢丝绳和反绳轮之外的曳引机构的保养。保养操作包括清洁、润滑、检查（看、闻、摸）和调整。

任务分析

不同类型电梯的曳引机构位置不同，其组成也不尽相同。对于无机房电梯，其曳引机构位于井道内，对于有机房电梯，曳引机构位于机房内；对于有齿轮曳引机构，电梯曳引机构还包括减速器，无齿轮曳引机构则不包括。本任务学习有机房电梯带齿轮曳引机构的保养。进行保养时，首先要熟知电梯曳引机构的组成、保养部位和保养项目；其次要掌握正确的保养步骤，明确其保养要求。保养时，要细致清洁，认真检查各部件，严格遵守安全操作规程，以确保操作人员和设备的安全。

相关知识

电梯机房内的主要部件有曳引机组、控制柜和限速器等，外围设备有总电源、配电箱、照明与通风装置等设施。机房内电梯的曳引系统包括曳引机、导向轮等。

一、曳引机的组成与工作原理

电梯曳引系统主要由曳引机、曳引钢丝绳、导向轮及反绳轮组成。其主要功能是输出与传递动力，使电梯运行。图1-56所示为有齿轮电梯曳引系统实物图，图1-57所示为无齿轮电梯曳引系统实物图。

图1-56 有齿轮电梯曳引系统实物图　　　　图1-57 无齿轮电梯曳引系统实物图

曳引机是曳引系统的拖动装置，它驱动电梯的轿厢和对重装置做上、下运动。曳引机主要由曳引电动机、制动器、减速器、曳引轮和底座等组成。根据曳引电动机与曳引轮之间是否有减速器，曳引机可分为无齿轮曳引机和有齿轮曳引机两大类。无齿轮曳引机由于没有减速器这一中间环节，所以传动效率高、噪声小、传动平稳。以交流永磁同步电动机为动力的无齿轮曳引机具有高效、节能、无污染的特点，正较快地向主流配置方向发展。目前，无齿轮曳引机多用于速度大于2m/s的电梯上。有齿轮曳引机技术较成熟，其拖动装置的动力通过中间减速器传递到曳引轮上。这种传动方式具有传动比大、运行平稳、噪声低、体积小的优点，主要应用于速度不大于2m/s的电梯上。

1. 曳引电动机

曳引电动机实物如图1-58所示。电梯曳引机上电动机的设计、制造及特点与通用电动机有所区别，必须执行相关的规范。曳引电动机应满足以下几方面的技术要求。

1）具有短时工作，频繁起动、制动及正反向运转的特性。

2）具有能适应一定的电源电压波动，有足够的起动转矩，能满足轿厢满载起动、加速迅速的特性。

3）具有起动电流较小的特性。

4）具有较硬的机械特性，不会因电梯运行时负载的变化造成电梯运行速度的变化。

5）具有良好的调速性能，运转平稳、工作可靠、噪声小、维护简单。

图 1-58　电梯曳引电动机

2. 制动器

制动器是电梯重要的安全装置，它对主轴转动起制动作用，能使运行的电梯轿厢和对重在断电后立即停止运行，并在任意停止位置定位不动。

电梯一般都采用常闭式双瓦块型直流电磁制动器，其实物如图 1-59 所示。这种制动器性能稳定、噪声小、制动可靠，一般由制动电磁铁、闸瓦、闸轮、销轴、制动弹簧和制动臂等组成。

对电梯制动器有以下要求：

1）制动器应动作灵活，工作可靠。

2）正常运行时，闸瓦与闸轮保持一定间隙（≤0.7mm）。

3）制动时，两侧闸瓦应紧密、均匀地贴合在闸轮工作面上。

4）切断制动器的电流至少应由两个独立的电气装置实现。

5）闸瓦与闸轮表面应清洁无油污。

6）必须有手动松闸装置。

3. 减速器

减速器是应用于电动机和工作机之间的封闭式独立传动装置，是用来降低曳引机的输出转速，增加输出转矩。常用的有蜗轮蜗杆减速器和斜齿轮减速器两种类型，图 1-60 所示为蜗轮蜗杆减速器。对减速器要求如下。

1）油温不应超过 85℃，温升不应超过 60℃。

2）在曳引机减速箱中，除蜗杆轴伸出端允许有极少量的渗油外，其余各处不得有油渗漏。

4. 曳引轮

曳引轮是嵌挂曳引钢丝绳的轮子，绳的两端分别与轿厢和对重装置连接。其结构如图 1-61 所示。

图 1-59　电梯电磁制动器　　　图 1-60　蜗轮蜗杆减速器　　　图 1-61　电梯曳引轮

5. 底座

曳引机底座是连接电动机、制动器和减速箱的机座，由铸铁或型钢与钢板焊接而成，曳引机各部件均安装在底座上，以便于整体运输、安装与调试。安装时，底座被固定在特定型号的两个平行且具有承重作用的工字钢梁上。

二、导向轮

电梯的导向轮和曳引轮结构相同，作用是调整轿厢和对重之间的相对位置，防止轿厢和对重之间的距离太小产生碰撞。

任务准备

根据任务内容及任务要求选用仪表、工具和器材，见表1-13。

表1-13 仪表、工具和器材明细

序 号	名 称	型号与规格	单 位	数 量
1	电工工具	验电器、钢丝钳、螺钉旋具、电工刀、尖嘴钳、剥线钳	套	1
2	万用表	自定	块	1
3	劳保用品	绝缘鞋、工作服等	套	1

任务实施

一、电梯曳引机构的保养

1. 曳引机外表

清洁和检查曳引电动机、曳引轮、导向轮、挡绳装置、制动器、绳头组合、底座及工字钢梁。

2. 减速器的保养

1）减速器在运转时应平稳无振动。

2）窥镜显示油位正常，箱盖、窥视孔、轴承盖等与箱体连接应紧密、不漏油。

3）蜗杆伸出端渗油应不超过 $25cm^2/h$。油箱内油液抛甩正常，各油孔畅通。蜗轮轴上的滚动轴承或滑动轴承应保持润滑良好。对于新安装的电梯，应在最初使用的半年内经常检查油箱润滑油油质。用手指蘸减速器内的润滑油，用两根手指互相捻动，感觉油液的黏度及其中的杂质含量。如果在油中发现过量铜屑和杂质，则立即更换润滑油，并按电梯的使用频率定期更换润滑油。对于使用率较低的电梯，可根据润滑油的黏度与杂质情况确定更换时间。

轴承与润滑油的工作温度应正常，当温升过高时应检查原因。当滚动轴承产生不均匀或异常噪声时，应及时检查消除或予以更换。

4）箱体、轴承座、电动机与底盘连接螺栓等应经常检查和紧固，确保无松动现象。

5）检修时，如需拆卸零件，必须将轿厢在顶层用钢缆吊起，对重在底坑用木楞撑住，将曳引绳从曳引轮上摘下。

3. 曳引电动机的保养

1）电动机的连接螺栓应该紧固。

2）应经常保持清洁，水或污油不得浸入电动机内部，定期用吹风机吹净电动机内部和引出线的灰尘。

3）电动机工作温度正常，电动机定子绕组温升过高时应检查原因。

4）冷却机工作正常。

5）经常检查、紧固电气接线，如动力线、旋转编码器装置等电气线路。

6）当滚动轴承有异响或噪声，则应更换轴承。如老式电动机转轴是轴瓦形式的应检查油窗机油位与抛油装置正常。

4. 制动器的保养

1）制动器的动作应灵活可靠，各紧固环节锁紧有效，各转动点润滑及活动正常。

2）制动闸瓦工作厚度（当制动闸瓦厚度磨损 1/4 或铆钉露出表面时，应更换制动闸瓦）、闸瓦与制动轮的吻合度（制动闸瓦应以最大面积紧贴在制动轮的工作面上，两者的接触面积应大于闸瓦制动面面积的 80%）、松闸后制动闸瓦与制动轮的间隙（其各边间隙均须小于 0.7mm，若大于 0.7mm 应重新调整间隙）应满足要求。

3）制动弹簧压缩在规定尺寸范围内、两边弹力均匀。调整制动弹簧力，要在保证安全可靠的原则下满足平层准确度和舒适感。检修运行停止时，与制动轮滑移摩擦无异常。

4）制动器电磁线圈工作温度正常，起动电压与工作电压均正常。接线螺栓处应无松动现象，绝缘良好。线圈接线应可靠，各电气触点有效紧固，可快速释放电路（电阻、电容元件）。

5）电磁铁心动作灵活，铁心间隙应适当（电磁铁松闸吸合力与铁心间距离的二次方成反比），工作时无机械撞击声。

6）制动器抱闸后，电磁铁顶杆开闸联动处均留有足够的安全间隙，以确保闸瓦可靠地抱紧制动轮。

7）制动与松闸监控开关工作有效，开关与推杆间隙能确保动作可靠。

5. 曳引轮与导向轮的保养

1）清洁和检查曳引轮、曳引钢丝绳，且张力应均衡。

2）各曳引钢丝绳在曳引轮绳槽内的嵌入深度应一致，以维持均等的钢丝张力和曳引力（用水平尺或钢直尺）。当各绳槽磨损下陷不一致，相差曳引绳直径的 1/10，或严重凹凸不平出现麻花状而影响使用，或曳引钢丝绳或曳引轮绳槽槽底的间隙不大于 1mm 时，应就地重新加工（车削）曳引轮绳槽或更换曳引轮绳槽。加工曳引轮绳槽前，应注意切口根部的轮缘厚度在车削后不小于相应钢丝绳的直径（轮缘根部厚度不够，曳引轮易崩圈）。

3）导向轮、复绕轮和反绳轮滚动轴承使用锂基润滑脂润滑，1200h 加注一次，如用非锂基润滑脂润滑，每次保养时应旋紧油杯数圈或用油枪对准油孔注入润滑脂。

4）曳引轮绳槽油污需清理，当绳槽磨损影响使用时，应予以更换。

5）各挡绳装置与曳引钢丝绳的间隙应保持在 3mm 左右或小于曳引绳的半径尺寸。

6）2∶1 绕绳法的绳头组合、双螺母互紧、开口销、绳头止转装置需清洁检查。

二、填写曳引机构维保记录单

维保工作结束后，维保人员应填写曳引机构维保记录单（见表1-14），自己签名并经用户签名确认。

表 1-14　曳引机构维保记录单

序号	维保内容	维保要求	完成情况	备注
1	曳引机构外表	清洁		
2	减速器	运转平稳，连接紧固，油温正常，油量适宜，无渗漏		
3	曳引电动机	运转正常，连接紧固		
4	制动器	工作正常，动作灵活，连接紧固，监控开关正常		

维保人员：　　　　　　　　　　　　　　　　　　　　　　　　　日期：　　年　月　日

使用单位意见：

使用单位安全管理人员：　　　　　　　　　　　　　　　　　　日期：　　年　月　日

 任务考核

任务完成后，由指导教师对本任务的完成情况进行实操考核。曳引机构维保实操考核见表 1-15。

表 1-15　曳引机构维保实操考核表

序号	考核项目	配　分	评分标准	得　分	备　注
1	安全操作	10	1）未穿工作服，未戴安全帽，未穿防滑电工鞋（扣 1~3 分） 2）不按要求进行带电或断电作业（扣 3 分） 3）不按要求规范使用工具（扣 2 分） 4）其他违反作业安全规程的行为（扣 2 分）		
2	电梯机房曳引机构认知	10	1）不能说出曳引机构的组成（扣 10 分） 2）不能说出曳引电动机的类型（扣 2 分） 3）不能说出制动器的组成和工作原理（扣 4 分） 4）不能说出减速器的组成和工作原理（扣 2 分） 5）不能说出曳引轮、导向轮的功能与结构（扣 2 分）		
3	曳引机构清洁项目	10	1）没有清洁电梯曳引机构（扣 10 分） 2）清洁电梯曳引机构，但不全面（每少一项扣 2 分）		
4	曳引电动机的保养	15	1）不会保养电梯曳引电动机（扣 15 分） 2）不能说出曳引电动机的保养内容与保养要求（每少一项扣 3 分） 3）不能按规定要求与步骤完成曳引电动机各项目的保养（每少一项扣 3 分）		
5	制动器的保养	15	1）不会保养制动器（扣 15 分） 2）不能说出制动器的保养内容与保养要求（每少一项扣 3 分） 3）不能按规定要求与步骤完成制动器各项目的保养（每少一项扣 3 分）		

(续)

序号	考核项目	配 分	评分标准	得 分	备 注
6	减速器的保养	15	1）不会保养减速器（扣 15 分） 2）不能说出减速器的保养内容与保养要求（每少一项扣 3 分） 3）不能按规定要求与步骤完成减速器各项目的保养（每少一项扣 3 分）		
7	曳引轮与导向轮的保养	15	1）不会保养曳引轮与导向轮（扣 15 分） 2）不能说出曳引轮与导向轮的保养内容与保养要求（每少一项扣 3 分） 3）不能按规定要求与步骤完成曳引轮与导向轮各项目的保养（每少一项扣 3 分）		
8	6S 考核	10	1）工具器材摆放凌乱（扣 2 分） 2）工作完成后不清理现场，将废弃物遗留在机房设备内（扣 4 分） 3）设备、工具损坏（扣 4 分）		
9	总分				

注：评分标准中，各考核项目的单项得分扣完为止，不出现负分。

任务小结

本任务介绍了曳引机构的组成及工作原理，曳引机构的保养内容、保养要求及保养步骤。通过相关知识的学习及任务训练，学生可掌握机房曳引机构的保养常识，具备了保养曳引机构的能力。

任务三　控制柜的维护与保养

知识目标

1）掌握控制柜电气元器件的组成与功能。
2）掌握控制柜的保养内容、保养步骤与保养要求。

能力目标

1）能够按规定的要求与步骤完成控制柜的保养。
2）能够正确填写控制柜维保记录单。
3）养成安全操作的职业素养。

任务描述

控制柜是用于控制电梯安全运行的装置，可实现曳引电动机运行控制、制动器控制、门机控制、安全控制等。它是把各种电子器件和电气元器件安装在一个有安全防护作用的柜型结构内的电控装置，一般放置在机房内。根据维保要求，需要定期完成控制柜的清洁，接线端子、插件卡口、冷却风扇等的检查维护，并填写维保记录单。

 任务分析

要完成控制柜的保养，首先要熟知控制柜内元器件的组成及相关电路的工作原理，其次要掌握控制柜的保养内容、保养步骤与保养要求，严格按照相关标准与规范进行日常维保，做到防患于未然。

相关知识

一、控制柜元器件的组成

控制柜的整体结构如图 1-62 所示。它是由主控制器、变频器、继电器（安全继电器、门锁继电器、相序继电器）、接触器（制动接触器、运行接触器）、变压器、断路器、电源开关、制动电阻器、急停按钮、检修开关、检修按钮及通话装置等组成。

二、控制柜的工作原理

控制柜内的各元器件分属于不同的电路，主要包括以变压器、断路器为主的电源电路，以变频器为主的变频驱动电路，以安全继电器和门锁继电器的线圈为负载的安全及门锁电路，以主控制器及其输入、输出装置为主的主控制电路，以制动接触器、门锁继电器、运行接触器为主的制动电路等。其中，各部分电路的元器件、设备等除分布在控制柜之内外，在机房、井道、底坑、层站等位置也均有分布。

图 1-62　控制柜的整体结构

控制柜内的各电路主要用于完成控制电动机的起停、速度、方向，制动器制动电磁线圈的通、断电。主控制器和门机控制器配合可控制开关门动作。以上电路相互联系、相互协调，共同完成电梯的运行的控制。

任务准备

根据任务内容及任务要求选用仪表、工具和器材，见表 1-16。

表 1-16　仪表、工具和器材明细

序　号	名　称	型号与规格	单　位	数　量
1	电工工具	验电器、钢丝钳、螺钉旋具、电工刀、尖嘴钳、剥线钳	套	1
2	万用表	自定	块	1
3	劳保用品	绝缘鞋、工作服等	套	1

任务实施

一、控制柜的保养

1）检查控制柜、变频器、制动电阻器等设备电气线路及各冷却系统、冷却风扇。

2）校检安全电路及各保护开关电路、保护装置工作是否有效。

3）各接插板（印制电路板）、接插/组件清洁后插紧。定期清洁、检查各插件、卡口。接插组合应用防静电毛刷、吹尘器清洁，接插口用餐巾纸擦净。

4）各工作电压必须准确，特别是电梯电气控制系统和信号传输系统输出的电压，如5V、12V、24V。各分段电压的中性线与地线须分清；在检查时必须分清二次电路的直流110V、交流220V、动力三相交流380V的主电路，防止发生短路，损坏电气元器件。

5）经常检查并消除接触器、继电器上的积灰，检查触点的接触是否可靠吸合，线圈外表绝缘是否良好，以及机械联锁装置工作的可靠性。应无明显噪声，动触点连接的导线头无断裂现象，接线端、接线柱处导线接头应紧固无松动。

二、填写控制柜维保记录单

填写控制柜维保记录单，见表1-17。

表1-17　控制柜维保记录单

序号	维保内容及要求	完成情况	备　注
1	控制柜、变频器、制动电阻器等设备及电气线路清洁		
2	清洁冷却风扇，确保其工作正常		
3	清洁控制柜插件、卡口，保证其接触良好		
4	清洁接触器、继电器，确保其动作可靠、无明显噪声		
5	工作电压准确		
6	接线端子紧固、整齐、线号齐全		
7	控制柜各仪表显示正确		

维保人员：　　　　　　　　　　　　　　　　　　　　　　　　日期：　　年　月　日

使用单位意见：

使用单位安全管理人员：　　　　　　　　　　　　　　　　　　日期：　　年　月　日

任务考核

任务完成后，由指导教师对本任务的完成情况进行实操考核。控制柜维保实操考核见表1-18。

表 1-18 控制柜维保实操考核表

序号	考核项目	配分	评分标准	得分	备注
1	安全操作	10	1）未穿工作服，未戴安全帽，未穿防滑电工鞋（扣 1~3 分） 2）不按要求进行带电或断电作业（扣 3 分） 3）不按要求规范使用工具（扣 2 分） 4）其他违反作业安全规程的行为（扣 2 分）		
2	控制柜组成与工作原理认知	20	1）不能说出控制柜内的元器件组成（扣 20 分） 2）能说出部分控制柜内元器件（每少一项扣 2 分） 3）不能说出控制柜的控制对象（扣 5 分） 4）不能说出控制柜内元器件的所属电路（扣 5 分）		
3	控制柜的保养	60	1）未进行控制柜元器件的清洁（扣 10 分） 2）清洁对象不全面（每少一项扣 2 分） 3）未校验安全及门锁电路、保护开关电路、保护装置的有效性（每少一项扣 10 分） 4）未检查工作电压是否正确（扣 5 分） 5）未进行接触器、继电器的检查（每少一项扣 5 分）		
4	6S 考核	10	1）工具器材摆放凌乱（扣 2 分） 2）工作完成后不清理现场，将废弃物遗留在机房设备内（扣 4 分） 3）设备、工具损坏（扣 4 分）		
5	总分				

注：评分标准中，各考核项目的单项得分扣完为止，不出现负分。

任务小结

本任务讲述了控制柜的组成及控制原理，控制柜的保养内容、保养要求及保养步骤。通过相关知识的学习及任务训练，学生可掌握控制柜的保养常识，具备了保养电梯控制柜的能力。

任务四 限速器与安全钳的维护与保养

知识目标

1）掌握限速器装置的类型、组成、工作原理及技术要求。
2）掌握安全钳的类型、组成、工作原理及技术要求。
3）掌握限速器的保养内容、保养要求及保养步骤。
4）掌握安全钳的保养内容、保养要求及保养步骤。

能力目标

1）能够规定要求与步骤进行限速器的保养操作。

2）能够规定要求与步骤进行安全钳的保养操作。

3）能够正确填写限速器、安全钳维保记录单。

4）养成安全操作的职业素养。

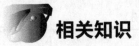任务描述

电梯运行中，限速器与安全钳是十分重要的机械安全保护装置。为保证电梯安全有效运行，维保人员需要严格按照规定对限速器和安全钳进行维护保养。

任务分析

电梯限速器、安全钳类型多样，进行限速器、安全钳的保养，首先要掌握不同类型限速器、安全钳的组成、工作原理及技术要求，进而掌握限速器、安全钳的维保项目、维保要求及维保步骤。本任务按照这个思路先后阐述了电梯限速器、安全钳的工作原理与维保相关事项。

相关知识

一、限速器

1. 限速器的类型、组成与工作原理

1）限速器有不同的分类方式，按照动作原理，限速器可分为摆杆凸轮式和离心甩块式两种。摆杆凸轮式限速器又可分为下摆杆凸轮式限速器和上摆杆凸轮式限速器，其外观如图1-63所示。其原理是利用绳轮上的凸轮在旋转过程中与摆锤一端的滚轮接触，摆锤摆动的频率与绳轮的转速有关。当摆锤振动的频率超过一定值时，摆锤的棘爪进入绳轮的棘轮内，从而使限速器绳轮停止旋转。

离心甩块式限速器可分为刚性夹持式限速器和弹性夹持式限速器。刚性夹持式限速器用于速度不大于1m/s的电梯。弹性夹持式限速器动作可靠，一般配用渐进式安全钳，适用于额定速度在1m/s的快速电梯和高速电梯，是目前电梯采用的最为普遍的一种限速器。

弹性夹持式限速器是由限速器和张紧装置组成。根据结构的不同，张紧装置可分为悬挂式和悬臂式两种，本任务讲述的是悬臂式张紧装置。图1-64为弹性夹持式限速器实物图。其中，限速器是由绳轮、制动轮、制动块、调节弹簧、甩块及限速器开关组成。张紧装置是由支架、张紧轮、配重、开关打板及防断绳开关等组成。电梯超速时，张紧轮上的甩块甩出，将张紧轮制停，并将钢丝绳压紧，安全钳卡在导轨上，电梯停止运行。

2）按限速器的功能进行分类，限速器可分为单向限速器和双向限速器。单向限速器只能在电梯下行超速时起保护作用；双向限速器在电梯上行及下行过程中都可起到超速保护作用。

2. 限速器的技术要求

1）限速器绳轮的垂直度不大于0.5mm，限速器可调节部件应加的封件必须完好，限速

器应每两年整定校验一次。

图 1-63 摆杆凸轮式限速器实物图

图 1-64 弹性夹持式限速器实物图

2）限速器钢丝绳在正常运行时不应触及夹绳钳口，开关动作灵活可靠，活动部分保持润滑。

3）限速器动作时，限速器钢丝绳的张力至少应是 300N 或提起安全钳所需力的两倍。

4）限速器的绳索移动式张紧装置底面与底坑平面的距离见表 1-19。

表 1-19 移动式张紧装置底面与底坑平面的距离

电梯类型	高速电梯	快速电梯	低速电梯
距离底坑平面高度/mm	750 ± 50	550 ± 50	400 ± 50

5）限速器绳的维护检查与曳引钢丝绳相同，具有同等重要性。维保人员站在轿顶，抓住防护栏，电梯以慢速在井道内运行全程，仔细检查钢丝绳与绳套是否正常。

6）限速器的压绳板作用时，其工作面应均匀的紧贴在钢丝绳上，其动作解脱后，应仔细检查钢丝绳被压区段有无断丝、压痕、折曲，并用油漆做记号，再次检查时要重点注意该区段钢丝绳的损伤情况。

7）检查张紧装置行程开关打板的固定螺栓是否松动或产生位移，应保证打板能够碰撞开关触点。

8）检查绳轮、张紧轮是否有裂纹和绳槽磨损情况。在运行中，若钢丝绳断续抖动，表明绳轮或张紧轮轴孔已磨损变形，应换轴套。

9）张紧装置应工作正常，绳轮和导轮装置与运动部位均应润滑良好，每周加一次润滑油，每年须拆检和清洗加润滑油。

10）限速器应校验正确，在轿厢下降速度超过限速器规定速度时，限速器应立即作用带动安全钳，安全钳钳住导轨立即制停轿厢。限速器最大动作速度见表 1-20。

表 1-20 常见电梯限速器最大动作速度

轿厢额定速度/（m/s）	限速器最大动作速度/（m/s）	轿厢额定速度/（m/s）	限速器最大动作速度/（m/s）
≤0.50	0.85	1.00	1.40
0.75	1.05	1.50	1.98

（续）

轿厢额定速度/(m/s)	限速器最大动作速度/(m/s)	轿厢额定速度/(m/s)	限速器最大动作速度/(m/s)
1.75	2.26	2.50	3.13
2.00	2.55	3.00	3.70

二、安全钳

1. 安全钳的类型、组成与工作原理

安全钳分为瞬时式安全钳和渐进式安全钳两大类。瞬时式安全钳能瞬时让夹紧力达到最大值，并能完全夹紧在导轨上，其特点是制动距离短，轿厢承受冲击力大。在轿厢额定速度不大于0.63m/s或对重额定速度不大于1m/s时，可采用瞬时式安全钳。渐进式安全钳采用了弹性元件，使夹紧力逐渐达到最大值，最终能完全夹紧在导轨上。动作时，轿厢有一定制动距离，以减小制停减速度。在轿厢额定速度大于0.63m/s或对重额定速度大于1m/s时，可采用渐进式安全钳。图1-65所示为弹性元

图 1-65　渐进式安全钳实物图

件为U形板簧的渐进式安全钳，其钳座是由钢板焊接而成，楔块被提起夹持导轨后，弹簧张开，直到楔块行程的极限位置，其夹紧力大小由U形板簧的形变量决定。

2. 安全钳的技术要求

1）安全钳拉杆组件系统动作时应转动灵活可靠，无卡阻现象，系统动作的提拉力应不超过150N。

2）安全钳楔块与导轨侧面间隙应为2~3mm，且两侧间隙应较均匀，安全钳动作灵活可靠。

3）安全钳开关触点应良好，当安全钳工作时，安全钳开关应率先动作，并切断电梯安全电气回路。

4）安全钳上所有机构零件应去除灰尘、污垢和旧有的润滑脂，对构件的接触摩擦表面用煤油清洗，且涂上清洁机油，然后检测所有手动操作的行程，应保证其未超过电梯的各项限值。从导靴内取出楔块，清理闸瓦和楔块的工作表面并涂上制动液，再安装复位。

5）利用水平拉杆和垂直拉杆上的张紧接头调整楔块的位置，使每个楔块与导轨的间隙保持在2~3mm，然后使拉杆的张紧接头定位。

6）检查制动力是否符合要求，渐进式安全钳的平均减速度应在$0.2g$~$1.0g$。

7）轿厢被安全钳制停时不应产生过大的冲击力，同时也不能产生太长的滑行，因此，规定渐进式安全钳的制停距离见表1-21。

表 1-21　电梯渐进式安全钳制停距离

电梯额定速度/(m/s)	限速器最大动作速度/(m/s)	制停距离/mm	
		最小	最大
1.5	1.98	330	840
1.75	2.26	380	1020

（续）

电梯额定速度/(m/s)	限速器最大动作速度/(m/s)	制停距离/mm	
		最小	最大
2.0	2.55	460	1220
2.5	3.13	640	1730
3.0	3.7	840	2320

 **任务准备**

根据任务内容及任务要求选用仪表、工具和器材，见表1-22。

表1-22　仪表、工具和器材明细

序　号	名　　称	型号与规格	单　位	数　量
1	电工工具	验电器、钢丝钳、螺钉旋具、电工刀、尖嘴钳、剥线钳	套	1
2	万用表	自定	块	1
3	劳保用品	绝缘鞋、工作服等	套	1

 **任务实施**

一、限速器的保养

限速器的种类繁多。各产品都有其特定的维保程序和周期表，保养时应严格遵守。轴承有封闭式和开放式，对应有不同的润滑要求。如果润滑不当，则会引起安全钳误动作而引发轿厢急停或影响限速器的校准速度。保养完限速器后，一定要在轿厢进行运行试验后才能投入正常使用。

1. 清洁

保养限速器时，必须首先清洁所有的部件，保证外表及各接触部分没有灰尘、油脂或油污积垢阻碍其正常工作。限速器夹绳装置和限速器摩擦绳轮等关键部位如果有油脂或油污积垢、灰尘，可能会阻碍夹绳装置与限速器绳的有效接触，阻碍其夹持限速器钢丝绳。如果油脂、润滑油和灰尘在限速器摩擦绳轮沟槽中积聚，会降低限速器钢丝绳与摩擦绳轮间的摩擦力，造成超速时打滑，从而影响限速器速度与轿厢实际速度的统一协调。

2. 润滑

应保证限速器转动灵活，各部件对速度变化反应灵敏，其旋转部分及转动部分应保持良好的润滑。如果限速器轮的转轴采用轴承形式，需按产品要求定期加注润滑油（不要向密封轴承装置中挤压油，在枢轴点加少许润滑油即可）。如果限速器的转轴采用轴瓦形式，在每次保养时都应加注润滑脂。采用黄油杯或油枪加注时，一般为检修向上运行，如向下运行时加注，则易产生限速器动作而造成安全钳动作。当发现限速器内部积有污物时，应及时进行清洗。维护时，要注意不损坏测速弹簧与调节螺杆上的铅封。

3. 检查

1）动作部分检查。正常情况下，限速器各部件的运转声音轻微均匀而富有节奏。摆杆凸轮式限速器应检查凸轮摆杆与摆杆轮摆动部分及旋转部分润滑是否良好。运行时，摆杆摆动应正常而富有节奏，如果检查中发现跟速器转动时有异常松动、碰擦声或摆杆上的棘爪与棘轮有非正常碰擦，应检查摆杆摆动轴的轴孔与轴有无磨损变形、摆杆轮的轴孔与轴有无磨损变形、测速弹簧是否变形或松弛。离心用块式限速器应检查离心摆锤与绳轮或固定板与离心摆锤的连接螺栓有无松动，检查离心摆锤轴孔有无磨损和变形。轴孔过大会造成不平衡，两个离心摆锤重量不一致会造成不平衡使振动与噪声增加。检修运行电梯时，观察限速器绳是否从夹绳钳中心位置穿过，如果不是从中心穿过，则很可能是轴/轴瓦出了问题或者是绳轮有摆动。如果轴瓦出了问题，则须及时予以更换，以免发生更大的故障。

2）检查限速器钢丝绳绳轮是否过度磨损。

3）检查测速弹簧、调节螺杆上的螺母是否松动。检查超速打板的固定螺栓是否松动或产生位移，应保证打板完全能碰动开关触点。

4）校检超速开关的动作速度（应先于机械机构的动作），手动触发限速器检查其是否能工作。

5）检查限速器铭牌以及两年内检测的检验标签。限速器运行方向标志应清晰，保养后应紧固限速器外壳保护罩，防止意外伤及他人。

6）限速器钢丝绳的检查和保养与曳引钢丝绳相同，具有同等重要性。维修时，人站在轿顶，从最上段开始以电梯检修状态向下一段进行检查直至井道全程，并检查绳与绳套连接、联动机构是否可靠。

目前采用的限速器在通常情况下都是可以免维保的，只要保证外表清洁即可，但每次都需进行例行检查。限速器张紧装置转动应灵活，每年应清洗一次。其维保类同于限速器，不再赘述。

二、安全钳的保养

1. 瞬时式安全钳的保养

1）对安全钳机构四周的灰尘和碎屑进行清洁和吸尘。

2）对所有枢轴点和弹簧进行润滑。

3）检查确保安全钳位于导轨中心线位置，且导轨表面不会刮擦安全钳钳口部位。

4）将轿厢制停，拉动限速器绳，检查关联部件是否能够自由引动。

2. 渐进式安全钳的保养

1）对安全钳机构进行清洁和吸尘。

2）对所有的枢轴点、滚轮和弹簧进行润滑（安全钳动作时，楔块与导轨接触的那一面不能润滑）。

3）检查部件是否完整无损。

4）检查部件的位置与活动情况，对连杆进行检查、清洁与润滑，确保各安全钳机构的动作灵活可靠。

5）轿厢外两侧安全钳楔块应同时动作，两边用力应一致。

6）检查安全钳钳座和钳块部分有无裂损及油污（检查时，维保人员进入底坑安全区域，然后将轿厢行驶至底坑端站附近）。

三、限速器、安全钳联动试验

为保证限速器、安全钳动作时的可靠性，每半年做一次限速器、安全钳联动试验。试验步骤如下：轿厢空载，从二层开始，以检修速度下行；人为让限速器动作，使连接安全钳的拉杆提起，此时轿厢应停止下降，限速器开关同时动作，切断控制电路的电源；松开安全楔块，使轿厢慢速向上行驶，此时导轨有被卡住的痕迹，且痕迹应对称、均匀；试验后，应将导轨上的卡痕用手砂轮、锉刀、油石及砂布等打磨光滑。

四、填写限速器、安全钳维保记录单

限速器、安全钳保养结束后，维保人员需填写维保记录单，自己签名并经用户签名确认。

1. 限速器维保记录单

限速器维保记录单见表1-23。

表1-23　限速器维保记录单

序号	维保内容及要求	完成情况	备　注
1	限速器运转灵活，无显著振动、噪声现象		
2	张紧装置运转灵活		
3	各销轴部位无异常响声		
4	动作可靠，钢丝绳断裂或松弛时，保护开关动作正确		
5	电气开关及触点动作可靠，接线良好		
6	限速器绳轮无裂纹、绳槽磨损正常、绳槽无严重油垢		
7	清洗限速器绳轮，并在限速器绳轮轴加润滑油		
8	张紧轮无裂纹，绳槽磨损正常、无严重油垢		
9	张紧装置开关打板连接紧固		
10	清洗张紧轮，并在张紧轮轴承部位加润滑油		
11	限速器钢丝绳无严重油垢		
12	钢丝绳无过量断丝、无断股现象，磨损在规定值之内		
13	钢丝绳端部组装良好，夹绳方向正确		
14	钢丝绳与安全钳拉杆连接部位无过量磨损和损坏		

维保人员：　　　　　　　　　　　　　　　　　　　　　　　日期：　　年　月　日

使用单位意见：

使用单位安全管理人员：　　　　　　　　　　　　　　　　　日期：　　年　月　日

2. 安全钳维保记录单

安全钳维保记录单见表1-24。

表 1-24 安全钳维保记录单

序号	维保内容及要求	完成情况	备 注
1	安全钳及联动机构齐全、无损坏、无过量磨损		
2	安全钳楔块与导轨间距在规定范围且两侧间隙均匀		
3	安全钳楔块位置正确、各部位部件无油污		
4	清洁安全钳所有活动销轴、拉杆、弹簧		
5	润滑安全钳钳块		
6	润滑安全钳拉条转轴处		
7	在传动杆件的配合传动处涂机械防锈油		
8	手提安全钳拉杆，动作灵活有效		

维保人员：　　　　　　　　　　　　　　　　　　　　　　　　日期：　　年　月　日

使用单位意见：

使用单位安全管理人员：　　　　　　　　　　　　　　　　　　日期：　　年　月　日

3. 电梯限速器、安全钳联动试验

限速器、安全钳联动试验维保记录单见表 1-25。

表 1-25 限速器、安全钳联动试验维保记录单

序 号	操作项目	完成情况	备 注
1	轿厢空载，从二层开始，以检修速度下行		
2	用手扳动限速器，使连接钢丝绳的拉杆提起，查看轿厢是否停止，限速器开关是否动作		
3	检查轿厢外两侧安全钳楔块是否同时动作且两边一致		
4	松开安全钳楔块，使轿厢慢速向上行驶，此时出现导轨被卡住的痕迹，查看其是否对称、均匀		
5	试验后，将导轨上的卡痕打磨光滑		

维保人员：　　　　　　　　　　　　　　　　　　　　　　　　日期：　　年　月　日

使用单位意见：

使用单位安全管理人员：　　　　　　　　　　　　　　　　　　日期：　　年　月　日

 **任务考核**

　　任务完成后，由指导教师对本任务的完成情况进行实操考核。限速器、安全钳的维保实操考核见表 1-26。

表1-26 限速器、安全钳维保实操考核表

序号	考核项目	配 分	评分标准	得 分	备 注
1	安全操作	10	1）未穿工作服，未戴安全帽，未穿防滑电工鞋（扣1～3分） 2）不按要求进行带电或断电作业（扣3分） 3）不按要求规范使用工具（扣2分） 4）其他违反机房作业安全规程的行为（扣2分）		
2	限速器类型与工作原理认知	20	1）不能说出限速器的类型（扣5分） 2）不能说出限速器的组成与工作原理（扣5分） 3）不能说出限速器的技术要求（每少一项扣1分）		
3	安全钳类型与工作原理认知	15	1）不能说出安全钳的类型（扣5分） 2）不能说出安全钳的组成与工作原理（扣5分） 3）不能说出安全钳的技术要求（扣5分）		
4	限速器的保养	25	1）不能进行限速器的保养（扣25分） 2）不能说出限速器的保养内容、保养要求和保养步骤（扣10分） 3）不能按规定要求与步骤完成限速器的保养（每少一项扣2分）		
5	安全钳的保养	20	1）不能进行安全钳的保养（扣20分） 2）不能说出安全钳的保养内容、保养要求和保养步骤（扣10分） 3）不能按规定要求与步骤完成安全钳的保养（每少一项扣5分）		
6	6S考核	10	1）工具器材摆放凌乱（扣2分） 2）工作完成后不清理现场，将废弃物遗留在机房设备内（扣4分） 3）设备、工具损坏（扣4分）		
7	总分				

注：评分标准中，各考核项目的单项得分扣完为止，不出现负分。

任务小结

本任务介绍了限速器及安全钳的类型、组成、工作原理及技术要求，限速器、安全钳维保的内容、要求及保养步骤。通过相关知识的学习及任务训练，学生可掌握电梯限速器、安全钳的保养常识，并具备保养电梯限速器、安全钳的能力。

任务五 电梯机房其他维护与保养项目

知识目标

1）掌握机房照明和通风装置的位置。
2）掌握机房照明和通风装置的保养要求。

3）掌握机房清洁的内容和意义。

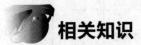 能力目标

1）能够按规定要求与步骤保养机房照明和通风装置。
2）能够正确清洁机房。
3）能够正确填写电梯机房环境、照明及通风装置维保记录单。
4）养成安全操作的职业素养。

 任务描述

维保人员进入机房进行电梯的维保操作需要掌握机房维保项目。本任务对此做了介绍。

任务分析

电梯机房保养除了以上几个任务讲的主要零部件的保养之外，还包括机房环境的清洁、光照度的检查、通风运行顺畅与否的检查。电梯机房光照度应符合要求且通风必须保持畅通，以保障电梯的正常运行。

相关知识

机房内有设有固定的照明，地表面的光照度不应低于 200lx，机房照明电源应与电梯电源分开，照明开关应设置在靠近机房入口处。GB 7588—2003《电梯制造与安装安全规范》中规定，电梯机房应有适当的通风。机房通风散热可使用空调器、排风扇、百叶窗等，可根据实际情况选用相应的通风散热方法。

保持机房的整体清洁能使设备的各种机械部件、电气部件、电子装置等处于一个良好的使用环境，以减少曳引机等各机械部件的擦拭频率及电气、电子装置的清洁频率，从而减少维护所需的工作量。另一方面，设备的寿命与安全性、可靠性也取决于电梯的运行环境，如灰尘在易产生腐蚀的同时也容易影响电气部件及印制电路板线路间的爬电距离，从而影响设备的稳定性与可靠性。清洁机房地板、擦净机器等是电梯维护的例行工作。材料、溶剂、润滑油和备件等的分类有序存放，废弃物的处理同样也很重要。

任务准备

根据任务内容及任务要求选用仪表、工具和器材，见表1-27。

表1-27　仪表、工具和器材明细

序　号	名　称	型号与规格	单　位	数　量
1	电工工具	验电器、钢丝钳、螺钉旋具、电工刀、尖嘴钳、剥线钳	套	1
2	清洁工具	自定	套	1
3	劳保用品	绝缘鞋、工作服等	套	1

 **任务实施**

一、电梯机房环境、照明及通风装置的保养

1）检查机房照明是否正常，是否有足够光照度。

2）检查机房通风装置工作是否正常。

3）清洁机房地板。

二、填写电梯机房环境、照明及通风装置维保记录单

填写电梯机房环境、照明及通风装置维保记录单，见表1-28。

表1-28 电梯机房环境、照明及通风装置维保记录单

序号	维保内容及要求	完成情况	备 注
1	机房照明正常、照明开关有效		
2	机房通风装置正常		
3	机房地面环境清洁		

维保人员：　　　　　　　　　　　　　　　　　　　　日期：　　年　月　日

使用单位意见：

使用单位安全管理人员：　　　　　　　　　　　　　　日期：　　年　月　日

 **任务考核**

任务完成后，由指导教师对本任务的完成情况进行实操考核。电梯机房环境、照明及通风装置保养实操考核见表1-29。

表1-29 电梯机房环境、照明及通风装置保养实操考核表

序号	考核项目	配 分	评分标准	得 分	备 注
1	安全操作	10	1）未穿工作服，未戴安全帽，未穿防滑电工鞋（扣1~3分） 2）不按要求进行带电或断电作业（扣3分） 3）不按要求规范使用工具（扣2分） 4）其他违反作业安全规程的行为（扣2分）		
2	机房地面环境	20	1）地面环境不清洁（扣10分） 2）地面环境有污物（扣10分）		
3	机房照明装置	30	1）不会判断机房光照度是否符合要求（扣10分） 2）不会检修机房内照明灯熄灭故障（扣10分） 3）不会检修机房内照明灯闪烁故障（扣10分）		

（续）

序号	考核项目	配 分	评分标准	得 分	备 注
4	机房通风装置	30	1）不能判断通风孔大小是否符合要求（扣10分） 2）不会排除风扇不转故障（扣10分） 3）不会清除通风孔堵塞故障（扣10分）		
5	6S考核	10	1）工具器材摆放凌乱（扣2分） 2）工作完成后不清理现场，将废弃物遗留在机房设备内（扣4分） 3）设备、工具损坏（扣4分）		
6	总分				

注：评分标准中，各考核项目的单项得分扣完为止，不出现负分。

任务小结

本任务讲述了电梯机房照明及通风装置的保养、电梯机房环境的清洁。通过本任务的学习，学生可掌握机房照明、通风装置及机房环境保养的基本常识。

项目三　电梯井道设备的维护与保养

本项目讲述了电梯井道内设备的保养内容、保养步骤及注意事项，主要包括电梯导向系统、悬挂系统、轿厢装置、对重装置、端站保护装置与井道照明装置的维护与保养五个工作任务。通过学习及实操练习，学生应掌握电梯井道设备维护保养的方法和步骤，树立良好的安全意识，能够安全地对井道设备进行维护与保养。

项目目标 ≫

1）掌握电梯井道设备的组成与工作原理。
2）掌握电梯导向系统的组成、保养项目与保养步骤。
3）掌握电梯悬挂系统的组成、保养项目与保养步骤。
4）掌握电梯轿厢装置的组成、保养项目与保养步骤。
5）掌握电梯对重装置的组成、保养项目与保养步骤。
6）掌握电梯端站保护装置与井道照明装置的组成、保养项目与保养步骤。

内容描述 ≫

要完成电梯井道设备的保养任务，首先要熟悉井道内设备的组成。电梯井道内的设备主要有导向系统、悬挂系统、轿厢装置、对重装置、端站保护装置与井道照明装置。围绕电梯井道设备的组成，本项目分五个任务讲述电梯井道设备的维护与保养。任务一讲述了导向系统的类型、组成、保养内容与保养步骤；任务二讲述了悬挂系统的组成、保养内容与保养步骤；任务三讲述了轿厢装置的组成、保养内容与保养步骤；任务四讲述了对重装置的组成、保养内容与保养步骤；任务五讲述了端站保护装置与井道照明装置的组成、保养内容与保养步骤。通过完成这五个任务，学生可掌握电梯井道设备维保的方法与步骤，养成安全规范操作的良好习惯。

任务一　电梯导向系统的维护与保养

💡 知识目标

1）掌握电梯导向系统的组成。
2）掌握电梯导轨的类型、结构及连接。
3）掌握电梯导靴的类型、组成与连接。
4）掌握电梯导轨的保养项目、保养步骤。
5）掌握电梯导靴的保养项目、保养步骤。
6）掌握油杯的组成、保养项目及保养步骤。

💡 能力目标

1）能够按规定要求与步骤进行电梯导轨的维护与保养。
2）能够按规定要求与步骤进行电梯导靴的维护与保养。
3）能够按规定要求与步骤进行油杯的维护与保养。
4）能够正确填写维保记录单。
5）养成安全操作的职业素养。

💡 任务描述

轿厢在运行过程中，有时有摩擦声，有时会抖动，这可能是导靴安装质量不达标或导靴出现磨损问题，也可能是油杯缺少润滑油或安装质量不达标导致的。因此，为了使电梯轿厢安全运行，消除不良运行声响并平稳工作，需要维保人员按相关要求做好导靴、导轨和油杯的维保工作。

💡 任务分析

要完成电梯导向系统的维保，首先要掌握电梯导向系统的组成。因此，本任务首先介绍了电梯导向系统的组成，包括导轨的类型与连接固定，导靴的类型与组成，油杯的组成；其次，介绍了导向系统的保养项目、保养方法和保养步骤，以及安全操作电梯的规范等内容。

 **相关知识**

一、导轨的类型、连接与固定

1. 电梯导轨的类型

电梯导轨是电梯在井道内上下行驶的安全路轨。根据导轨结构的不同，导轨可分为 T 形导轨、L 形导轨和 Ω 形导轨等。其中，T 形导轨最为常用。T 形导轨又可分为实心导轨和空心导轨，其中，轿厢导轨为实心 T 形导轨，对重导轨为空心 T 形导轨，如图 1-66 所示。

2. 电梯导轨的连接与固定

（1）导轨与导轨的连接　每根导轨的长度一般为 3～5m，对导轨进行连接时，不允许采用焊接或直接用螺栓连接，而是将导轨接头的两个端面分别加工成凹凸形状的槽，在两导轨相互对接好后，至少要用 4 根螺栓将其固定，如图 1-67 所示。

图 1-66　电梯轿厢导轨与对重导轨实物图　　　图 1-67　导轨与导轨连接实物图

（2）导轨支架　电梯导轨固定在导轨支架上，导轨支架固定在井道壁或横梁上。导轨支架有轿厢导轨支架、对重导轨支架和轿厢与导轨共用导轨支架三种，其形状如图 1-68 所示。

二、导靴的类型、组成与位置

1. 导靴的类型

导靴是引导轿厢和对重沿着导轨上下移动的部件，是为了防止轿厢或

图 1-68　导轨支架实物图

对重在运行过程中偏斜或摆动而设置的。导靴的凹形面和导轨的凸形面配合，使轿厢或对重沿着导轨上下移动。按其在导轨工作面上的运动方式，可分为滑动导靴和滚动导靴。

2. 导靴的组成与位置

（1）滑动导靴的组成　滑动导靴常用于速度为 2m/s 以下的电梯。滑动导靴按其靴头的轴向位置是固定还是浮动的，又可分为固定式滑动导靴和弹性滑动导靴。固定式滑动导靴实物如图 1-69 所示。它主要由靴衬和靴座组成。靴座可由铸铁或焊接结构制成，靴衬常用摩擦系数低、滑动性好、能够耐磨的尼龙材料制成。固定式滑动导靴和导轨的配合存在一定间隙，并且间隙随着运动时间的增长而增大，而且固定式滑动导靴的靴头是固定的，间隙无法调整，因而在轿厢运行时会产生晃动，甚至产生冲击现象，使用受到限制，一般用于速度不大于 0.63m/s 的电梯中。但这种导靴刚度好、承载能力强，因此被广泛应用于低速、重载

的电梯中。

弹性滑动导靴如图 1-70 所示。它主要由靴衬、靴座、靴头、靴轴、压缩弹簧、调节套筒或调节螺母组成。弹性滑动导靴的导靴头是浮动的,在弹簧力的作用下,靴衬的底部始终压贴在导轨工作面上,因此,能使轿厢保持较平稳的水平位置,同时,运行中具有一定的吸收振动与冲击的作用。

(2)滚动导靴的组成　滚动导靴如图 1-71 所示。它是以三个滚轮代替滑动导靴的三个工作面,三个滚轮在弹簧力的作用下始终压贴在导轨的三个工作面上,电梯运行时,滚轮在导轨上做纯滚动。这种弹性支撑的作用使轿厢在运行过程中具有良好的缓冲减振性,并能在三个方向上自动补偿导轨的各种集合形状误差和安装偏差。

图 1-69　固定式滑动导靴　　　图 1-70　弹性滑动导靴　　　图 1-71　滚动导靴

三、油杯的组成与位置

油杯是安装在导靴上为导轨和导靴润滑的自动润滑装置。安装油杯应在井道清洁工作结束后进行,否则会增加工作难度,而且还需清洁导轨。油杯如图 1-72 和图 1-73 所示。

图 1-72　油杯固定及外部安装　　　　图 1-73　油杯内部

 任务准备

根据任务内容及任务要求选用仪表、工具和器材,见表 1-30。

表1-30 仪表、工具和器材明细

序 号	名 称	型号与规格	单 位	数 量
1	电工工具	验电器、钢丝钳、螺钉旋具、电工刀、尖嘴钳、剥线钳	套	1
2	万用表	自定	块	1
3	劳保用品	绝缘鞋、工作服等	套	1

 任务实施

一、导轨和导轨支架的保养

1）配用滑动导靴的导轨的工作面应保持良好的润滑，经常擦拭清洁导轨外表面，特别是工作面。

2）定期检查导轨、导轨支架、压导板、接导板处螺栓的紧固情况，并对全部紧固螺栓进行重复紧固。

3）检查时，以低速运行，检查轿厢导轨和对重导轨是否有划痕、安全钳动作后的划痕，并对此进行必要的修整。

4）每隔2~3个月用吸尘器、毛刷、抹布清洁一次各导轨支架及井道分隔梁（如有）。

5）每隔2~3个月清洗一次轿厢及对重导轨（除锈、去除污垢积聚、修整、重新加注润滑油），下部底坑部分须加大力度清除工作面污垢积聚并对非工作面进行除锈、涂漆。清除导轨底部集油槽内的油污。

6）对采用滚动导靴的导轨，其工作面必须保持清洁干燥，不允许在导轨的工作面上加任何油，以免造成滚动导靴与导轨接触的橡胶面与油类产生化学反应使橡胶轮变形膨胀、脱胶脱圈以致损坏。同时，也不允许导轨的工作面上留有油污积垢、锈迹锈斑等，所以要经常擦拭清洁导轨外表面特别是工作面。每隔3个月用蘸少量机油的抹布在导轨工作面擦拭后即用干抹布清洁干燥，这样可使部分机油渗入导轨工作面内层而使外表保持干燥，导轨工作面就不易生锈和积尘。采用滚动导靴的导轨的其他部分保养内容类同于采用滑动导靴的导轨的保养内容，不再赘述。

二、导靴的保养

1. 滑动导靴的保养

1）检查轿顶导靴在上梁的紧固情况。

2）检查导靴靴衬的磨损情况及导靴与导轨的配合情况，保证弹性滑动导靴对导轨的压紧力、导靴在运行中无异常声响。当滑动导靴靴衬工作面磨损过大而引起松动时，会影响电梯运行的平稳性，应加以调整。一般侧向工作面的磨损量不应超过1mm，顶端面的磨损量不超过2mm，否则应更换。检查时，站在轿顶，用双腿来回晃动轿厢，检查轿顶导靴的磨损情况以及导靴与导轨的配合情况，也可用塞片、撬棒等检查。检查轿底下的导靴时，可站在轿厢中心，将门敞开，前后左右来回晃动轿厢，查看轿厢地坎与层门地坎的相对运动情况，也可在底坑用塞片、撬棒等检查。磨损、摆动比较大的，则需调整导靴位置或更换靴衬。更换靴衬时，必须用同材料、同型号的靴衬进行更换。每年对导轨、导轨支架、压导

板、接导板处的螺栓紧固情况进行一次详细检查，并对全部紧固螺栓进行重复拧紧。轿底下的滑动导靴检查与轿顶导靴检查相同。

3）安全钳动作后，应及时修整导轨侧向工作面上由安全钳钳块夹紧拖拉处的痕迹，以确保靴衬不被过分磨损。对重导靴的检查、调整、维保与轿厢相同。

填写电梯滑动导靴维保记录单，见表1-31。

表1-31 电梯滑动导靴维保记录单

序 号	维保内容	完成情况	备 注
1	靴衬中无异物、碎片等		
2	靴衬磨损正常、均匀		
3	靴衬与导轨两工作面间隙合适		
4	清洁导靴		
5	导靴连接情况		
6	导靴中润滑油适量		
7	更换零件		

维保人员： 日期： 年 月 日

使用单位意见：

使用单位安全管理人员： 日期： 年 月 日

2. 滚动导靴的保养

1）检查轿顶滚动导靴座及滚轮、弹簧、挡圈、螺母等部件的紧固情况。滚动导靴应滚动良好。轿厢空载静止时，用手盘动滚轮，每个都能盘动（轿厢静平衡是必要条件），说明滚轮没有受到过分的非正常偏载力。

2）查看滚动导靴滚轮与导轨接触的橡胶面有无机械外伤、疲劳开裂、膨胀变形、过压脱圈、脱胶或积垢。如果有上述情况则应进行更换。

3）确保滚轮与导轨中心线对正，使导轨与滚轮组喉部的间距相等。尽量使各个滚动导靴的张力近似相等。当出现磨损不均时，应进行修整。轿底下的滚动导靴检查与轿顶导靴检查相同。

4）安全钳动作后，应及时修整导轨侧向工作面上由安全钳钳块夹紧拖拉处的伤痕，以确保滚动导靴的滚轮与导轨接触时免受机械损伤。

填写滚动导靴维保记录单，见表1-32。

表1-32 滚动导靴维保记录单

序 号	维保内容	完成情况	备 注
1	清洁滚动导靴		
2	检查滚动导靴的紧固情况		
3	检查滚轮表面		

(续)

序　号	维保内容	完成情况	备　注
4	检查滚轮位置		

维保人员：　　　　　　　　　　　　　　　　　　　　　　　日期：　年　月　日

使用单位意见：

使用单位安全管理人员：　　　　　　　　　　　　　　　　　日期：　年　月　日

三、油杯的保养

1）清理油杯表面的油污、灰尘。

2）检查油杯是否出现漏油现象。

3）油杯中的油量如果少于总油量的1/3，则需加注润滑油。加油后，电梯全程运行一次并观察导轨的润滑情况。

4）检查油杯中的吸油毛毡是否在导轨左右中分，是否紧贴导轨面。吸油毛毡前侧和导轨顶面应无间隙。

填写电梯油杯的维保记录单，见表1-33。

表1-33　电梯油杯维保记录单

序　号	维保内容	完成情况	备　注
1	油杯表面清洁		
2	油量适度（油量在总油量的2/3左右），油杯无泄漏		
3	吸油毛毡紧贴导轨面		
4	吸油毛毡在导轨左右中分		
5	吸油毛毡前侧和导轨顶面无间隙		
6	更换零件		

维保人员：　　　　　　　　　　　　　　　　　　　　　　　日期：　年　月　日

使用单位意见：

使用单位安全管理人员：　　　　　　　　　　　　　　　　　日期：　年　月　日

 任务考核

任务完成后，由指导教师对本任务的完成情况进行实操考核。电梯导向系统维保实操考核见表1-34。

表 1-34　电梯导向系统维保实操考核表

序号	考核项目	配　分	评分标准	得　分	备　注
1	安全操作	10	1）未穿工作服，未戴安全帽，未穿防滑电工鞋（扣 1～3 分） 2）不按要求进行带电或断电作业（扣 3 分） 3）不按要求规范使用工具（扣 2 分） 4）其他违反作业安全规程的行为（扣 2 分）		
2	导向系统组成认知	20	1）不能说出电梯导向系统的组成（扣 5 分） 2）不能说出电梯导轨的类型、连接与固定方式（扣 5 分） 3）不能说出电梯导靴的类型、组成及固定位置（扣 5 分） 4）不能说出油杯的组成、原理与安装位置（扣 5 分）		
3	导轨与导轨支架的保养	20	1）不会按正确步骤与要求进行导轨与导轨支架的保养（扣 10 分） 2）不能说出电梯导轨的主要保养部位（扣 5 分） 3）不能说出电梯导轨和导轨支架的主要保养步骤和保养操作（扣 5 分）		
4	导靴的保养	20	1）不会按正确步骤与要求进行导靴的保养（扣 10 分） 2）不能说出电梯导靴的主要保养部位（扣 5 分） 3）不能说出电梯导靴主要保养步骤和保养操作（扣 5 分）		
5	油杯的保养	20	1）不会按正确步骤与要求进行油杯的保养（扣 10 分） 2）不能说出油杯的主要保养项目（扣 5 分） 3）不能说出油杯的主要保养步骤和保养操作（扣 5 分）		
6	6S 考核	10	1）工具器材摆放凌乱（扣 2 分） 2）工作完成后不清理现场，将废弃物遗留在机房设备内（扣 4 分） 3）设备、工具损坏（扣 4 分）		
7	总分				

注：评分标准中，各考核项目的单项得分扣完为止，不出现负分。

任务小结

　　本任务讲述了电梯导向系统的组成，包括导轨的类型、连接与固定，导靴的类型、组成与固定，油杯的组成与固定等内容；分析了电梯导轨、导靴的保养部位及保养方法和步骤，油杯的主要保养项目。通过学习及实操练习，学生可掌握电梯导向系统保养的基本常识和基本技能，养成安全操作的规范行为。

任务二　电梯悬挂系统的维护与保养

知识目标

1）掌握电梯悬挂系统的组成与作用。

2）掌握曳引钢丝绳的保养项目、保养方法与步骤。

3）掌握反绳轮的保养项目、保养方法与步骤。

4）掌握重量补偿装置的保养项目、保养方法与步骤。

 能力目标

1）能够按规定要求与步骤进行电梯曳引钢丝绳的维保。

2）能够按规定要求与步骤进行反绳轮的维保。

3）能够按规定要求与步骤进行重量补偿装置的维保。

4）养成安全操作的职业素养。

任务描述

电梯的悬挂系统包括曳引钢丝绳、反绳轮、重量补偿装置（补偿链或补偿绳）、随行电缆等部件。电梯出现运行故障，很多问题是由于悬挂系统保养不到位造成的。本任务的主要目的是通过讲解悬挂系统的保养方法与保养步骤，使学生掌握悬挂系统保养的基本操作，减少电梯故障的产生，提高电梯运行的效率。

任务分析

要完成电梯悬挂系统的维保，首先要知道悬挂系统的组成，其次还要知道悬挂系统保养的对象、保养方法与保养步骤。因此，本任务首先介绍了悬挂系统的组成，包括曳引钢丝绳及端接装置、重量补偿装置、反绳轮等的组成；其次介绍了悬挂系统的保养，包括曳引钢丝绳及端接装置的保养、反绳轮的保养、重量补偿装置及随行电缆的保养等相关内容。

相关知识

一、悬挂系统组成

电梯悬挂系统主要是指用来悬挂轿厢和对重的曳引钢丝绳、反绳轮以及补偿链、补偿绳等重量补偿装置和随行电缆等部件。

二、曳引钢丝绳及端接装置

电梯用钢丝绳在行业上称为曳引钢丝绳，术语简称曳引，专业上又称为悬挂绳。曳引钢丝绳为圆形股状结构，由钢丝、绳芯捻制而成，如图 1-74 所示。钢丝是钢丝绳的基本组成要素，由含碳量为 0.4% ~1%，含硫磷杂质小于 0.035% 的优质钢制成。绳芯通常由麻类植物（天然）或聚烯烃（人造）纤维搓制，主要起支撑固定和提高韧性的作用，同时能储存润滑剂，起到防锈效果。为了提高钢丝绳的最小破断力，还出现了用钢丝作为绳芯的电梯专用钢丝绳。曳引钢丝绳端部与其他部件连接的装置称为端接装置（见图 1-75），也称为绳头组合（绳头组件）。

曳引钢丝绳是电梯的重要部件。它承受曳引轮和导向轮两边所有悬挂重量的拉伸，承受电梯升降过程中曳引轮、导向轮和滑轮间的反复扭矩，承受电梯频繁起动、运行、制动时与

曳引轮、导向轮、反绳轮绳槽接触面之间的摩擦损耗。由于使用状态的特殊性和系统要求的可靠性，曳引钢丝绳必须保持相当绝对的冗余设置和安全裕量。对于曳引钢丝绳有以下技术要求：

图 1-74　电梯曳引钢丝绳

图 1-75　曳引钢丝绳端接装置

1）为确保人身和电梯设备安全，各类电梯的曳引钢丝绳的根数和安全系数都有严格的要求。如客梯和货梯规定：曳引钢丝绳的根数不得少于 4 根，安全系数不得低于 12。

2）无打结、死弯、扭曲、断丝、松股、锈蚀现象；擦净并消除内应力，表面不得涂润滑剂。

3）每根钢丝绳张力与平均值偏差不大于 5%。

4）曳引钢丝绳上要漆出轿厢在各层的平层标志，并将其对应标志识别图表挂在易观察的墙上。

三、重量补偿装置

电梯运行中，轿厢侧和对重侧的钢丝绳以及轿厢下部的随行电缆的长度不断变化。随着轿厢和对重位置的变化，这个总重量将轮流分配到曳引轮两侧。当电梯曳引高度超过 30m 时，曳引钢丝绳的差重会影响电梯运行的稳定性和平衡状态。所以，为了减少电梯传动中曳引轮两侧所承受的载荷差，提高电梯的曳引性能，宜采用重量补偿装置。常用的重量补偿装置包括补偿链、补偿绳和补偿缆。

（1）补偿链　补偿链是以链为主体，常在铁链中穿入蜡旗绳或麻绳，或者在铁链外裹一层 PVC 塑料，以降低运行时铁链相互碰撞产生的噪声。补偿链一端悬挂在轿厢底部，另一端悬挂在对重底部。这种装置设有导向装置，结构简单，常用于速度低于 1.6m/s 的电梯。

（2）补偿绳　补偿绳装置以钢丝绳为主体，通过钢丝绳卡钳、挂绳架悬挂在轿厢或对重底部。这种结构具有运行稳定的优点，常用于速度大于 1.75m/s 的电梯。钢丝绳因连接形式的不同可分为单侧补偿、双侧补偿和对称补偿。单侧补偿时，钢丝绳的一端与轿厢底部连接，另一端连接在井道中部；双侧补偿时，轿厢和对重底部各装一套补偿装置，另一端连接在井道中部；对称补偿时，在井道底部设有张紧装置，补偿装置的两端经过张紧轮分别与轿厢和对重的底部连接，因这种连接不需要增加井道的空间位置，所以使用较为广泛。

（3）补偿缆　补偿缆是近几年发展起来的新型高密度的补偿装置。补偿缆中间有低碳钢制成的环链，中间填充物为金属颗粒及聚乙烯与氧化物的混合物，外套采用阻燃性聚乙烯护套。补偿链和补偿缆安装时，通常在轿厢底下采用 S 形悬钩及 U 形螺栓连接固定。

 任务准备

根据任务内容及任务要求选用仪表、工具和器材，见表1-35。

表1-35　仪表、工具和器材明细

序　号	名　称	型号与规格	单　位	数　量
1	电工工具	验电器、钢丝钳、螺钉旋具、电工刀、尖嘴钳、剥线钳	套	1
2	维保工具	自定	套	1
3	劳保用品	绝缘鞋、工作服等	套	1

 **任务实施**

一、曳引钢丝绳及端接装置的保养

（一）钢丝绳的保养

1）定期对曳引钢丝绳的外表进行清洗和清洁。清除外表污秽，清除脏锈斑，清洗后表面光洁不易粘异物。除使用专用曳引钢丝绳清洗油之外，一般采用机/柴油混合清洗油。柴油能起到清洁与帮助机油渗入绳内部后再挥发的作用。曳引绳外部需要定期清洁。

曳引钢丝绳清洁可以使用钢丝刷或者铜丝刷，用钢丝绳清洁专用油或柴/机油混合油，渗入绳内部后表面用干布或（略潮）油布清洁，后用干抹布擦净，轮槽先用木/竹片铲刮后用干抹布擦净。不能用清洁剂清洁曳引绳，因为清洁剂会渗入绳芯加速绳芯的干枯，产生红铁锈粉。绳芯润滑剂的丧失是由于周围环境、重载或在多个曳引轮上弯曲造成的。曳引绳上一旦有红色粉末（俗称"出铁粉"），其疲劳就会增加。这种状况是无法逆转的，但是可以通过良好的润滑来延缓。出现这种状况后，检验时就要格外注意。

2）检查每根曳引钢丝绳所受的张力是否保持均衡。如果张力有不均衡的情况，可以通过钢丝绳锥套螺杆的螺母来调节弹簧的张紧度，保持张力与平衡值偏差均不大于5%。

3）检查曳引钢丝绳有无机械损伤，有无断丝断股情况，以及锈蚀和磨损程度。当使用一定时间后出现断丝时，必须每次都仔细检查并注意钢丝的磨损和断丝数。

4）曳引钢丝绳的检查方法。按维保要求进行必要的检查，对易损坏、断丝和锈斑较多的一段做停机检查，断丝的突出部分应在检查时记入检查记录簿内。查看轿厢上梁上面的曳引钢丝绳数据，查看曳引钢丝绳是否为松散绳，查看绳上是否有红色粉末。绳锈蚀严重、点蚀麻坑形成沟纹、外层钢索松动时，无论断丝数或绳径变细多少，都要立刻更换。

在机房检查钢丝绳，电梯以检修速度全程运行，仔细检查钢丝绳在曳引轮上绕行的全过程，若有断丝和磨损，应参照钢丝绳报废标准处理。若在一个捻距（7～7.2倍绳径）内断丝数目超过钢丝总数的2%，则每次保养时都需要检查。特别需要注意的是，钢丝绳在稳定期后会出现不正常的伸长或断丝数增多。如果连续出现显著伸长或在某一捻距内每天都有断丝出现，则钢丝绳已经接近失效，应及时更换。

在井道检查钢丝绳，人站在轿顶起动电梯，使轿厢慢速从井道顶部移至轿顶与对重等高的部位（并在其间每隔1m左右停止一次），检查对重上部的钢丝绳，其内容与方法同在机房检查。

5）曳引钢丝绳的报废。根据《电梯监督检验和定期检验规则——曳引与强制驱动电梯》（TSG T7001—2009）规定，出现下列情况之一时，悬挂钢丝绳和补偿钢丝绳应当报废：

① 出现笼状畸形、绳芯挤出、扭结、部分压扁、弯折。

② 断丝分散出现在整条钢丝绳，任何一个捻距内单股的断丝数大于4根；或者断丝集中在钢丝绳某一部位或一股，一个捻距内断丝总数大于12根（对于股数为6的钢丝）或者大于16根（对于股数为8的钢丝绳）。

③ 磨损后的钢丝绳直径小于钢丝绳公称直径的90%。

采用其他类型悬挂装置的，悬挂装置的磨损、变形等应当不超过制造单位的报废指标。

应当注意的是，换新曳引绳时应符合原设计要求，如果采用其他型号代用，则要重新计算，除绳直径符合要求外，其破断拉力、抗弯折与疲劳参数也不能低于原型号曳引钢丝绳的要求。

6）电梯钢丝绳检测周期。

① 定期检验。电梯投入正常运行之后，每年应进行一次例行年度检查。

② 特殊检验。新安装、大修、重大改装或事故修复的电梯，在正式投入运行之前应进行检查。

（二）绳头组合检查

曳引绳头组合应安全可靠，且每个绳头均应装有双螺母和开口销。检查绳头组合，即检查绳头的连接部分。1:1绕法的绳头组合在轿厢架与对重架上，2:1绕法的绳头组合在机房内。绳头组合检查的内容如下：

1）仔细检查装置上各个零部件有没有锈蚀。

2）检查紧固螺母是否松动。

3）检查缓冲弹簧有没有永久变形和裂纹。

检查时，可用小锤轻轻敲击检查部位，观察松动情况，若敲击有嘶哑声，则表明已有裂纹存在，应予更换。上述部分装置都用钙基润滑脂防腐。

（三）填写维保记录单

填写电梯曳引钢丝绳维保记录单，见表1-36。

表1-36　电梯曳引钢丝绳维保记录单

序　号		维保内容	完成情况	备　注
1	曳引钢丝绳	清洗和清洁曳引钢丝绳表面		
2		检查并调整曳引钢丝绳张力		
3		检查曳引钢丝绳磨损情况		
4		检查曳引钢丝绳断丝数		
5	绳头组合装置	检查绳头组合固定螺母有无松动		
6		检查弹簧有无裂纹		
7		检查零件表面有无锈蚀		

（续）

维保人员：	日期：	年　月　日
使用单位意见：		

使用单位安全管理人员：　　　　　　　　　　　　　　　　　　　日期：　年　月　日

二、反绳轮的保养

1）反绳（复绕）轮应转动灵活，运行时平稳无异常响声。

2）轴承或轴瓦内润滑油量充足。应按产品要求定期给轴承或轴瓦挤加润滑脂/油。一般采用轴承形式的 2～3 个月挤加一次，采用轴瓦形式的每次保养时都需要挤加。挤加时，一般是第一回挤加后使该轮转动1/3 或 1/4 圈后挤加第二回，如此反复 3～4 回。

3）反绳轮绳槽无异常磨损。当发现绳槽磨损严重，且各槽的磨损程度相差 1/10 绳径时，应将绳槽拆下修理或进行更换。

4）反绳轮的挡绳装置与钢丝绳之间的间距应调整至小于钢丝绳半径 3～4mm，以避免人身伤害，且防护装置不妨碍对绳轮或绳的检查和维保。

维保结束后，填写维保记录单并签字确认方可结束维保工作。反绳轮维保记录单见表1-37。

表 1-37　反绳轮维保记录单

序　号	维保内容	完成情况	备　注
1	反绳轮应转动灵活，运行时平稳无异常响声		
2	反绳轮绳槽无异常磨损		
3	轴承或轴瓦内润滑油量充足		
4	检查反绳轮的挡绳装置与钢丝绳之间的间距		
5	反绳轮设置的保护装置应保持可靠		

维保人员：　　　　　　　　　　　　　　　　　　　　　　　　日期：　年　月　日

使用单位意见：

使用单位安全管理人员：　　　　　　　　　　　　　　　　　　　日期：　年　月　日

三、重量补偿装置及随行电缆的保养

补偿链或补偿绳在运行中不应与其他运动部件有任何碰撞或摩擦，链或绳在自然的悬挂状态时应无任何扭力（内应力）。

1. 补偿链的保养

1）检查补偿链距底坑地面的距离是否为 100～200mm。

2）两端点（对重下部与轿厢底部）的固定必须可靠并加装二次保护。

3）底坑对重部位补偿链导向装置应转动灵活，其轴承部分应每月挤加一次润滑油。

4）检查补偿链运行中与其他部件的接触情况。

5）检查补偿链的扭曲情况。

6）检查补偿链中的消音绳是否折断。

2. 补偿绳的保养

1）检查补偿绳有无机械损伤，其端部是否连接可靠。

2）设于底坑的张紧装置应转动灵活，上下浮动灵活。

3）对需要人工润滑的部位，应定期添加润滑油。

4）检查补偿绳的扭曲情况。

5）检查补偿绳运行中与其他部件的接触情况。

6）对于使用带张紧轮的补偿绳，保养中要检查补偿绳张紧时的电气安全装置，确定其保持可靠。

7）对于设有防跳装置的补偿绳，应检查防跳装置动作时电气安全装置是否动作可靠。

8）补偿绳及张紧装置需按其状况定期进行清洁。

3. 随行电缆的保养

1）运行中的随行电缆悬挂须消除扭力（内应力），不应有波浪、扭曲等现象。

2）有数根电缆时，应保证有 50～100mm 的相互活动间隙。

3）和其他部件有足够的空间距离。

4）检查随行电缆是否会由于与井道内的横梁或其他部件接触而受损。对随行电缆进行防护，防止井道建筑构架或其他设备的损害。

5）电缆在井道壁上、井道中部的悬挂固定与在轿厢底部的悬挂固定应规范、可靠。

6）随行电缆需按其状况定期进行清洁。

4. 填写维保记录单

填写补偿装置及随行电缆维保记录单，见表1-38。

表1-38　补偿装置及随行电缆维保记录单

序　号		维保内容	完成情况	备　注
1	补偿链	两端点（对重下部与轿厢底部）的固定必须可靠		
2		检查补偿链运行中与其他部件的接触情况		
3		检查补偿链的扭曲情况		
4		检查补偿链距底坑地面的距离		
5		底坑对重部位补偿链导向装置应保证转动灵活，其轴承部分应每月挤加一次润滑油		
6	补偿绳	根据使用情况清洁补偿绳及张紧轮装置		
7		检查补偿绳和补偿链有无机械损伤，其端部连接是否可靠		
8		检查补偿绳的扭曲情况		
9		检查补偿绳运行中与其他部件的接触情况		
10		对需要人工润滑的部位，应定期添加润滑油		
11		底坑的张紧装置应转动灵活，上下浮动灵活		
12		补偿绳电气开关动作可靠		

（续）

序　号		维保内容	完成情况	备　注
13	随行电缆	清洁随行电缆		
14		检查随行电缆的扭曲情况		
15		检查随行电缆与其他部件间的距离		
16		检查随行电缆的空间接触情况		
17		检查随行电缆的固定情况		

维保人员：　　　　　　　　　　　　　　　　　　　　　　　　日期：　年　月　日

使用单位意见：

使用单位安全管理人员：　　　　　　　　　　　　　　　　　　日期：　年　月　日

 ## 任务考核

　　任务完成后，由指导教师对本任务的完成情况进行实操考核。电梯悬挂系统维保实操考核见表1-39。

表1-39　电梯悬挂系统维保实操考核表

序号	考核项目	配　分	评分标准	得　分	备　注
1	安全操作	10	1）未穿工作服，未戴安全帽，未穿防滑电工鞋（扣1～3分） 2）不按要求进行带电或断电作业（扣3分） 3）不按要求规范使用工具（扣2分） 4）其他违反作业安全规程的行为（扣2分）		
2	悬挂系统组成认知	10	1）不能说出悬挂系统的组成（扣3分） 2）不能说出曳引钢丝绳的组成（扣3分） 3）不能说出重量补偿装置的类型和作用（扣4分）		
3	曳引钢丝绳的保养	30	1）不能说出曳引钢丝绳的保养步骤与保养要求（扣5分） 2）未清洁钢丝绳（扣5分） 3）未检查钢丝绳张力（扣5分） 4）未检查钢丝绳断丝数（扣5分） 5）未检查钢丝绳磨损量（扣5分） 6）未检查钢丝绳绳头组合（扣5分）		
4	反绳轮的保养	20	1）不能说出反绳轮的保养要求与保养步骤（扣2分） 2）未清洁反绳轮装置（扣2分） 3）未润滑反绳轮装置（扣4分） 4）未检查反绳轮的绳槽部位（扣4分） 5）未检查反绳轮与挡绳装置的间隙（扣4分） 6）未检查绳轮保护装置（扣4分）		

（续）

序号	考核项目	配 分	评分标准	得 分	备 注
5	重量补偿装置的保养	10	1）未清洁补偿装置（扣1分） 2）未对补偿装置转动部位进行润滑（扣2分） 3）未检查补偿装置的扭曲情况（扣2分） 4）未检查补偿装置运行中与其他部件的接触情况（扣2分） 5）未检查补偿装置的固定情况（扣2分） 6）未检查电气开关的可靠性（扣1分）		
6	随行电缆的保养	10	1）不能说出随行电缆的保养内容（扣1分） 2）未清洁随行电缆（扣1分） 3）未检查随行电缆的固定情况（扣2分） 4）未检查随行电缆之间的距离（扣2分） 5）未检查随行电缆与井道及设备的距离（扣1分） 6）未检查随行电缆与井道及设备的接触情况（扣1分） 7）未检查随行电缆的扭曲情况（扣2分）		
7	6S考核	10	1）工具器材摆放凌乱（扣2分） 2）工作完成后不清理现场，将废弃物遗留在机房设备内（扣4分） 3）设备、工具损坏（扣4分）		
8	总分				

注：评分标准中，各考核项目的单项得分扣完为止，不出现负分。

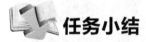

任务小结

本任务讲述了悬挂系统的组成与功能，包括曳引钢丝绳与端接装置的组成、重量补偿装置的组成与功能；分析了曳引钢丝绳及端接装置、补偿装置及随行电缆的保养项目、保养方法和保养步骤。通过学习及实操练习，学生可掌握电梯悬挂系统保养的基本常识和基本技能，养成安全操作的规范行为。

任务三　电梯轿厢装置的维护与保养

知识目标

1）掌握轿内装置的组成。
2）掌握轿顶装置的组成。
3）掌握轿内装置的保养部位、保养项目及保养方法。
4）掌握轿顶装置的保养部位、保养项目及保养方法。

能力目标

1）能够按规定要求与步骤进行轿内装置的维保。
2）能够按规定要求与步骤进行轿顶装置的维保。

3）养成安全操作的职业素养。

 任务描述

　　轿厢装置是电梯用来运送乘客和货物的载体，在使用中会出现各种故障，如各种开关、按钮的功能失效，通风照明故障等，从而影响电梯的正常运行，给人们的生产、生活带来不便。要降低这些故障的可能性，必须对轿厢进行周期性全方位的维保。

任务分析

　　电梯轿内装置的保养对象主要包括照明与通风装置的保养、开关门按钮等按钮功能的测试、轿内报警装置的保养、轿内显示装置的保养等项目。进行电梯轿内装置保养时，首先要知道保养对象的位置，其次要掌握保养的内容及保养要求、保养步骤。电梯轿顶装置的保养对象主要包括轿顶环境的清洁、轿顶检修盒的保养、平层开关的保养等项目。保养时，要清楚保养的项目及保养要求、保养步骤。

相关知识

一、轿内装置的组成

1. 通风与照明装置

　　（1）操纵箱　操纵箱平常是锁上的，只有维保人员或电梯司机在对电梯进行维保时才能打开。操纵箱内有照明开关和风扇开关等，如图1-76所示。

　　（2）通风装置　轿内通风装置采用单相交流电动机作为通风电动机，如图1-77所示。

　　（3）照明装置　轿内照明装置如图1-78所示，用以保证轿内有足够的光照度。

图1-76　操纵箱内的照明开关与风扇开关实物图

图1-77　轿内通风装置

图1-78　轿内照明装置

2. 轿内操纵面板

　　轿内操纵面板主要由开关门按钮、选层按钮、报警按钮、楼层指示器等组成，其主要作用是控制电梯开关门、选层、报警、进行楼层指示等。

二、轿顶装置的组成

　　轿顶装置包括轿顶反绳轮、轿顶检修箱、轿顶报警装置及应急电源、门机变频器、开关门系统等。轿顶反绳轮属于悬挂系统保养介绍的内容、开关门系统属于层门轿门系统保养介绍的内容。本任务介绍的轿顶装置主要包括轿顶检修箱、门机变频器、平层开关等。

 任务准备

根据任务内容及任务要求选用仪表、工具和器材，见表1-40。

表1-40　仪表、工具和器材明细

序　号	名　　称	型号与规格	单　位	数　量
1	电工通用工具	验电器、钢丝钳、螺钉旋具、电工刀、尖嘴钳、剥线钳	套	1
2	万用表	自定	块	1
3	劳保用品	绝缘鞋、工作服等	套	1

 **任务实施**

一、轿内装置的保养

1. 照明与通风装置的保养

1）检查轿内照明装置有无损坏、不良等现象。

2）轿内地板光照度应在50lx以上。

3）检查停电后应急照明装置的工作情况。

4）检查通风装置能否正常工作，有无振动和异响。

5）检查通风孔有无堵塞情况。

维保结束后，维保人员应填写轿内照明和通风装置维保记录单（见表1-41），自己签名并经用户签名确认。

表1-41　电梯轿内照明和通风装置维保记录单

序　号	维保内容		完成情况	备　注
1	照明装置	清洁照明装置		
2		检查照明装置有无损坏		
3		检查照明开关正常与否		
4		检查地面光照度是否在50lx以上		
5		检查应急照明是否正常		
6	通风装置	检查通风电动机的运行情况		
7		清洁通风电动机		
8		检查轿顶送风面积，应不小于有效面积的1%		
9		检查轿壁送风面积，应不大于轿厢有效面积的50%		
10		检查送风量大小		
11		检查送风孔有无堵塞		

（续）

序　号	维保内容		完成情况	备　注
12	通风装置	清洁轿厢风扇		
13		风扇轴加油		

维保人员：　　　　　　　　　　　　　　　　　　　　　日期：　年　月　日

使用单位意见：

使用单位安全管理人员：　　　　　　　　　　　　　　　日期：　年　月　日

2. 轿内操纵箱的保养

1）检查轿内操纵面板上的各指令按钮。逐个按下各指令按钮，所有的指示灯应点亮，按钮罩壳字面清晰并完好无缺损。电梯按指令停靠层站后，对应的指示灯应熄灭。

2）测试开关门按钮功能是否正常。

3）运行方向指示灯及楼层显示正常不缺笔。

4）轿内分门专用钥匙正常，分门内开关功能正常。

5）轿内操纵盘平整、无松动。

3. 报警装置的保养

在电源总开关断开的情况下，对电梯报警装置进行维保。

1）电梯轿内报警装置操作面板全部按钮应标记清晰、功能正常、清洁无污物。

2）轿顶报警铃完好、功能正常、清洁无积尘。

3）机房、轿顶、轿厢、底坑、值班室对讲机清洁、功能正常。

维保结束后，需要填写电梯报警装置维保记录单并签名确认，电梯报警装置维保记录单见表1-42。

表1-42　电梯报警装置维保记录单

序号	维保内容	维保要求	完成情况	备注
1	轿内报警按钮	工作正常，功能齐全有效		
2	轿内对讲通话按钮	标记清晰，功能正常		
3	轿内对讲通话装置	功能正常		
4	轿顶报警铃	清洁完好，功能正常		
5	轿顶应急电源	清洁完好，功能正常		
6	轿顶对讲机	清洁完好，功能正常		
7	五方通话对讲功能	功能正常		

维保人员：　　　　　　　　　　　　　　　　　　　　　日期：　年　月　日

使用单位意见：

使用单位安全管理人员：　　　　　　　　　　　　　　　日期：　年　月　日

二、轿顶装置的保养

进入轿顶后，应首先清洁轿顶环境，保证轿顶无油污和过量灰尘，然后对轿顶检修箱、平层开关、极限开关等电气装置进行保养。

1. 轿顶检修箱的保养

1）清洁轿顶检修箱各开关及接线盒。

2）检查轿顶急停按钮是否齐全有效。

3）检查轿顶检修按钮是否齐全有效。

4）检查轿顶检修上行、下行、公共按钮是否工作正常。

5）检查轿顶接线盒各端子的接线接触是否良好。

维保结束后，填写电梯检修箱维保记录单。电梯轿顶检修箱维保记录单见表1-43。

表 1-43　电梯轿顶检修箱维保记录单

序　号	维保内容	维保要求	完成情况	备　注
1	轿顶	清洁、防护栏安全可靠		
2	轿顶急停按钮	功能正常		
3	轿顶检修按钮	功能正常		
4	轿顶检修上行、下行及公共按钮	功能正常		
5	轿顶照明	清洁、照明正常		
6	轿顶接线盒	清洁，接线牢固		
7	平层开关	功能正常		
8	门机变频器	检查接线是否牢固		

维保人员：　　　　　　　　　　　　　　　　　　　　　　日期：　年　月　日

使用单位意见：

使用单位安全管理人员：　　　　　　　　　　　　　　　　日期：　年　月　日

2. 轿顶其他电气装置的保养

1）清洁轿顶平层开关、门机变频器。

2）检查电梯平层功能是否正常。

3）检查门机变频器接线是否牢固。

3. 轿厢称量装置的维护与保养

大部分乘客电梯的轿厢称量装置是根据要求设置在轿厢底部的，也有部分产品设置在轿厢顶部。一些对轿厢称量要求不需要很精确的载货电梯，也可以把轿厢称量装置设置在电梯悬挂系统中的曳引钢丝绳绳头板处、轿顶轮轴处或轿厢架上梁的横梁上面。称量传感器的类型很多，有位置式传感器、压力式传感器和磁极变形式传感器等。

将轿厢停在最底层平层位置，如果轿厢称量装置设置在轿底，维保人员在底坑处轿厢底部对其功能进行检查与测试。

任务考核

任务完成后，由指导教师对本任务的完成情况进行实操考核。电梯轿厢装置维保实操考核见表1-44。

表1-44　电梯轿厢装置维保实操考核表

序号	考核项目	配分	评分标准	得分	备注
1	安全操作	10	1）未穿工作服，未戴安全帽，未穿防滑电工鞋（扣1~3分） 2）不按要求进行带电或断电作业（扣3分） 3）不按要求规范使用工具（扣2分） 4）其他违反作业安全规程的行为（扣2分）		
2	轿厢装置组成认知	20	1）不能说出轿内装置的组成与功能（扣10分） 2）不能说出轿顶装置的组成与功能（扣10分）		
3	轿内装置的保养	30	1）不能正确说出轿内装置的保养对象和保养要求（扣5分） 2）未保养轿内照明装置（扣5分） 3）未保养轿内通风装置（扣4分） 4）未保养轿内选层按钮（扣4分） 5）未保养轿内开、关门按钮（扣4分） 6）未保养轿内报警按钮（扣4分） 7）未保养轿内显示装置（扣4分）		
4	轿顶装置的保养	30	1）不能正确说出轿顶装置的保养对象和保养要求（扣6分） 2）未保养轿顶环境（扣6分） 3）未保养轿顶检修箱（扣6分） 4）未保养平层开关（扣6分） 5）未保养门机变频器（扣6分）		
5	6S考核	10	1）工具器材摆放凌乱（扣2分） 2）工作完成后不清理现场，将废弃物遗留在机房设备内（扣4分） 3）设备、工具损坏（扣4分）		
6	总分				

注：评分标准中，各考核项目的单项得分扣完为止，不出现负分。

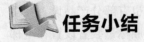 **任务小结**

本任务讲述了轿内装置、轿顶装置的组成和功能，轿顶装置与轿内装置的保养对象、保养要求与保养步骤。通过学习及实操练习，可提高学生保养电梯轿厢的基本技能，养成安全操作电梯的行为习惯。

任务四　电梯对重装置的维护与保养

 知识目标

1）掌握对重装置的组成。

2）掌握对重装置的保养对象、保养方法与保养步骤。

能力目标

1）能够按规定要求与步骤进行对重装置的保养。

2）养成安全操作电梯的职业素养。

任务描述

电梯对重装置常见的故障包括对重导靴故障、对重油杯故障、对重铁块在运行中抖动或窜动故障、对重轮故障等。电梯对重装置的故障严重影响着电梯运行的平稳性与安全性，从而影响乘用舒适性与安全性。因此，周期性地对对重装置进行维保对于保证电梯的正常运行具有重要意义。

任务分析

要完成电梯对重装置的维保，首先要知道对重装置包括什么部件，其次，还要知道对重装置的保养部位、保养要求以及保养方法与保养步骤。因此，本任务首先介绍了对重装置的组成，对重装置主要由对重架、对重块、反绳轮、导靴及油杯等组成。其次介绍了对重装置的保养，由于前面已经介绍了导靴的保养内容、保养方法及保养步骤，因此本任务只介绍对重架、对重块、对重轮的保养。

相关知识

一、对重装置的组成

对重装置主要由对重架和对重块组成。对重块放置在对重架中，增减对重块可调整对重装置重量。对重装置有多种结构形式，除对重架和对重块外，对重装置还包括导靴、缓冲器碰块、压块等，有的还有对重轮，如图 1-79 和图 1-80 所示。

二、对重装置的作用

对重装置的作用是平衡轿厢的重量，即用曳引绳连接轿厢和对重架，曳引轮与曳引绳产生摩擦力带动轿厢上下运动。由于对重装置平衡轿厢的重量，这样曳引轮只需带动轿厢和对重装置重量之差便可使轿厢上下运动。对重块还有一个重要作用就是确保电梯的曳引能力，电梯曳引能力不是由对重装置的平衡重所产生，而是由对重装置和轿厢之间的钢丝绳拉力之差所决定的。

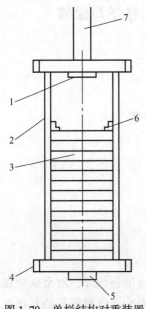

图 1-79　单栏结构对重装置

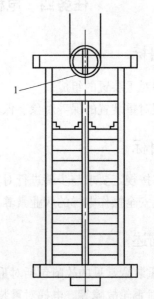

图 1-80　双栏结构对重装置

1—绳头板　2—对重架　3—对重块　4—导靴

5—缓冲器碰块　6—曳引绳　7—对重轮

1—压块

 任务准备

根据任务内容及任务要求选用仪表、工具和器材，见表 1-45。

表 1-45　仪表、工具和器材明细

序　号	名　　称	型号与规格	单　位	数　量
1	电工工具	验电器、钢丝钳、螺钉旋具、电工刀、尖嘴钳、剥线钳	套	1
2	万用表	自定	块	1
3	劳保用品	绝缘鞋、工作服等	套	1

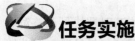 任务实施

对重装置的保养

1. 对重装置的保养步骤

1）对重架应横平竖直，其对角线误差不大于 4mm。

2）对重装置导靴支架上的紧固件必须有锁紧螺母，滑动导靴与导轨间隙为 1～3mm。检查滑动导靴与导轨的润滑是否良好，检查油杯中的油量，缺油时应及时添加；检查润滑装置、油杯、盖、油砖（芯）等是否齐全；检查并调整吸油毛毡的伸出量，做好导轨和滑动导靴的外部清洁，防止异物、灰尘进入，以免磨损靴衬。

3）对重块应按要求安放，重铁块应安装在底部，轻铁块应安放在顶部。检查对重架内的对重铁块是否稳固，若有松动，应及时压紧，防止对重在运行中产生抖动或窜动。对重块卡板应牢靠，运行时无异声。

4）1:1绕法对重绳头弹簧应涂黄油/漆，以防生锈，绳头端有锁紧螺母及横销。曳引钢丝绳头杆处应安装防止旋转的钢丝绳组件。

5）2:1绕法对重架上的对重轮转动应灵活，挡绳装置应可靠并且与钢丝绳之间的距离小于钢丝绳半径尺寸为3～4mm。对重轮按不同的形式要求定期加注润滑油，对重轮的垂直度不大于2mm。

6）对重架上设有安全钳的，应对安全钳装置进行检查。传动部分应保持动作灵活可靠。定期对联动机构加润滑油。对重装置限速器的动作速度应大于轿厢限速器的动作速度，但不得超过10%。

7）检查对重架下端的补偿链（绳）安装是否正确且是否有链（绳）保护装置与二次保护装置。

8）对重装置下端缓冲器撞板应装全由制造单位配置的2～3块缓冲蹲座。当曳引钢丝绳伸长时，应及时逐块抽除以保证缓冲距在允许的范围内。

2. 填写对重装置维保记录单

填写电梯对重装置维保记录单，见表1-46。

表1-46 电梯对重装置维保记录单

序 号	维保内容	维保要求	完成情况	备 注
1	对重架	横平竖直，其对角线误差不大于4mm		
2	对重块	检查对重架内的对重铁块是否稳固		
		对重块卡板应牢靠，运行时无异声		
3	对重轮	对重轮转动应灵活		
		挡绳装置应可靠，间距合适		
		对重轮垂直度不大于2mm		
		对重轮轮槽磨损正常，无油污		
		对重轮轴承部位润滑		
4	绳头组合端接装置	绳头弹簧应涂黄油/漆，以防生锈		
		绳头端有锁紧螺母及横销		
		绳头组合无裂纹		
5	滑动导靴及油杯	检查滑动导靴紧固情况		
		检查滑动导靴与导轨间隙		
		检查滑动导靴磨损情况		
		检查滑动导靴润滑情况		
		滑动导靴的清洁		
		导靴及油杯的固定与连接		
		油杯无裂纹，油位正常，吸油毛毡位置正确		

（续）

序号	维保内容	维保要求	完成情况	备注
6	安全钳	动作灵活		
		安全钳部件齐全、无损坏		
		清洁安全钳		
		安全钳销轴及传动部位润滑		
7	缓冲器碰块	检查缓冲蹲座的数量		
8	补偿装置	检查补偿装置的连接紧固		

维保人员：　　　　　　　　　　　　　　　　　　　　　　　　　日期：　　年　月　日

使用单位意见：

使用单位安全管理人员：　　　　　　　　　　　　　　　　　　　日期：　　年　月　日

 **任务考核**

任务完成后，由指导教师对本任务的完成情况进行实操考核。电梯对重装置维保实操考核见表1-47。

表1-47　电梯对重装置维保实操考核表

序号	考核项目	配分	评分标准	得分	备注
1	安全操作	10	1) 未穿工作服，未戴安全帽，未穿防滑电工鞋（扣1~3分） 2) 不按要求进行带电或断电作业（扣3分） 3) 不按要求规范使用工具（扣2分） 4) 其他违反作业安全规程的行为（扣2分）		
2	对重装置组成及作用认知	15	1) 不能说出对重装置的组成（扣5分） 2) 对重装置组成认知不全（每少1个扣1分） 3) 不能说出对重装置的平衡作用（扣5分） 4) 不能说出对重装置提升曳引能力的作用（扣5分）		
3	对重块与对重架的保养	10	1) 不能说出对重块与对重架的保养要求（扣2分） 2) 未保养对重架（扣4分） 3) 未保养对重块及对重铁卡板（扣4分）		
4	对重轮的保养	10	1) 不能说出对重轮的保养项目与保养要求（扣2分） 2) 未保养对重轮轮槽（扣2分） 3) 未保养对重轮挡绳装置（扣2分） 4) 未润滑对重轮（扣2分） 5) 未检查对重轮垂直度（扣2分）		

（续）

序号	考核项目	配 分	评分标准	得 分	备 注
5	绳头组合端接装置的保养	10	1）不能说出绳头组合端接装置的保养要求与步骤（扣4分） 2）未检查绳头螺母（扣2分） 3）未检查绳头弹簧（扣2分） 4）未检查裂纹情况（扣2分）		
6	对重导靴与油杯的保养	10	1）不能说出对重导靴与油杯的保养内容与保养要求（扣1分） 2）未清洁导靴（扣1分） 3）未检查导靴磨损情况（扣2分） 4）未检查导靴与导轨间隙（扣2分） 5）未检查导靴的连接情况（扣2分） 6）未保养油杯（扣2分）		
7	对重安全钳的保养	15	1）不能说出安全钳的保养内容与保养要求（扣3分） 2）未检查安全钳连接部位的磨损（每处扣3分） 3）未清洁安全钳（扣3分） 4）未润滑安全钳（扣3分） 5）未检查楔块与导轨间距（扣3分）		
8	补偿装置及缓冲器碰块的保养	10	1）不能说出补偿装置及缓冲器碰块的保养要求（扣2分） 2）未检查补偿装置的连接情况（扣4分） 3）未检查缓冲器碰块及蹾座（扣4分）		
9	6S考核	10	1）工具器材摆放凌乱（扣2分） 2）工作完成后不清理现场，将废弃物遗留在机房设备内（扣4分） 3）设备、工具损坏（扣4分）		
10	总分				

注：评分标准中，各考核项目的单项得分扣完为止，不出现负分。

 **任务小结**

本任务讲述了对重装置的组成及作用；分析了对重装置保养的部位及保养要求，包括对重架、对重块、对重导靴及油杯、对重安全钳、对重轮及绳头组合装置、缓冲器碰块及蹾座的保养要求等内容。通过学习及练习，学生可掌握对重装置保养的基本知识与基本技能，并培养安全操作的习惯。

任务五　电梯端站保护装置与井道照明装置的维护与保养

知识目标

1）掌握端站保护装置的组成。
2）掌握井道照明装置的安装位置。

3）掌握端站保护装置的维保要求与步骤。

4）掌握井道照明装置的维保要求与步骤。

能力目标

1）能够按正确步骤与要求维保端站保护装置。

2）能够按正确步骤与要求维保电梯照明装置。

3）培养安全操作的职业素养。

任务描述

电梯端站保护装置主要包括强迫减速开关、限位开关、极限开关，其主要作用是当轿厢在超越端站的正常减速点位置或停止点位置而系统未执行相关减速或停止操作时，电梯的端站开关将以强制方式发出减速或停止指令，使轿厢停止，防止轿厢冲顶或蹲底。电梯端站保护装置是保护电梯越层的最后保护。当电梯端站保护装置出现故障时，电梯会发生冲顶或蹲底事故，因此必须按相关要求进行端站保护装置的维保。

电梯井道照明装置是安装在井道内，用作电梯维保及应急救援的装置，在进入井道进行维保时要保证有足够的照明，以保障维保人员的安全，因此有必要对照明装置进行维保。表1-48列出了端站保护装置和照明装置的维保工作任务。

表1-48　端站保护装置和照明装置维保工作任务分解表

工作任务	任务要求
1. 电梯端站保护装置与井道照明装置的组成、作用与位置	1）掌握端站保护装置的组成与位置 2）掌握井道照明装置的安装位置 3）掌握强迫减速开关的作用和保养要求 4）掌握限位开关的作用和保养要求 5）掌握极限开关的作用和保养要求 6）掌握照明装置的保养要求
2. 电梯端站保护装置维保	1）能够按规定步骤与要求保养电梯端站开关 2）能够安全操作电梯，确保人身设备安全
3. 照明装置维保	1）能够按规定步骤与要求保养电梯照明装置 2）能够安全操作电梯，确保人身设备安全

任务分析

电梯中的端站保护装置及照明装置是井道设备中必须保养的项目，作为维保人员，首先要掌握端站保护装置和井道照明装置的组成、作用及位置，其次要掌握端站保护装置和井道照明装置的保养方法。本任务对这两方面进行了介绍。

相关知识

一、电梯端站保护装置的组成

电梯端站保护装置主要由强迫减速开关、强迫限位开关、极限开关等组成，这些开关也可统称为端站开关。其安装位置与结构如图 1-81 所示。

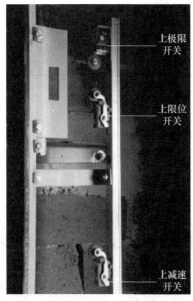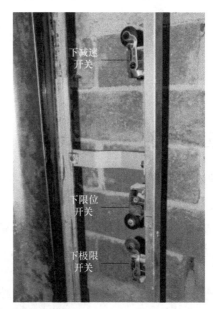

图 1-81　电梯端站开关实物图

二、电梯端站保护装置的作用

强迫减速开关的作用是：当电梯运行至强迫减速开关位置时，若电梯速度没有减至预定速度，电梯被强迫减速。强迫限位开关的作用是：当电梯运行至平层位置没有平层而继续运行触动限位开关时，电梯控制系统立即命令电梯强迫停止。极限开关作用是：当强迫限位开关不起作用时，将触动极限开关，切断安全电路而使电梯停止运行。

三、井道照明装置

电梯井道照明装置的位置：井道最高和井道最低点 0.5m 内各设一盏灯，中间各灯的距离不得超过 7m。井道照明灯具的安装位置应选择井道无运行部件碰撞的位置，且能有效照亮井道。井道照明灯具配线采用 2.5mm² 塑料线槽敷设，照明灯电源接至机房低压电源箱内，通过其开关控制井道照明。井道照明灯具外壳要求可靠接地，井道照明一般选用"AC 220V，25W"的照明灯。电梯井道照明装置如图 1-82 所示。

图 1-82　电梯井道照明装置实物图

 任务准备

根据任务内容及任务要求选用仪表、工具和器材，见表 1-49。

表 1-49　仪表、工具和器材明细

序　号	名　　称	型号与规格	单　位	数　量
1	电工工具	验电器、钢丝钳、螺钉旋具、电工刀、尖嘴钳、剥线钳	套	1
2	维保工具	自定	套	1
3	劳保用品	绝缘鞋、工作服等	套	1

 **任务实施**

电梯端站开关的保养

1. 电梯端站开关的保养步骤

1）检查强迫限位开关的动作是否灵活可靠。当轿厢在超越端站的正常减速点位置或停止点位置系统未执行相关减速或停止操作时，强迫限位开关能以强制方式发出减速或停止指令。

2）检查强迫减速开关的位置。终端强迫减速开关的安装位置在滞后于端站的正常减速位置 30～50mm 处。在电梯的调试及使用维护说明书中对不同的梯速有规定的减速距离或平层距离要求。测量时，可以根据轿厢地坎与端站地坎距离差进行检查与调整，这样能使系统按照既定的运行曲线图（梯形图）进行减速与准确停靠。

3）轿厢外侧面的撞弓板装置应与各限位开关之间的动作协调可靠，撞弓板装置应垂直，并有足够长度，在与开关作用后互相不应脱离。限位开关与撞弓板作用时应全面接触，沿撞弓板运行全过程中，开关触点必须可靠动作而无受压过度情况，限位开关打板被压缩后还应留有 1～2mm 可动安全间隙，以防开关过压而损坏。

4）应注意限位开关碰轮安装的方向为顺向动作，否则易损坏开关。

5）极限开关是轿厢越层的最后一级保护，和安全钳一样，虽然它在长期使用中偶尔动作，但仍需加强维护与检查。

填写端站开关维保记录单，见表 1-50。

表 1-50　端站开关维保记录单

序　号	维保内容	维保要求	完成情况	备　注
1	强迫减速开关	清洁		
		检查其动作是否灵活可靠		
		检查安装距离是否符合要求		
		开关触点无受压过度情况		
2	强迫限位开关	清洁		
		检查其动作是否灵活可靠		
		检查安装距离是否符合要求		
		开关触点无受压过度情况		

（续）

序　号	维保内容	维保要求	完成情况	备　注
3	极限开关	清洁		
		检查其动作是否灵活可靠		
		检查安装距离是否符合要求		
		开关触点无受压过度情况		

维保人员：　　　　　　　　　　　　　　　　　　　　　　　日期：　　年　月　日

使用单位意见：

使用单位安全管理人员：　　　　　　　　　　　　　　　　　日期：　　年　月　日

2. 电梯井道信息采集系统的保养

井道信息采集系统所用的传感器通常有光电传感器、磁传感器、机械平层单元等。保养时应注意以下要求：

1）必须首先清洁所有的部件，保证外表没有灰尘、污垢。

2）定期检查平层开关隔磁板，确保其牢固、平整、垂直，垂直偏差不大于0.001mm，各隔磁板相对传感器的直线误差 <4mm，对传感器的插入深度要基本一致。

3）各层楼隔磁板在电梯运行时无抖动，传感器与各层隔磁板间隙适当。插入深度符合产品要求并保证工作可靠。

3. 井道照明装置的保养

井道照明装置的保养要求如下：

1）清洁、检查井道照明灯，保证井道有足够的光照度。

2）检查井道照明开关是否齐全有效，双联开关动作应灵活有效。

填写电梯井道照明装置维保记录单，见表1-51。

表1-51　电梯井道照明装置维保记录单

序　号	维保内容	维保要求	完成情况	备　注
1	井道照明	齐全、有足够光照度		
2	机房井道照明开关	齐全有效		
3	底坑井道照明开关	齐全有效		

维保人员：　　　　　　　　　　　　　　　　　　　　　　　日期：　　年　月　日

使用单位意见：

使用单位安全管理人员：　　　　　　　　　　　　　　　　　日期：　　年　月　日

任务考核

任务完成后，由指导教师对本任务的完成情况进行实操考核。电梯端站保护装置与井道照明装置维保实操考核见表1-52。

表1-52 电梯端站保护装置与井道照明装置维保实操考核表

序号	考核项目	配分	评分标准	得分	备注
1	安全操作	10	1) 未穿工作服，未戴安全帽，未穿防滑电工鞋（扣1~3分） 2) 不按要求进行带电或断电作业（扣3分） 3) 不按要求规范使用工具（扣2分） 4) 其他违反作业安全规程的行为（扣2分）		
2	端站开关及井道照明装置认知	10	1) 不能说出端站开关的组成、作用及位置（扣5分） 2) 不能说出井道照明装置的组成和位置（扣5分）		
3	端站开关的保养	40	1) 不能说出端站开关的保养项目与保养要求（扣5分） 2) 未清洁端站开关（扣10分） 3) 未检查端站开关的安装距离（扣10分） 4) 未检查端站开关的动作（扣10分） 5) 未检查端站开关的受压情况（扣5分）		
4	井道信息采集系统的保养	10	1) 未清洁井道信息采集系统（扣5分） 2) 未检查井道信息采集系统的安装支架（扣5分）		
5	井道照明装置的保养	20	1) 未检查井道照明开关的功能（扣10分） 2) 未检查井道照明装置的功能（扣10分）		
6	6S考核	10	1) 工具器材摆放凌乱（扣2分） 2) 工作完成后不清理现场，将废弃物遗留在机房设备内（扣4分） 3) 设备、工具损坏（扣4分）		
7	总分				

注：评分标准中，各考核项目的单项得分扣完为止，不出现负分。

 **任务小结**

本任务讲解了端站保护装置的组成、安装位置及作用，井道照明装置的安装及井道照明开关的位置；分析了端站开关、井道信息采集系统、井道照明装置的保养项目及保养要求。通过学习及练习，学生可掌握保养端站保护装置和井道照明装置的基本常识与基本技能，养成安全操作电梯的习惯。

项目四 电梯底坑设备的维护与保养

本项目讲述了需要在电梯底坑保养的设备及位于底坑设备的保养，主要内容包括缓冲器和底坑照明装置的维护保养，底坑其他设备（包括轿厢下梁导靴装置、轿厢下梁安全钳、限速器张紧装置、补偿装置）的维护保养三个任务。通过学习及实操练习，要求学生掌握在底坑需要保养设备的内容、保养要求，具备保养底坑设备的技能，掌握安全操作的基本步骤，树立良好安全意识。

项目目标 ≫

1）掌握缓冲器的类型、组成和保养要求。
2）掌握轿厢下梁和对重架底部导靴的保养要求。
3）掌握安全钳的保养要求。
4）掌握限速器张紧装置的保养要求。
5）掌握补偿装置的保养要求。

内容描述 ≫

要对电梯底坑设备进行保养或在底坑对轿厢底部和对重装置底部设备进行保养，必须掌握需要保养什么，即保养对象，其次，对于每一个保养对象需要掌握有哪些保养项目及保养要求。本项目的保养对象包括缓冲器、底坑照明及开关装置、轿厢和对重装置底部设备、悬于底坑的悬挂装置、底坑内张紧轮和补偿绳轮。介绍了这些保养对象的组成、结构、原理、保养要求及保养步骤。由于在前述几个项目已经介绍了导靴、安全钳、限速器张紧轮、补偿装置的保养，本项目不对其组成原理等做过多阐述，只介绍其在底坑部分的保养要求。

根据现场情况，每月或每两个月清洁一次底端部的轿厢和对重导轨，清洁轿厢/对重装置底端部以上的3档导轨支架（支架用吸尘器及刷子、导轨用机/柴油布及刷子、下端部需用铲子铲除污物），清洁底坑集油槽内油污，井道底部两段分隔梁（如有）、分隔网及对重装置安全防护栏。

底坑部位的检查主要有：目视检查所有的底坑设备，特别是缓冲器复位开关、限速器张紧轮开关、钢丝绳伸长限位开关和补偿绳轮开关；检查所有开关及其打板的完好性；检查调整所有底坑滚轮的工作情况，如有必要进行清洁和润滑；检查缓冲器的完好性，如果是液压缓冲器，检查油位是否正确，是否有明显漏油现象；检查对重防护装置和隔离网的固定情况；清洁底坑照明设备、清洁底层层门下部、清扫底坑。

任务一　缓冲器的维护与保养

知识目标

1）掌握缓冲器的类型及组成。
2）掌握液压缓冲器的保养要求与保养步骤。
3）掌握弹簧缓冲器的保养要求与保养步骤。
4）掌握聚氨酯缓冲器的保养要求与保养步骤。

 **能力目标**

1）能够按规定步骤与要求保养液压缓冲器。
2）能够按规定步骤与要求保养弹簧缓冲器。
3）能够按规定步骤与要求保养聚氨酯缓冲器。

任务描述

电梯缓冲器安装在底坑，其部件容易出现老化、锈蚀，因此有必要对缓冲器进行维保。

任务分析

要完成电梯缓冲器的保养任务，首先要掌握缓冲器的类型、组成和工作原理，其次要掌握其保养要求和保养步骤。本任务对此做了简单介绍，学生通过理论学习和实操练习，可掌握缓冲器保养的基本技能。

相关知识

一、缓冲器的作用

电梯缓冲器是位于行程端部用来吸收轿厢或对重装置动能的一种缓冲安全装置。缓冲器在以下情况起作用：

1）当电梯轿厢到达下端站时，虽然短暂停车、限位、极限开关都已动作，但是由于电梯超载，钢丝绳打滑或制动器失灵等原因，轿厢未能在规定的距离内制停，发生失控下行冲撞底坑，这时底坑内的轿厢缓冲器就与轿厢接触，减缓轿厢重量对底坑的冲击，并使其制停。

2）当电梯轿厢行驶至顶部端站时，由于顶部极限开关失灵，造成冲顶，这时，对重落到底坑内的对重缓冲器上，对重缓冲器起到缓冲作用，避免轿厢冲击楼板。

3）当电梯轿厢上的钢丝绳断裂，轿厢失控下滑，而限速器与安全钳又未能起作用时，轿厢下坠撞底，这时由缓冲器减缓冲击而使轿厢制停。

二、缓冲器的类型与结构

电梯缓冲器包括蓄能型缓冲器和耗能型缓冲器两种形式。蓄能型缓冲器包括弹簧缓冲器、聚氨酯缓冲器。耗能型缓冲器以液压缓冲器为主。

1. 弹簧缓冲器

弹簧缓冲器是以弹簧变形吸收轿厢或对重装置动能的一种蓄能型缓冲器，如图1-83所示。它是由缓冲橡胶垫、缓冲座、弹簧和弹簧座等组成。对于行程较大的弹簧缓冲器，为了增加弹簧的稳定性，可在弹簧下部设置导套或在弹簧中设置导向杆。由弹簧缓冲器缓冲效果不稳定，多用在运行速度

图1-83　电梯弹簧缓冲器

小于 1m/s 的电梯上。

2. 聚氨酯缓冲器

聚氨酯缓冲器是采用聚氨酯材料制造的微孔弹性体缓冲器，具有较好的弹性、韧性和耐冲击等优异性能，但耐湿热性能较差。图 1-84 为将聚氨酯材料浇铸在一块连接法兰金属板上制成的缓冲器。聚氨酯缓冲器已广泛应用于中低速电梯上。

3. 液压缓冲器

液压缓冲器是以液体作为介质吸收轿厢或对重装置动能的一种耗能型缓冲器，其外观如图 1-85 所示。油缸内充满液压油，当轿厢或对重装置撞击缓冲器时，柱塞在轿厢或对重装置的重量作用下向下运动，压缩油缸内的油，将电梯的动能传递给油液，油缸腔内的油压增大，使油通过环形节流孔喷向柱塞腔。在油液通过环形节流孔时，由于流动面积突然缩小，形成涡流，使液体内的质点相互撞击、摩擦，将动能转换为热量散发掉，从而消耗了电梯的动能，使电梯以一定的速度停止下来。其主柱呈锥形，节流孔由于柱塞向下移动而逐渐减小，使油进入柱塞的阻力加大，下降速度降低，逐渐减小并吸收冲击，从而起到了缓冲作用。当轿厢或对重装置离开缓冲器时，施加于柱塞上的力消失，柱塞在复位弹簧的作用下向上复位，油重新流回油缸内，柱塞回复到原始位置。

图 1-84　电梯聚氨酯缓冲器

图 1-85　电梯液压缓冲器

液压缓冲器具有缓冲平稳的优点，在条件相同的情况下，液压缓冲器所需的行程比弹簧缓冲器减少一半，且阻尼力近似为常数，从而使柱塞近似做匀减速运动。

 **任务准备**

根据任务内容及任务要求选用仪表、工具和器材，见表 1-53。

表 1-53　仪表、工具和器材明细

序　号	名　　称	型号与规格	单　位	数　量
1	电工通用工具	验电器、钢丝钳、螺钉旋具、电工刀、尖嘴钳、剥线钳	套	1
2	维保工具	自定	套	1
3	劳保用品	绝缘鞋、工作服等	套	1

 **任务实施**

一、液压缓冲器的保养

1. 清洁缓冲器表面

1）缓冲器的柱塞外露部分要清除积尘、油污，保持清洁，并涂上防锈油脂。使用棉布蘸清洁剂清洁缓冲器表面灰尘和污垢，使用干净棉布蘸机油润滑活塞柱。

2）清洁液压油缸壁，检查是否有污垢、锈蚀，如有锈蚀，使用 1000 号砂纸打磨除锈，去除锈蚀后补漆防锈。

2. 检查液压缓冲器的油位及泄漏情况

检查缓冲器的油位是否合适，液面高度应经常保持在最低油位线上，如缺少，则必须补充。

3. 检查缓冲器顶端胶垫

缓冲器顶端胶垫应完好。

4. 检查缓冲器的连接与紧固情况

定期检查缓冲器是否移动，螺栓有无松动，发现移动或螺栓松动应及时进行修理和调整。

5. 检查对重装置缓冲距

轿厢缓冲距不会改变，对重装置缓冲距离因曳引钢丝绳的伸长而缩短。发现缓冲距小于或接近规范要求下限值时，可抽除对重装置下端缓冲蹲座或缩短曳引钢丝绳以保证缓冲距在许可的范围内。

6. 用体重检查缓冲器的运动情况

站在活塞上，跳动几下，检查活塞是否有 50～100mm 的活动范围和电气开关是否动作。如果活塞没有动，检查缓冲器是否有问题。

7. 检查缓冲器的复位情况

1）将一根 100mm×100mm×2500mm 的木梁放入底坑。

2）轿内不能有人，也不能放置任何物品。

3）将木梁的一头放在缓冲器顶上，拿住另一端。

4）将电梯以检修速度向下运行。

5）碰到木梁前使轿厢停下。

6）以缓慢的速度使轿厢下降一点，用木梁推动活塞，要逐步加载，不要一步到位。

7）观察缓冲器油是否泄漏，活塞是否竖直下降。

8）确定活塞受到的推压力是均匀的。

9）使轿厢上升，活塞应在 90s 内恢复到原来位置。

10）通过油量检查孔检查油量，若油量小于下限刻度线应及时补充。

8. 检查缓冲器电气开关装置

缓冲器电气开关装置应牢固、有效

填写液压缓冲器维保记录单，见表 1-54。

表1-54　液压缓冲器维保记录单

序号	维保内容	维保要求	完成情况	备　注
1	清洁缓冲器表面	使用棉布蘸清洁剂清洁缓冲器表面灰尘和污垢，使用干净棉布蘸机油润滑活塞柱		
		清洁液压油缸壁，检查是否有污垢、锈蚀，如有锈蚀，使用1000号砂纸打磨除锈，去除锈蚀后补漆防锈		
2	检查液压缓冲器的油位及泄漏情况	液面高度应经常保持在最低油位线上，如缺少，则必须补充		
3	检查缓冲器顶端胶垫	胶垫应完好		
4	检查缓冲器的连接与紧固情况	定期检查缓冲器是否移动，螺栓有无松动，发现移动或螺栓松动应及时进行修理和调整		
5	检查对重装置缓冲距	对重装置缓冲距符合要求		
6	用体重检查缓冲器的运动情况	动作正常		
7	缓冲器的复位情况	复位时间正常		
8	检查缓冲器电气开关装置	功能有效		

维保人员：　　　　　　　　　　　　　　　　　　　　　　　　　日期：　　年　月　日

使用单位意见：

使用单位安全管理人员：　　　　　　　　　　　　　　　　　　日期：　　年　月　日

二、弹簧缓冲器的保养

1. 清洁缓冲器表面

清洁弹簧缓冲器表面并定期涂防锈油漆，以防止缓冲器表面出现锈斑。

2. 检查缓冲器顶端胶垫

缓冲器顶端胶垫应完好。

3. 检查缓冲器的连接与紧固情况

定期检查缓冲器是否移动、螺栓有无松动，发现移动或螺栓松动应及时进行修理和调整。

4. 检查对重装置缓冲距

轿厢缓冲距不会改变，对重装置缓冲距离因曳引钢丝绳的伸长而缩短。发现缓冲距小于或接近规范要求下限值时，可抽除对重装置下端缓冲蹲座或缩短曳引钢丝绳以保证缓冲距在许可的范围内。

5. 缓冲器的复位情况检查

1）将一根100mm×100mm×2500mm的木梁放入底坑。

2）轿厢内不能有人，也不能放置任何物品。

3）将木梁的一头放在缓冲器顶上，拿住另一端。

4）将电梯以检修速度向下运行。

5）碰到木梁前使轿厢停下。

6）以缓慢的速度使轿厢下降一点，用木梁推动活塞，要逐步加载，不要一步到位。

7）观察缓冲器是否竖直下降。

8）确定缓冲器受到的推压力是均匀的。

9）使轿厢上升，缓冲器应在90s内恢复到原来位置。

6. 检查缓冲器电气开关装置

缓冲器电气开关装置应牢固、有效。

填写弹簧缓冲器维保记录单，见表1-55。

表1-55　弹簧缓冲器维保记录单

序号	维保内容	维保要求	完成情况	备　　注
1	清洁弹簧表面	清洁弹簧缓冲器表面并定期涂防锈油漆，以防止缓冲器表面出现锈斑		
2	检查缓冲器顶端胶垫	胶垫应完好		
3	检查缓冲器的连接与紧固情况	定期检查缓冲器是否移动、螺栓有无松动，发现移动或螺栓松动应及时进行修理和调整		
4	检查对重装置缓冲距	对重装置缓冲距符合要求		
5	缓冲器的复位情况	复位时间正常		
6	检查缓冲器电气开关装置	功能有效		

维保人员：　　　　　　　　　　　　　　　　　　　　　　　　日期：　　年　月　日

使用单位意见：

使用单位安全管理人员：　　　　　　　　　　　　　　　　　日期：　　年　月　日

三、聚氨酯缓冲器的保养

1. 清洁缓冲器表面

清洁缓冲器表面灰尘及油污。

2. 检查缓冲器顶端胶垫

缓冲器顶端胶垫应完好。

3. 检查缓冲器的连接与紧固情况

定期检查缓冲器是否移动、螺栓有无松动，发现移动或螺栓松动应及时进行修理和调整。

4. 检查对重装置缓冲距

轿厢缓冲距不会改变，对重装置缓冲距离因曳引钢丝绳的伸长而缩短。发现缓冲距小于或接近规范要求下限值时，可抽除对重装置下端缓冲蹲座或缩短曳引钢丝绳以保证缓冲距在许可的范围内。

5. 缓冲器的复位情况检查

1）将一根100mm×100mm×2500mm的木梁放入底坑。

2）轿厢内不能有人，也不能放置任何物品。

3）将木梁的一头放在缓冲器顶上，拿住另一端。

4）将电梯以检修速度向下运行。

5）碰到木梁前使轿厢停下。

6）以缓慢的速度使轿厢下降一点，用木梁推动活塞，要逐步加载，不要一步到位。

7）观察缓冲器是否竖直下降。

8）确定缓冲器受到的推压力是均匀的。

9）使轿厢上升，缓冲器应在90s内恢复到原来位置。

6. 检查缓冲器电气开关装置

缓冲器电气开关装置应牢固、有效。

填写聚氨酯缓冲器维保记录单，见表1-56。

表1-56　聚氨酯缓冲器维保记录单

序　号	维保内容	维保要求	完成情况	备　注
1	清洁缓冲器表面	清洁缓冲器表面灰尘及油污		
2	检查缓冲器顶端胶垫	胶垫应完好		
3	检查缓冲器的连接与紧固情况	定期检查缓冲器是否移动、螺栓有无松动，发现移动或螺栓松动应及时进行修理和调整		
4	检查对重缓冲距	对重装置缓冲距符合要求		
5	缓冲器的复位情况	复位时间正常		
6	检查缓冲器电气开关装置	功能有效		

维保人员：　　　　　　　　　　　　　　　　　　　　　　　　日期：　　年　月　日

使用单位意见：

使用单位安全管理人员：　　　　　　　　　　　　　　　　　　日期：　　年　月　日

 任务考核

任务完成后，由指导教师对本任务的完成情况进行实操考核。电梯缓冲器维保实操考核见表1-57。

表1-57　电梯缓冲器维保实操考核表

序号	考核项目	配分	评分标准	得　分	备　注
1	安全操作	10	1）未穿工作服，未戴安全帽，未穿防滑电工鞋（扣1～3分） 2）不按要求进行带电或断电作业（扣3分） 3）不按要求规范使用工具（扣2分） 4）其他违反作业安全规程的行为（扣2分）		

(续)

序号	考核项目	配分	评分标准	得分	备注
2	缓冲器类型与结构认知	20	1) 不能说出缓冲器的类型（扣5分） 2) 不能说出液压缓冲器的组成和工作原理（扣5分） 3) 不能说出弹簧缓冲器的组成和工作原理（扣5分） 4) 不能说出聚氨酯缓冲器的组成和工作原理（扣5分）		
3	液压缓冲器的保养	30	1) 不能说出液压缓冲器的保养部位和保养步骤（扣3分） 2) 未检查缓冲器的顶端胶垫（扣2分） 3) 未检查缓冲器的安装与连接（扣3分） 4) 未检查液压缸的泄漏情况和油位（扣3分） 5) 未保养液压缓冲器的油缸壁（扣2分） 6) 未保养液压缓冲器的柱塞表面（扣5分） 7) 未保养液压缓冲器的电气开关（扣3分） 8) 未检查对重装置缓冲距（扣2分） 9) 未检查缓冲器的运动情况（扣2分） 10) 未进行液压缓冲器的复位试验（扣5分）		
4	弹簧缓冲器的保养	20	1) 不能说出弹簧缓冲器的保养部位和保养步骤（扣3分） 2) 未保养弹簧缓冲器的胶垫（扣2分） 3) 未检查弹簧缓冲器的安装与连接（扣3分） 4) 未保养弹簧缓冲器的弹簧表面（扣2分） 5) 未保养弹簧缓冲器的电气开关（扣2分） 6) 未检查对重装置缓冲距（扣3分） 7) 未进行弹簧缓冲器的复位试验（扣5分）		
5	聚氨酯缓冲器的保养	10	1) 不能说出聚氨酯缓冲器的保养部位和保养要求（扣2分） 2) 未检查聚氨酯缓冲器的安装与连接（扣2分） 3) 未清洁缓冲器表面（扣2分） 4) 未检查聚氨酯缓冲器的电气开关（扣2分） 5) 未检查对重装置缓冲距（扣2分）		
6	6S考核	10	1) 工具器材摆放凌乱（扣2分） 2) 工作完成后不清理现场，将废弃物遗留在机房设备内（扣4分） 3) 设备、工具损坏（扣4分）		
7	总分				

注：评分标准中，各考核项目的单项得分扣完为止，不出现负分。

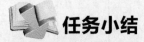 **任务小结**

本任务详细介绍了缓冲器的类型、结构和工作原理，分析了液压缓冲器、弹簧缓冲器、

聚氨酯缓冲器的保养部位、保养要求及保养步骤，通过学习与实操练习，学生可掌握缓冲器保养的基本常识与基本技能。

任务二　电梯底坑照明与开关装置的维护与保养

知识目标

1）掌握底坑照明装置的位置。
2）掌握上、下急停按钮的位置。
3）掌握底坑照明装置的保养要求。
4）掌握上、下急停按钮的保养要求。

能力目标

1）能够按规定要求与步骤保养底坑照明装置。
2）能够按规定要求与步骤保养底坑上、下急停按钮。

任务描述

电梯底坑照明和上、下急停按钮都安装在底坑，是进行底坑维修与保养的照明装置及安全装置，保证进入底坑工作时有足够的照明，并为维保人员提供安全保障。因此，电梯底坑照明和上、下急停按钮装置的保养直接影响着维保人员在底坑工作的安全。随着电梯使用年限的增加，部件容易出现锈蚀、老化。因此，有必要检查底坑照明和上、下急停按钮的功能。

任务分析

要完成电梯底坑及照明装置的保养，首先要掌握其安装位置和使用方法，其次要掌握其维保要求与步骤。本任务对此两方面做了讲解与分析。通过学习及实操练习，学生可掌握电梯底坑照明和上、下急停按钮装置保养的基本常识与基本技能。

相关知识

一、电梯底坑照明

底坑照明开关平常都是断开的，维保人员进入底坑的时候，需要先把底坑照明开关接通，点亮底坑照明，方能进入底坑进行其他操作。

二、电梯上、下急停按钮

电梯上、下急停按钮串联在安全回路中，当按下按钮时，电梯停止运行，起到安全保护作用。

 **任务准备**

根据任务内容及任务要求选用仪表、工具和器材，见表1-58。

表 1-58 仪表、工具和器材明细

序号	名称	型号与规格	单位	数量
1	电工通用工具	验电器、钢丝钳、螺钉旋具、电工刀、尖嘴钳、剥线钳	套	1
2	维保工具	自定	套	1
3	劳保用品	绝缘鞋、工作服等	套	1

任务实施

电梯底坑照明及开关装置的保养

1）清洁底坑照明装置和上、下急停按钮。

2）检查底坑上、下急停按钮是否齐全有效，要求任一急停按钮动作后电梯均不能运行。

3）检查底坑照明装置是否齐全，开关两次，照明开关动作应灵活有效，照明灯有足够的亮度。

维保结束后，填写维保记录单并签名确认后方可结束维保工作，电梯底坑照明及开关装置的维保记录单见表 1-59。

表 1-59 底坑照明及开关装置维保记录单

序号	维保内容	维保要求	完成情况	备注
1	底坑照明	齐全有效		
2	底坑上急停按钮	齐全有效		
3	底坑下急停按钮	齐全有效		
维保人员：			日期：　年　月　日	
使用单位意见：				
使用单位安全管理人员：			日期：　年　月　日	

任务考核

任务完成后，由指导教师对本任务的完成情况进行实操考核。电梯底坑照明与开关装置维保实操考核见表 1-60。

表 1-60 电梯底坑照明与开关装置维保实操考核表

序号	考核项目	配分	评分标准	得分	备注
1	安全操作	10	1）未穿工作服，未戴安全帽，未穿防滑电工鞋（扣1~3分） 2）不按要求进行带电或断电作业（扣3分） 3）不按要求规范使用工具（扣2分） 4）其他违反作业安全规程的行为（扣2分）		

（续）

序号	考核项目	配　分	评分标准	得　分	备　注
2	电梯底坑照明和开关位置认知	10	1）不能找出底坑照明装置的位置（扣5分） 2）不能找出上、下急停按钮的位置（扣5分）		
3	底坑照明与开关装置的保养	70	1）不能说出底坑照明与开关装置的保养要求与保养步骤（扣7分） 2）未检查上急停按钮的动作情况（扣7分） 3）未检查上急停按钮的固定情况（扣7分） 4）未检查下急停按钮的动作情况（扣7分） 5）未检查下急停按钮的固定情况（扣7分） 6）未检查底坑照明情况（扣7分） 7）未检查底坑照明开关的动作情况（扣7分） 8）退出底坑时未复位下急停按钮（扣7分） 9）退出底坑时未关闭照明开关（扣7分） 10）退出底坑时未复位上急停按钮（扣7分）		
4	6S考核	10	1）工具器材摆放凌乱（扣2分） 2）工作完成后不清理现场，将废弃物遗留在机房设备内（扣4分） 3）设备、工具损坏（扣4分）		
5	总分				

注：评分标准中，各考核项目的单项得分扣完为止，不出现负分。

任务小结

通过本任务的学习，学生可掌握电梯底坑照明及开关装置的位置及保养要求、保养步骤，具备电梯底坑照明及开关装置保养的常识和技能。

任务三　底坑其他设备的维护与保养

知识目标

1）掌握轿厢底梁和对重装置底部导靴的保养要求。
2）掌握安全钳的保养要求。
3）掌握限速器张紧装置的保养要求。
4）掌握补偿装置的保养要求。

能力目标

1）能够按规定要求与步骤保养轿厢底梁和对重装置底部导靴。
2）能够按规定要求与步骤保养安全钳。

3）能够按规定要求与步骤保养限速器张紧装置。

4）能够按规定要求与步骤保养补偿装置。

 任务描述

电梯轿厢和对重装置底部连接装置的安全可靠对于保证电梯的平稳运行具有重要意义。电梯维保人员进入底坑进行维保作业时，需要对这些装置进行维修保养。

 任务分析

电梯维保人员进入底坑进行维保作业，不仅要完成位于底坑内设备的保养，包括底坑缓冲器、张紧装置、补偿绳轮等，还要完成轿厢底部和对重装置底部设备的保养，包括安全钳、导靴、补偿装置等。关于张紧装置和安全钳的保养要求，已在机房限速器保养时做了介绍；导靴的保养已在井道导向系统保养时做了介绍；补偿装置包括补偿链、补偿绳装置的保养已在井道悬挂系统保养时做了介绍。本任务不再介绍其组成和工作原理，只介绍其在底坑部分的保养要求。

相关知识

1. 轿厢底部和对重装置底部装置

轿厢底部及对重装置底部的装置包括轿底与对重装置底部安全钳及导靴、轿底与对重装置底部补偿链/补偿绳端接装置，如图1-86所示，它们虽然不是安装在底坑，但保养时需要在底坑进行。

2. 底坑张紧装置和补偿装置绳轮

图1-86　轿厢和对重装置底部示意图

底坑张紧装置是指安装悬挂在导轨底部的装置，悬架、绳轮、对重装置、电气开关等。补偿装置绳轮安装在井道底部，补偿装置的两端经过张紧轮分别与轿厢和对重装置的底部连接。电梯运行时，张紧轮能沿着自身导轨上下自由移动，并能张紧补偿绳，正常运行时，张紧轮处于垂直浮动状态，自身可以转动。

 **任务准备**

根据任务内容及任务要求选用仪表、工具和器材，见表1-61。

表1-61　仪表、工具和器材明细

序　号	名　　称	型号与规格	单　位	数　量
1	电工工具	验电器、钢丝钳、螺钉旋具、电工刀、尖嘴钳、剥线钳	套	1
2	维保工具	自定	套	1
3	劳保用品	绝缘鞋、工作服等	套	1

任务实施

一、安全钳与导靴的保养

1. 瞬时式安全钳及导靴的保养

1）对安全钳机构四周的灰尘和碎屑进行清洁和吸尘。

2）对所有枢轴点和弹簧进行润滑。

3）检查确保安全钳是否位于导轨中心线，且导轨表面是否刮擦安全钳钳口部位。

4）检查和调整导靴的靴衬与导靴的位置，确保使其位于导轨中心线。

5）将轿厢制停，拉动限速器绳，检查关联部件是否能够自由引动。

2. 渐进式安全钳及导靴的保养

1）对安全钳机构进行清洁和吸尘。

2）对所有的枢轴点、滚轮和弹簧进行润滑（安全钳动作时，楔块与导轨接触的那一面不能润滑）。

3）检查部件的位置与活动情况，对连杆进行检查、清洁与润滑，确保各安全钳机构的动作灵活可靠。

4）检查调整导靴的靴衬与导靴的位置，确保使其处于导轨中心线。

填写安全钳和轿底导靴维保记录单，分别见表1-62、表1-63。

表1-62　安全钳维保记录单

序号	维保内容及要求	完成情况	备　　注
1	清洁安全钳所有活动销轴、拉杆、钳座、钳块连杆、弹簧等部件，确保各部位无灰尘、油污		
2	检查安全钳及联动机构是否齐全、有无损坏、有无过量磨损		
3	确保安全钳楔块位置正确，安全钳楔块与导轨间距在规定范围且两侧间隙均匀		
4	润滑所有枢轴点、滚轮和弹簧		
5	在传动杆件的配合传动处涂机械防锈油		
6	手提安全钳拉杆，确保动作灵活有效		

维保人员：　　　　　　　　　　　　　　　　　　　　　　　　日期：　　年　月　日

使用单位意见：

使用单位安全管理人员：　　　　　　　　　　　　　　　　　　日期：　　年　月　日

表1-63 轿底导靴维保记录单

序 号		维保内容	完成情况	备 注
1	滑动导靴	清洁滑动导靴		
2		检查滑动导靴的紧固情况		
3		检查靴衬中有无异物、碎片等		
4		检查靴衬磨损是否正常、均匀		
5		检查靴衬与导轨的配合情况,确保靴衬与导轨两工作面间隙合适		
6		检查导靴中润滑油是否适量		
7		更换相关零件		
8	滚动导靴	清洁滚动导靴		
9		检查滚动导靴各处的紧固情况		
10		检查滚轮表面的破坏情况		
11		检查滚轮表面的磨损情况		
12		检查滚轮的位置		

维保人员: 日期: 年 月 日

使用单位意见:

使用单位安全管理人员: 日期: 年 月 日

二、补偿链/补偿绳的保养

1)检查补偿链、补偿绳在轿底部位是否固定可靠。

2)检查补偿链挡链装置及补偿链距地面的距离是否在200mm范围内。

3)底坑部位的张紧装置转动灵活,上下浮动灵活。

4)对需要人工润滑的部位,应定期添加润滑油。对于使用带张紧轮的补偿绳,要检查监视补偿绳张紧情况的电气安全装置是否保持可靠。

5)检查轿厢称量弹簧/橡胶装置、称量控制盒、轿底压重顶杆与轿底的间隙、轿底随行电缆悬挂、轿底各机械易锈部件,并经常清洁及做防锈处理。

填写轿底补偿装置维保记录单,见表1-64。

表1-64 轿底补偿装置维保记录单

序 号		维保内容	完成情况	备 注
1	补偿链	检查两端点(对重下部与轿厢底部)的连接情况,确保两端点固定可靠		
2		检查底坑部位补偿链有无机械损伤、有无扭曲情况		
3		检查底坑对重部位补偿链导向装置的转动情况,其轴承部应每月挤加一次润滑油		
4		检查补偿链距底坑地面的距离		

（续）

序　号		维保内容	完成情况	备　注
5	补偿绳	清洁补偿绳以及张紧轮装置		
6		检查补偿绳端部连接情况，确保连接紧固		
7		检查底坑部位补偿绳有无机械损伤，有无扭曲情况		
8		对需要润滑部位，应定期添加润滑油		
9		底坑的张紧装置应转动灵活，上下浮动灵活		
10		补偿绳电气开关动作可靠		

维保人员：　　　　　　　　　　　　　　　　　　　　　　日期：　　年　月　日

使用单位意见：

使用单位安全管理人员：　　　　　　　　　　　　　　　　日期：　　年　月　日

三、限速器张紧装置的保养

1）清洁限速器张紧装置。

2）检查距底坑地面的距离。

3）检查限速器断（松）绳开关动作距离位置是否在 8～20mm 之内。

4）张紧轮应转动灵活，转动销轴部分如需加油的，应在每次维保时注入。

填写限速器张紧装置维保记录单，见表 1-65。

表 1-65　限速器张紧装置维保记录单

序号	维保内容及要求	完成情况	备　注
1	清洁限速器张紧装置		
2	检查张紧装置表面有无裂纹		
3	检查张紧轮轮槽有无磨损		
4	润滑转动部位		
5	检查行程开关打板的固定情况		

维保人员：　　　　　　　　　　　　　　　　　　　　　　日期：　　年　月　日

使用单位意见：

使用单位安全管理人员：　　　　　　　　　　　　　　　　日期：　　年　月　日

 **任务考核**

任务完成后，由指导教师对本任务的完成情况进行实操考核。电梯底坑其他设备维保实

操考核见表1-66。

表1-66　电梯底坑其他设备维保实操考核表

序号	考核项目	配分	评分标准	得分	备注
1	安全操作	10	1）未穿工作服，未戴安全帽，未穿防滑电工鞋（扣1～3分） 2）不按要求进行带电或断电作业（扣3分） 3）不按要求规范使用工具（扣2分） 4）其他违反作业安全规程的行为（扣2分）		
2	轿底和对重底部设备组成及工作原理认知	20	1）不能说出轿厢底部和对重装置底部设备的组成（扣4分） 2）不能说出安全钳及联动机构的组成（扣4分） 3）不能说出导靴的组成（扣4分） 4）不能说出悬挂装置的作用（扣4分） 5）不能说出悬挂装置张紧绳轮的组成与作用（扣4分）		
3	轿底和对重装置底部设备的保养	40	1）不能说出安全钳的保养内容和保养步骤（扣5分） 2）不能按规定步骤与要求保养安全钳（扣5分） 3）不能说出滑动导靴或滚动导靴的保养内容和保养步骤（扣10分） 4）不能按规定步骤与要求保养导靴（扣10分） 5）不能说出轿厢底部和对重装置底部悬挂装置的保养内容和保养步骤（扣5分） 6）不能按规定步骤与要求保养轿厢底部和对重装置底部悬挂装置（扣5分）		
4	限速器张紧装置的保养	20	1）不能说出限速器张紧装置的保养内容和保养步骤（扣5分） 2）不能按规定要求与步骤保养限速器张紧装置（每处扣4分）		
5	6S考核	10	1）工具器材摆放凌乱（扣2分） 2）工作完成后不清理现场，将废弃物遗留在机房设备内（扣4分） 3）设备、工具损坏（扣4分）		
6	总分				

注：评分标准中，各考核项目的单项得分扣完为止，不出现负分。

任务小结

本任务讲述了底坑部位轿厢底部与对重装置底部安全钳、导靴及悬挂装置的组成与工作原理，分析了安全钳、导靴、悬挂装置及张紧装置的保养内容与保养步骤，通过学习及实操练习，学生可掌握对重装置底部其他设备保养的基本知识和基本技能。

项目五　电梯层门轿门系统的维护与保养

本项目的主要目的是让学生掌握电梯门系统维保的基本操作。本项目分为两个工作任务，任务一为层门系统的维护与保养，任务二为轿门系统的维护与保养。层门轿门系统的保养任务大致相同，任务展开的步骤也大致相同，即讲述了电梯层门轿门系统的组成和工作原理，包括门的结构与组成、开关门机构、门刀与门锁、门联动机构；分析了电梯层门轿门系统的保养部位、保养要求与保养步骤，包括门的传动与导向装置的保养、门刀与门锁的保养、门扇的保养等内容。通过学习相关知识及实操练习，学生可掌握电梯门系统保养的基本技能。

项目目标 ▶▶

1) 掌握电梯门的结构与组成。
2) 掌握电梯开关门机构的类型与工作原理。
3) 掌握电梯门刀、门锁的组成、作用与工作原理。
4) 掌握电梯层门轿门联动机构的工作原理。
5) 掌握电梯层门保养的部位、保养要求与保养步骤。
6) 掌握电梯轿门保养的部位、保养要求与保养步骤。
7) 能够按照规定要求与步骤保养电梯门系统。

内容描述 ▶▶

本项目的核心任务是让学生掌握电梯层门轿门系统保养的基本操作。为此，学生应首先掌握电梯层门轿门系统的组成和工作原理。电梯层门轿门系统作为一个完整的机电一体化装置，包括控制装置及检测装置（门机控制器、主控制器及传感器）、动力装置（门机）、传动装置（连杆传动、带传动、链传动等类型）、导向装置（上坎、地坎、滑轮、偏心轮）、执行机构（轿门、层门）。本项目对其组成与工作原理做了简要介绍。除了熟悉电梯门系统的组成与工作原理，学生还需掌握电梯层门轿门系统的保养部位、保养要求与保养步骤，在此基础上才能进行电梯门系统的维保工作。本项目在介绍电梯门系统组成与工作原理之后，详细分析了电梯门系统保养的基本操作。通过相关知识的学习与实操练习，学生可全面掌握电梯门系统保养的基本技能。

任务一　电梯层门系统的维护与保养

🔆 知识目标

1) 掌握电梯门扇的结构与组成。
2) 掌握门刀、门锁、外部开锁装置的组成与工作原理。
3) 掌握电梯层门联动机构的工作原理。
4) 掌握电梯层门系统保养的部位、保养要求与保养步骤。

🔆 能力目标

1) 能够按规定要求与步骤保养电梯层门传动与导向系统。
2) 能够按规定要求与步骤保养电梯层门门锁及外部开锁装置。

3）能够按规定要求与步骤保养门扇。

4）养成安全操作的职业素养。

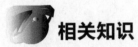 任务描述

电梯层门系统是用来保护乘客免受坠落、剪切、挤压、撞击的装置。该装置是电梯经常运行的装置，在长时间使用过程中，容易出现松动、卡涩、变形和尺寸走位等情况。因此，为保证电梯安全、可靠、平稳的运行，需要定期细致地检查各部位的连接、磨损、形状、位置及功能情况，从而全面细致地对其进行维保。

任务分析

为完成电梯层门系统的保养，电梯维保人员需要掌握电梯层门系统的组成及工作原理，熟悉电梯层门系统保养的部位、保养要求与保养步骤。本任务首先介绍了电梯层门系统的组成及工作原理，随后介绍了电梯层门系统保养的基本知识，在此基础上进行电梯层门系统保养实操任务。

相关知识

一、电梯轿门开关门机构与门刀

电梯上常用的门是水平滑动门，按开启形式的不同，水平滑动门又可分为中分式和旁开式两种类型。本任务介绍门的结构为中分式水平滑动门。

电梯门分为层门和轿门，轿门安装在轿厢上，其开启由安装在轿顶上的自动门机提供动力，通过带传动或其他传动形式（连杆传动、链传动等）带动轿门门扇左右移动，是主动门，其结构如图1-87所示。电梯层门是被动门，其开启是通过安装在轿门挂板上的门刀带动安装在层门挂板上的滚轮来实现的。

二、电梯层门的组成与工作原理

电梯层门是由门锁及门锁滚轮、联动机构（钢丝绳传动机构）及门扇等组成。电梯平层到站后，轿门电动机通过传动带带动轿门上的门扇沿导向系统左右移动，固定于门扇挂板上的门刀随门扇的运动而左右

图1-87　轿门门机及传动机构实物图

移动，从而带动层门门锁滚轮转动，将层门和轿门机械门锁打开，随着门刀的继续移动，门锁滚轮继续移动，从而将层门打开。电梯轿门关门时，也是由轿门门刀带动层门门锁滚轮移动和转动，从而带动层门关闭。

1. 门的结构与组成

电梯的门，无论是层门还是轿门，均由门扇、门挂板（含门滑轮）、门导靴、门导轨和门地坎等组成，其结构如图1-88所示。层门和轿门的门扇均通过门挂板上的门滑轮悬挂在

各自的门导轨上。

2. 钢丝绳传动机构

电梯的钢丝绳传动机构是由钢丝绳、导轨架上的绳轮及其端接装置组成，其结构如图 1-89 所示。电梯的层门是由轿门门刀带动的，轿门是主动门，层门是被动门。层门开启或关闭时，轿门门刀带动门锁滚轮转动和移动，从而带动层门中的一扇门移动，此时悬挂层门挂板的钢丝绳也随着层门的移动而移动，层门的另一扇门通过钢丝绳传动机构而向相反方向移动。

图 1-88　电梯门结构

图 1-89　电梯钢丝绳传动机构实物图

3. 门锁与外部开锁装置

为防止乘客被运动的电梯剪切或坠入井道，电梯层门上设置了层门锁。层门锁又称为机电联锁，俗称钩子锁，是锁住层门不被外力打开的重要保护设备，是确认层门已锁牢并经可靠性开关元件验证的关键监管装置。电梯层门关闭后，层门锁可将层门锁紧，防止有人从层门外将层门扒开而出现危险；同时，又可保证只有在层门完全关闭后，层门上的电气开关才会被接通，门锁电路才能接通，电梯方可行驶，从而起到了双重保护作用。层门锁种类很多，最常见的是上钩锁和下钩锁两种形式，

图 1-90　电梯层门下钩锁实物图

图 1-90 所示为下钩锁实物图。层门锁安装在层门的上方，电梯层门锁的打开与关闭，除了可在平层时由轿门电动机带动外，还可由电梯检修人员用符合安全要求的专制三角钥匙将层门锁脱钩。

 **任务准备**

根据任务内容及任务要求选用仪表、工具和器材，见表 1-67。

表 1-67　仪表、工具和器材明细

序　号	名　　称	型号与规格	单　位	数　量
1	电工通用工具	验电器、钢丝钳、螺钉旋具、电工刀、尖嘴钳、剥线钳	套	1
2	万用表	自定	块	1
3	劳保用品	绝缘鞋、工作服等	套	1

 **任务实施**

电梯层门系统的保养

（一）准备工作

1）维保人员按规定佩戴安全帽，穿戴安全绳和架设防护栏、安全警示牌。

2）进入机房，在配电箱上挂牌警示。

3）按照规范步骤进入轿顶，以检修方式将电梯运行至顶层。

4）将需要用到的工具整齐有序地放置在轿顶横梁上。按下急停按钮，确认无误后方可作业。

（二）层门开启闭合动作维保

层门开启、闭合轻便灵活，无跳动、摆动和噪声，门滑轮的滚动轴承和其他摩擦部位及所有运动部分都应充分润滑，层门开启后，在任何位置都能自闭锁紧。

1. 清洁和检查层门上坎和地坎

1）清洁层门上坎顶部灰尘及垃圾。

2）清洁外罩、盖板。

3）清洁层门上坎，确保干净、光滑、无锈蚀。

4）清洁层门侧门板（背部及底部）。

5）清洁层门内立柱。

6）清洁地坎和井道内地段。

不良处理：层门上坎如有锈蚀或污垢（干油泥），则先用细砂纸或小钢丝刷擦净锈垢，然后用油性回丝布擦抹后再用干回丝布擦净。

2. 清洁、检查、润滑、调整层门滑轮

不良处理：

1）如果滑轮外缘有脏物、干油泥或污垢干瘤，应进行剔除后擦净。

2）如果滑轮外缘磨损过大或不圆，应予以更换。

3）检查门滑轮的滚动情况，如有运动卡阻或转动不畅，应润滑轴承部位。

3. 检查、调整层门各门板下部插入地坎槽内的两个门导靴的固定情况、插入深度、磨损情况与扭裂情况

1）目测轿门导靴是否紧固，轿门运行是否顺畅。发现开关轿门时有严重晃动时要更换，发现紧固螺母有松动的，用开口扳手将螺母紧固，如图 1-91 所示。

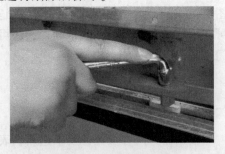

图 1-91　导靴紧固示意图

2）检查导靴插入深度，确保深度足够。

3）检查导靴在地坎槽内有无扭裂，扭裂将增加层门运动的阻力与噪声。发生扭裂时，应先拆下导靴，用手将门板扳直后再重新装上。

4）检查门导靴的磨损情况，当门导靴过度磨损（磨损超过2mm）时应及时更换，以确保层门的安全保护性能。

4. 联动机构及牵引装置的维保

1）清洁、检查主（动）、从（动）门联动与牵引装置。

2）应经常并对机构的转动部位进行必要性润滑。

3）检查联动及牵引装置的固定连接部位，如发现机构有松动、松弛或错位迹象，应及时予以紧固。

4）检测及调整层门门头钢丝绳的张力。

检查标准：用弹簧秤对钢丝绳施加 $1kg \cdot f(1kg \cdot f = 9.8N)$ 的力，测量两根钢丝绳的间隙，其值应为 $55 \sim 65mm$。

不良处理：利用钢丝绳上的调整螺栓进行调整，调整时两侧螺栓需要同时扭紧和放松。调整螺栓位置如图1-92所示。

5. 强迫关门装置（自闭重锤、导管或弹簧）的维保

1）清洁、检查强迫关门装置，如图1-93所示。

图1-92　钢丝绳调整螺栓位置

图1-93　强迫关门装置

2）检查重锤绳索和强迫关门装置有无卡死现象。

3）对自闭门机构的转动部件进行润滑。

4）层门滑动性能好，松手时即能自动关闭。当用手轻微扒开缝隙时，装置应能使门自动闭合严密。在关闭前瞬间有较大的自关闭倾向力。

6. 检查及调整止动橡胶

检查标准：在层门关闭状态下，用手拉动层门，使锁钩拉动锁座，目测防撞门止动橡胶的尖部与门锁导向板软接触，如图1-94所示。

不良处理：松开防撞门止动橡胶的锁紧螺母，

图1-94　电梯止动橡胶位置

旋转调整防撞门止动橡胶。调整止动橡胶可有效减小层门、轿门联动时的关门声音。

填写电梯层门传动系统及导向系统维保记录单，见表1-68。

表1-68　电梯层门传动系统及导向系统维保记录单

序　号	维保内容	维保要求	完成情况	备　　注
1	清洁门上坎与门地坎	清洁层门上坎顶部灰尘及垃圾		
		清洁外罩、盖板		
		层门上坎如有锈蚀或污垢（干油泥），则先用细砂纸或小钢丝刷擦净锈垢，后用油性回丝布擦抹后再用干回丝布擦净		
		层门内侧门板（背部及底部）		
		层门内立柱		
		清洁地坎和井道内地坎段		
2	门滑轮	清洁滑轮外表，保证无油污灰尘		
		检查滑轮外部磨损情况，如果磨损过大或不圆，进行修复或更换		
		检查门滑轮的运动情况，润滑滑轮轴承		
3	门导靴	检查导靴的连接，确保电梯门运行过程中无晃动，连接应紧固		
		插入深度足够		
		两导靴在地坎槽内无扭裂		
		门导靴过度磨损时（目测磨损超过2mm），应及时更换		
4	联动机构及牵引装置	清洁钢丝绳、端部装置、导向轮		
		润滑转动部件		
		检查联动及牵引装置的固定连接部位		
		检测及调整层门门头钢丝绳的张力		
5	强迫关门装置	清洁、检查强迫关门装置		
		检查重锤绳索和强迫关门装置有无卡死		
		对转动部件进行润滑		
		层门滑动性能好，松手时即能自动关闭		
6	止动橡胶	手拉层门，检查止动橡胶的尖部与门锁导向板接触情况		

维保人员：　　　　　　　　　　　　　　　　　　　　　　　日期：　　年　月　日

使用单位意见：

使用单位管理人员：　　　　　　　　　　　　　　　　　　　日期：　　年　月　日

（三）门扇的维保

层门各部件应保持横平竖直、尺寸到位且各部件相互间隙符合要求。检查和调整门中心位置、扒门间隙、门扇与门扇间隙。

1. 检查与调整中分门的门扇在对口处的不平度

检查标准：在轿厢内关上轿门，用两把刚直尺测量两扇门在对口处的不平度，其值不应大于1mm，如图1-95所示。

不良处理：松开滑轮组件上的吊挂螺栓，在相应位置用胶锤轻打。

2. 检查与调整层门门扇的垂直度

门缝的尺寸在整个可见高度上均不应大于2mm。检查标准如下：

1）在层门外观测两扇门的关门间隙，用间隙专用塞尺测量层门上部和下部的关门间隙，不能存在 A 形或 V 形。

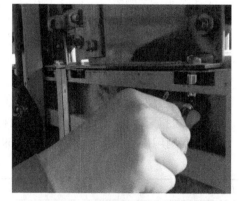

图 1-95　电梯不平度调整螺栓位置

2）打开层门，在上部用直尺使层门门扇与门套平齐；检查下部门扇是否有凸出或凹入门套的情况。

不良处理：松开层门滑轮组件上的吊挂螺栓，通过增减垫片调整层门门扇的垂直度。

3. 检查门扇与地坎的间隙、层门与门套的间隙

门扇与门套的间隙、门扇与门扇的间隙、门扇与地坎的间隙均应符合要求。标准规定，客梯不大于6mm，货梯不大于8mm。门扇与门套、门扇与门扇间的各间隙应均等。间隙太大易造成事故，太小易造成门板外表磨损，尤其是不锈钢层门磨损后较难修复。

检查标准：使用钢直尺或层门、轿门专用塞尺，每扇层门测量两个地方，层门门扇与地坎、层门上部与门套的间隙应为4～6mm。

不良处理：

1）若间隙偏大，松开对应那扇层门靠中部的吊挂螺栓，用胶锤轻轻敲打层门上部转角位置，再测量尺寸是否符合要求。

2）若间隙偏小，松开对应那扇层门靠中部的吊挂螺栓，手拉层门，用胶锤轻轻敲打门滑轮组件，增大与门套的间隙。

4. 检查及调整层门偏心轮间隙，保证扒门间隙

扒门间隙靠层门偏心轮来保证。要保证层门下端扒门间隙较小，层门上坎导轨下端的偏心轮必须调整到位，标准中偏心轮与滑轨下部的间隙为应小于0.5mm，但实际上是只要不碰就越小越好。两端偏心轮调整时的偏转方向要各自都朝外翻转，这样可使两偏心轮的中心距最大。

检查标准：关闭层门，先用0.3mm的塞尺测量，再用0.5mm的塞尺测量。层门偏心轮与门导轨的间隙应为0.3～0.5mm，如图1-96所示。

图 1-96　偏心轮间隙及调整螺栓

不良处理：用塞尺测量，用内六角扳手松开固定螺母进行调整。完成后查看偏心轮是否顺畅，若不顺畅，则在限位轮轴承处加适量机油（注意加机油量不可太多，以 1~2 滴为宜）。

5. 检查及调整层门分中

检查标准：一侧层门与门套平齐，观察另一侧是否与门套平齐，若两扇层门同时与门套平齐则为分中。两门允许偏差不大于 2mm。

不良处理：松开门头钢丝绳上的限位螺母，左右两侧钢丝绳调整螺栓分别代表左右两侧层门。

调整要求：

1）哪边层门凸出门套，哪边的钢丝绳调整螺栓要扭紧，另一侧的螺栓要放松。

2）一边扭紧螺栓的幅度与另一边放松螺栓的幅度要一致，否则会改变钢丝绳的张力。

填写层门门扇维保记录单，见表 1-69。

表 1-69　层门门扇维保记录单

序　号	维保内容		维保要求	完成情况	备　注
1	门扇对口处的不平度		用两把刚直尺测量两扇门在对口处的不平度，其值不应大于 1mm		
2	门扇垂直度	关门间隙	关门间隙小于 2mm		
		凹入或凸出门套情况	打开层门，在上部用直尺使层门门扇与门套平齐；检查下部门扇是否有凸出或凹入门套的情况		
3	门扇与地坎间隙		4~6mm		
4	门扇与门套间隙		4~6mm		
5	门扇下部扒门间隙		尽可能小，通过层门偏心轮调整		
6	分中		通过钢丝绳固定螺栓调整		

维保人员：　　　　　　　　　　　　　　　　　　　　　　　　　日期：　　年　月　日

使用单位意见：

使用单位管理人员：　　　　　　　　　　　　　　　　　　　　　日期：　　年　月　日

（四）层门锁、锁紧装置、电气联锁、层门外紧急开锁装置的保养

1. 检查锁紧装置

1）各层门机械锁钩、锁臂及动触点动作应灵活可靠，在层门关闭上锁时，必须保证不能从外面开启。

2）在电气安全装置动作之前，锁紧元件的最小啮合长度应不大于 7mm。

3）层门锁、锁紧装置相互间的锁紧间隙尽量小且保证进钩及退钩时无撞击和摩擦声。

4）扒门时，层门上部间隙小而确保扒门至最大门隙时不影响电梯运行（扒门不停车）。

2. 保养门锁电气触点

1）经常清洁门锁动触点污垢，电气安全联锁装置必须保持干净。

清洁方法：

① 松开门锁保护盒螺栓，取出门锁保护盒，用干净抹布清洁门锁。层门门锁触点外观应整洁、无磨损。

② 观察门锁触点有无变形。

不良处理：

① 门锁开关打板若有黑色氧化物，则需要使用 200 号砂纸进行打磨，打磨后用干净抹布擦拭。

② 门锁上的静触点若有黑色氧化物，同样需要使用 200 号砂纸进行打磨，打磨时需要按下急停开关或断电操作，打磨后用干净抹布擦拭。

③ 清洁完成后装上保护盒，拧紧螺栓。

2）接触与啮合良好并有效（锁簧与触点间的接触部分应充分可靠，必须有适量接触压力且不至于卡死），检查电气联锁啮合有效可靠。

检查标准：电气触点应有 2～3mm 的超行程。

3）电气控制应灵敏、安全、可靠。电梯只能在层门（主、从门）锁均闭合时、触点闭合接通的情况下，才能运行，并需每次检查。无论何时，当层门开启或门锁触点断开时，电梯均应立即停止运行。在轿顶以检修速度向下运行，并手动触发层门锁钩，轿厢应立即制停。

3. 检查及调整层门滚轮与轿厢地坎的间隙

层门滚轮与轿厢地坎的间隙应保持为 5～10mm，应调整至各层门滚轮与轿厢地坎的间隙均为 8～10mm，保证与轿门门刀联动时的啮合深度。

检查标准：将电梯检修运行至轿厢地坎与层门门锁平齐位置，用刚直尺测量轿厢地坎与门锁滚轮的间隙。

不良处理：若间隙过大，则松开螺栓垫片进行调整；若间隙过小，则对层门门头垂直度进行检查调整。

4. 检查及调整层门滚轮与轿门门刀两端的间隙，应符合联动设计时的技术要求

1）轿门门刀在穿越层门滚轮中心时，不应因偏离中心使单边间距太小而产生碰擦或造成故障急停。

2）保证轿门门刀在带动层门滚轮联动工作时层门、轿门的同步平齐，特别是层门的锁紧装置在进钩及退钩时的有效啮合与打开。

3）层门滚轮间距应调整至各层层门情况基本相同，保证各层层门与轿门在联动时工作状况基本相同。

检查标准如下：

1）用大约 130mm 长的胶布贴在层门地坎上，以门刀两边内侧为准线，在胶布上画两条直线。

2）电梯平层，将胶布再次贴在轿厢地坎上，将层门地坎上的两条垂线引到轿厢地坎上。

3）检修运行，将轿厢地坎靠近层门门锁滚轮，用两把钢直尺测量门刀与门锁滚轮之间的间隙。

5. 检查及调整层门门锁附件

（1）检查开锁钥匙与摆杆间隙

检查标准：用钢直尺测量层门锁的开锁钥匙与摆杆间隙，其值应为5mm。同时旋转开锁钥匙确保可以开锁。

（2）层门门锁滚轮的置位弹簧

检查标准：目测确认层门门锁滚轮的置位弹簧齐全完好。

6. 检查（清洁、润滑）**层门外紧急手动开锁装置，应安全可靠**

1）手动开锁装置应在层门外，用专用钥匙操作时，不需用过大的力就能打开层门。

2）开锁装置应转动灵活、无卡阻。

3）开锁后的自动复位必须有效可靠，以确保层门有效锁紧。

填写层门锁、锁紧装置、电气联锁、层门外紧急开锁装置维保记录单，见表1-70。

表1-70　层门锁、锁紧装置、电气联锁、层门外紧急开锁装置维保记录单

序号	维保内容	维保要求	完成情况	备注
1	锁紧装置	动作应灵活可靠，在层门关闭上锁时，必须保证不能从外面开启		
		电气安全装置动作之前，锁紧元件的最小啮合长度应不大于7mm		
		进钩及退钩时无撞击和摩擦声		
		扒门时层门上部间隙小		
2	门锁电气触点	清洁锁盒表面及门锁动触点污垢		
		接触与啮合良好并有效，电气触点应有2～3mm的超行程		
		电气控制应灵敏、安全、可靠		
3	层门滚轮	清洁外表，保证无灰尘污物		
		层门滚轮与轿厢地坎间隙为5～10mm		
		层门滚轮与轿门门刀两端间隙均为8～10mm		
		置位弹簧齐全有效		
4	开锁钥匙与摆杆间隙	其值应为5mm		
5	层门外紧急手动开锁装置	灵活有效且能自动复位		

维保人员：　　　　　　　　　　　　　　　　　　　　　　　日期：　年　月　日

使用单位意见：

使用单位管理人员：　　　　　　　　　　　　　　　　　　　日期：　年　月　日

 **任务考核**

任务完成后，由指导教师对本任务的完成情况进行实操考核。电梯层门系统维保实操考核见表1-71。

表1-71　电梯层门系统维保实操考核表

序号	考核项目	配　分	评分标准	得　分	备　注
1	安全操作	10	1）未穿工作服，未戴安全帽，未穿防滑电工鞋（扣1～3分） 2）不按要求进行带电或断电作业（扣3分） 3）不按要求规范使用工具（扣2分） 4）其他违反作业安全规程的行为（扣2分）		
2	电梯层门的组成与工作原理认知	20	1）不能说出电梯层门的组成和工作原理（扣5分） 2）不能说出电梯门的结构与组成（扣5分） 3）不能说出电梯导向机构与传动机构的组成（扣5分） 4）不能说出门锁和开锁装置的组成与工作原理（扣5分）		
3	电梯层门传动与导向机构的保养	20	1）不能说出电梯层门传动机构和导向机构的保养项目和保养步骤（扣4分） 2）未清洁导向机构及传动钢丝绳（扣4分） 3）未润滑导向机构及传动钢丝绳的转动轴承（扣2分） 4）未检查各部分的固定与连接（扣2分） 5）未检查及调整钢丝绳的张力（扣4分） 6）未检查门导靴的扭曲与磨损情况（扣2分） 7）未检查门导轨与门锁滑轮的磨损情况（扣2分）		
4	电梯门锁装置的保养	20	1）不能说出电梯门锁装置的保养部位与保养要求（扣2分） 2）未清洁门锁、门锁滚轮及外部开锁装置（每处扣2分） 3）未检查各处的连接与固定情况（扣2分） 4）未检查及调整门锁的啮合深度（扣2分） 5）未检查锁紧装置的锁紧情况（扣2分） 6）未检查电气门锁的接触压力与接触深度（扣2分） 7）未润滑门锁滚轮（扣1分） 8）未检查门锁滚轮的转动情况（扣1分） 9）未检查门锁滚轮置位弹簧的置位情况（扣1分） 10）未检查门锁滚轮与轿厢地坎的间隙（扣2分） 11）未检查门锁滚轮与门刀左右两侧的间隙（扣2分） 12）未检查外部开锁装置与摆杆的距离（扣1分）		

（续）

序号	考核项目	配 分	评分标准	得 分	备 注
5	电梯门扇的保养	20	1）不能说出电梯门扇的保养项目与保养要求（扣4分） 2）未检查与调整层门门扇与地坎间隙（扣4分） 3）未检查与调整层门门扇与门套的间隙（扣4分） 4）未检查与调整层门垂直度（扣2分） 5）未检查与调整层门分中（扣2分） 6）未检查门对口处的不平度（扣2分） 7）未检查及调整扒门间隙（扣2分）		
6	6S 考核	10	1）工具器材摆放凌乱（扣2分） 2）工作完成后不清理现场，将废弃物遗留在机房设备内（扣4分） 3）设备、工具损坏（扣4分）		
7	总分				

注：评分标准中，各考核项目的单项得分扣完为止，不出现负分。

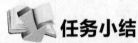

任务小结

本任务讲述了电梯层门的组成与工作原理，包括层门门锁、门锁滚轮的组成与工作原理，层门传动钢丝绳的组成与工作原理，层门的结构与组成；分析了电梯层门系统保养的部位、保养项目，包括传动及导向机构的保养，门锁、门锁滚轮及外部开锁装置的保养，门扇的保养等内容，并详细阐述了电梯层门系统各部件的保养方法和保养步骤。通过学习及实操练习，学生可掌握电梯层门保养的基本知识和基本技能。

任务二　电梯轿门系统的维护与保养

知识目标

1）掌握电梯轿门的组成与工作原理。
2）掌握电梯轿门开门机构的类型与工作原理。
3）掌握电梯轿门联动机构的工作原理。
4）掌握电梯轿门门刀、门锁的组成与工作原理。
5）掌握电梯轿门系统的保养部位、保养要求、保养方法及保养步骤。

能力目标

1）能够按规定要求与步骤保养电梯轿门开关门机构。
2）能够按规定要求与步骤保养电梯轿门联动机构。
3）能够按规定要求与步骤保养电梯轿门导向系统。
4）能够按规定要求与步骤保养电梯轿门门刀、门锁装置。
5）能够按规定要求与步骤保养电梯轿门门扇。

6）能够按规定要求与步骤保养电梯轿门光幕装置。

 **任务描述**

电梯层门的开启与关闭运动是靠轿门来带动的。在电梯的整个门系统中，轿门是主动门，而层门是被动门，所以轿门工作的正确性与安全性就显得尤为重要。电梯轿门和层门一样，使用频率很高，时间一长容易出现机械部件松动、传动带或链条卡涩、拉长等情况。因此，应重点维护与保养电梯轿门各部件的形状、尺寸、位置，检查其运动、磨损状况及其功能是否正常等，从而保证电梯安全、可靠、平稳地运行。

任务分析

为完成电梯轿门系统的保养任务，电梯维保人员首先要熟悉电梯轿门系统的组成与工作原理，其次要掌握电梯轿门系统的保养部位、保养要求、保养方法及保养步骤。本任务对此两方面做了详细介绍，首先介绍了轿门系统的组成与工作原理，让学生熟悉轿门系统的各部件的功能、安装位置；然后介绍了轿门系统保养的基本操作内容，即轿门系统各部件的保养操作等内容。

相关知识

一、电梯轿门系统的组成

电梯轿门系统是由门机控制装置、轿门电动机、轿门传动及联动装置、轿门、门刀及门锁、轿门关门保护装置、到位开关与减速开关等组成。图 1-97 所示为电梯轿门系统组成实物图。

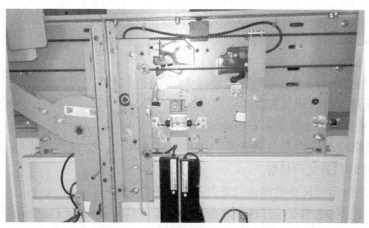

图 1-97　电梯轿门系统组成实物图

二、电梯轿门开关门的工作原理

电梯平层到站时，控制柜主控制器发出指令给门机控制器，门机控制器控制轿门电动机转动，从而带动传动带转动，固定在传动带上的轿门挂板随之左右移动，从而实现轿门的开启与闭合。安装在轿门挂板上的门刀随着轿门挂板的移动左右移动，从而实现层门滚轮与轿门门刀的配合。轿门门刀与层门滚轮的接触和移动一方面实现了层门门锁和轿门门锁的开启，另一方面带动层门的开启。

电梯轿门开启过程中的速度是由开关门减速开关和开关门到位开关控制。其中，减速开关用来实现开关门的减速，到位开关实现电梯开关门到位的减速。电梯关门过程中，如遇障碍物或人员的出入，电梯安全触板和门光幕接收到信号后便停止关门动作并反向开启，从而实现安全保护作用。电梯轿门的开启与闭合除了可用指令信号实现外，还可由三角钥匙控制轿门的开关门。

任务准备

根据任务内容及任务要求选用仪表、工具和器材，见表1-72。

表1-72　仪表、工具和器材明细

序　号	名　　称	型号与规格	单　位	数　量
1	电工工具	验电器、钢丝钳、螺钉旋具、电工刀、尖嘴钳、剥线钳	套	1
2	万用表	自定	块	1
3	劳保用品	绝缘鞋、工作服等	套	1

任务实施

轿门系统的保养

轿门的外形与层门基本相似，所以轿门与层门相似部分的维保要求也基本相同，维保方法也为清洁、检查、调整、润滑，仅在结构不同处略有差异。

（一）准备工作

1）将电梯开至次高层，将电梯置于检修状态。

2）将电梯检修下行1.5m左右（以维保人员方便检查轿门为准），打开次高层的层门，用层门顶门器保持层门的开启状态。

3）将所需要的作业工具整齐有序地放在层门门口外。

（二）轿门驱动与导向部件的保养

1. 检查电梯轿门开关门性能

1）手动开关轿门，检查电梯轿门是否正常开关。

2）进入轿顶，将电梯以检修速度开至平层位置，按下急停按钮，手动操纵轿门带动层门进行开关门，观察开关门是否正常。

2. 清洁、检查、润滑及调整电梯轿门上坎、轿门滑轮、偏心轮、轿门导靴、传动带

1）用干净抹布清洁门电动机、轿门传动机构、轿门导轨、门挂板、门扇等部分。

2）检查轿门上坎上下口，确保干净、光滑、无锈蚀。如有锈蚀或污垢（干油泥），则先用细砂纸或小钢丝刷擦干净锈垢，后用油性回丝布擦抹后再用干回丝布擦净。

3）清洁和检查轿门滑轮。如果滑轮外缘有脏物、干油泥或污垢，应予以剔除后擦净。如果滑轮外圆磨损过大或不圆，予以更换。检查门滑轮的滚动情况，如有运动卡阻或转动不畅，应润滑轴承部位。

4）检查及调整偏心轮间隙。检查标准：关闭轿门后用塞尺测量轿门门头偏心轮与门导轨的间隙，其值应为 0.5mm，若不为 0.5mm，松开螺栓进行矫正，完成后查看偏心轮是否旋转顺畅，否则，加适量机油润滑。注意加机油量不可太多，以 1~2 滴为宜。

5）检查及调整轿门导靴。目测轿门导靴是否紧固，轿门运行是否顺畅，发现开关轿门有严重晃动时要更换，发现紧固螺母有松动的，用开口扳手将螺母紧固。检查导靴插入深度，确保深度足够。检查导靴在地坎槽内无扭裂，扭裂将增加轿门运动的阻力与噪声。发生扭裂时，应先拆下导靴，用手将门板扳直后再重新装上。当门导靴过度磨损（磨损超过 2mm）时应及时更换，以确保层门的安全保护性能。

6）检查与调整传动带。检查标准：

① 手动开关轿门，目测轿门传动带表面有无破损、龟裂及断丝现象。

② 检查轿门传动带转动轮的固定情况。

③ 检查轿门传动带转动轮的转动情况，润滑转动轴承。

④ 根据门宽实际大小调整传动带的张力。用传动带专用压力计，用 1kg·f 的力按压传动带中心部位进行测量，使其压下量在合适的范围内。

不良处理：通过调整轿门门头上的从动轮支架，在相应位置用胶锤敲打。

轿门门头从动轮支架实物如图 1-98 所示。

填写电梯轿门驱动与导向部件维保记录单，见表 1-73。

图 1-98　轿门门头从动轮支架实物图

表 1-73　电梯轿门驱动与导向部件维保记录单

序　号	维保内容	维保要求	完成情况	备　注
1	手动检查开关门性能	在层站手动开关轿门，检查开关门性能		
		进入轿顶，手动开关轿门带动层门，检查开关门性能		
2	清洁轿门	用干净抹布清洁门电动机、轿门传动机构、轿门导轨、门挂板、门扇		
3	轿门上坎	检查轿门上坎上下口，确保干净、光滑、无锈蚀		
4	门滑轮	清洁滑轮外表，保证无油污灰尘		
		检查滑轮外部磨损情况，如果磨损过大或不圆，进行修复或更换		
		检查门滑轮的运动情况，润滑滑轮轴承		

（续）

序 号	维保内容	维保要求	完成情况	备 注
5	门导靴	检查导靴的连接，确保电梯门运行过程中无晃动，连接紧固		
		插入深度足够		
		两导靴在地坎槽内无扭裂		
		门导靴过度磨损时（目测磨损超过 2mm），应及时更换		
6	传动带	检查传动带表面质量，确保无破损、龟裂、断丝		
		检查传动带的固定连接情况		
		检查传动带的转动情况，润滑转动轴承		
		检测及调整传动带张力		

维保人员：　　　　　　　　　　　　　　　　　　　日期：　年　月　日

使用单位意见：

使用单位管理人员：　　　　　　　　　　　　　　　日期：　年　月　日

（三）轿门门扇的保养

轿门各部件应保持横平竖直，尺寸到位且各部件相互间隙符合要求。检查和调整门中心位置、扒门间隙、门扇与门扇的间隙。中分门的门扇在对口处的不平度不应大于1mm。门缝的尺寸在整个可见高度上均不应大于2mm。门板间相互平行，门扇与门套间隙均等，折叠式门扇的快门和慢门之间的重叠部位为20mm。

各门扇与门套间的间隙、门扇与门扇的间隙、门扇与地坎的间隙均应符合要求。标准规定，客梯不大于6mm，货梯不大于8mm。门扇与门套、门扇与门扇间的各间隙应均等。间隙太大容易造成事故，太小容易造成门板外表磨损，尤其是不锈钢层门磨损后较难修复。

保证层门下端扒门间隙较小，层门上坎导轨下端的偏心轮必须调整到位，标准偏心轮与导轨下部的间隙应小于0.5mm，但实际上只要不碰就越小越好。两端偏心轮调整时的偏转方向要各自朝外翻转，这样可使两偏心轮的中心距最大。

1. 检查与调整轿门门扇与地坎的间隙

检查标准：轿门关闭后用专用塞尺或钢直尺测量每扇门门扇与地坎的间隙（每扇门两处），间隙应为 4~6mm。

不良处理：松开轿门滑轮组件上的吊挂螺栓，通过增减垫片可进行调整。

2. 检查与调整轿门门扇与立柱、横梁的间隙

检查标准：轿门关闭后用塞尺或钢直尺测量轿门门扇与立柱（每扇门上部）、轿门门扇与横梁（每扇门两处）的间隙，其值应为 4~6mm。

不良处理：松开轿门滑轮组件上的吊挂螺栓，通过胶锤敲打进行调整。

3. 检查与调整轿门关门间隙

检查标准：轿门关闭后用专用塞尺测量门扇之间上部、下部的关门间隙，门缝的尺寸在整个高度上均不应大于2mm，要求上下均匀，门间隙不能存在 A 形或 V 形。

不良处理：松开轿门滑轮组件上的吊挂螺栓，通过增减垫片进行调整。

4. 检查与调整门对口处的不平度

检查标准：在轿厢内关上轿门，用两把钢直尺测量两扇门对口处的不平度，其值不大于1mm。

不良处理：松开滑轮组件上的吊挂螺栓，在相应位置用胶锤敲打。

5. 检查与调整轿门对中

1）轿门对中调整。

检查标准：把轿门打开到与立柱平齐的位置，以门刀侧轿门为基准，用钢直尺测量另一侧轿门是否与轿门立柱平齐。

不良处理：轿门分中调整前先在传动带上做好记号，松开传动带连接板螺栓，让轿门滑轮组件处于可移动状态，移动滑轮组件进行分中调整。对中调整螺栓如图1-99所示。

2）轿门凹入立柱。

检查标准：开尽轿门，用两把钢直尺测量轿门凹入立柱距离，其值应为15～20mm。

不良处理：关闭轿门，通过轿门滑轮组件上的开门限位螺栓进行凹入量调整。轿门开门限位螺栓位置如图1-100所示。

图1-99 轿门对中调整螺栓

图1-100 轿门开门限位螺栓

填写轿门门扇维保记录单，见表1-74。

表1-74 轿门门扇维保记录单

序 号	维保内容	维保要求	完成情况	备 注
1	门扇与地坎间隙	4～6mm		
2	门扇与立柱、横梁的间隙	4～6mm		
3	关门间隙	小于2mm，不能存在A形或V形		
4	门扇对口处的不平度	用两把刚直尺测量两扇门在对口处的不平度，其值不应大于1mm		
5	对中	通过传动带连接板固定螺栓调整		
6	凹入立柱情况	两门凹入立柱距离为15～20mm		

维保人员： 日期： 年 月 日

使用单位意见：

使用单位管理人员： 日期： 年 月 日

（四）轿门门刀、门刀连杆、门锁的保养

1. 检查与调整轿门门刀垂直度

检查标准：用线锤和钢直尺测量轿门门刀的垂直度，其值不应大于 1mm，如图 1-101 所示。

不良处理：通过调整门刀上的固定螺栓进行调整，以达到垂直度要求，如图 1-102 所示。

图 1-101　轿门门刀垂直度测量　　　　　　　　　图 1-102　轿门门刀调整

2. 检查与调整门刀各间隙

（1）检查与调整门刀与层门地坎的间隙

检查标准：检修运行，让门刀靠近层门地坎，用钢直尺测量门刀与层门地坎的间隙，其值应为（8±2）mm，如图 1-103 所示。

不良处理：通过门刀上的固定螺栓增减垫片进行调整，以达到间隙尺寸标准。注意：增减垫片时要保持门刀的垂直度。

（2）检查及调整层门滚轮与轿门门刀两端的间隙，应符合联动设计时的技术要求

技术要求：

图 1-103　轿门门刀与地坎间隙测量

1）轿门门刀在穿越层门滚轮中心时不应因偏离中心使单边间距太小而造成碰擦或造成故障急停。

2）保证轿门门刀在带动层门滚轮联动工作时层门、轿门的同步平齐，特别是层门的锁紧装置在进钩及退钩时的有效啮合与打开。

3）层门滚轮间距应调整至各层层门情况基本相同，保证各层层门与轿门在联动时工作状况基本相同。

检查标准：

1）用大约 130mm 长的胶布贴在层门地坎上，以门刀两边内侧为基准线，在胶布上画两条直线。

2）电梯平层，将胶布再次贴在轿厢地坎上，将层门地坎上的两条垂线引到轿厢地坎上。

3）检修运行电梯，将轿厢地坎靠近层门门锁滚轮，用两把钢直尺测量门刀与门锁滚轮之间的间隙，其值应为（8±2）mm。

3. 润滑门刀与门锁转动部位

润滑门刀与门锁转动部位轴承，确保门刀与门锁运动时顺畅、无卡涩。

4. 检查门刀、门刀连杆、门锁各处的固定情况

门刀、门刀连杆、门锁应固定可靠，固定螺栓应紧固。

5. 检查机械门锁的功能与啮合情况，检查电气门锁的功能和接触情况

机械门锁应确保啮合到位，电气门锁功能正常且有 3mm 的压缩量。

填写轿门门刀、门刀连杆、门锁维保记录单，见表 1-75。

表 1-75　轿门门刀、门刀连杆、门锁维保记录单

序号	维保内容		维保要求	完成情况	备　注
1	检查门刀、门刀连杆、门锁各处的固定情况		确保螺栓连接无松动		
2	润滑门刀与门锁转动部位		润滑轴承，确保门刀与门锁运动顺畅		
3	调整门刀垂直度		上下垂直度不应大于1mm		
4	调整门刀间隙	门刀与层门地坎间隙	(8±2)mm		
		门刀与滚轮啮合深度	啮合深度足够		
		门刀与滚轮两侧间隙	两侧间隙均匀，其值应为(8±2)mm		
5	检查与调整门锁		机械门锁啮合到位，电气门锁功能正常，电气门锁接触压力足够，且有3mm的压缩量		

维保人员：　　　　　　　　　　　　　　　　　　　　　日期：　　年　月　日

使用单位意见：

使用单位管理人员：　　　　　　　　　　　　　　　　　日期：　　年　月　日

（五）光幕与开关门到位开关、减速开关的保养

1. 检查及调整光幕装置

1）门光幕应保持清洁。

2）门光幕功能应可靠。正常开关门时，用物件遮挡光束，若电梯光幕正常，电梯门应立即打开。

3）随动线缆走线必须合理，在轿门板上固定，走线转弯处 100mm 内不应固定，曲率合理，不易疲劳折伤。

4）门光幕动作灵敏，安全触板的移动应灵活可靠，经常润滑触板各活络关节。

5）安全触板连接固定可靠，固定螺栓应紧固。

6）微动开关顶杆螺栓间隙应调整到位，间隙过大碰触板时反应慢，过小易误动作或顶坏微动开关。

2. 检查开关门到位开关、减速联

检查开关门到位开关、减速开关，确保功能正常。

填写光幕与开关维保记录单，见表 1-76。

表 1-76　光幕与开关维保记录单

序　号	维保内容	维保要求	完成情况	备　注
1	清洁光幕	光幕应保持清洁，无灰尘、污物		
2	检查光幕功能	光幕功能正常		
3	检查随动线缆	随动线缆走线合理，在轿门板上固定，走线转弯处 100mm 内不应固定，曲率合理，不易疲劳折伤		
4	门光幕动作	动作灵敏，移动灵活可靠，经常润滑触板各活动关节		
5	检查安全触板及光幕固定情况	固定可靠，螺栓应紧固		
6	微动开关顶杆间隙	间隙应调整到位		
维保人员：			日期：　　年　月　日	
使用单位意见：				
使用单位管理人员：			日期：　　年　月　日	

任务考核

任务完成后，由指导教师对本任务的完成情况进行实操考核。电梯轿门系统维保实操考核见表 1-77。

表 1-77　电梯轿门系统维保实操考核表

序号	考核项目	配　分	评分标准	得　分	备　注
1	安全操作	10	1) 未穿工作服，未戴安全帽，未穿防滑电工鞋（扣 1～3 分） 2) 不按要求进行带电或断电作业（扣 3 分） 3) 不按要求规范使用工具（扣 2 分） 4) 其他违反作业安全规程的行为（扣 2 分）		
2	轿门系统组成及工作原理认知	15	1) 不能说出轿门系统的组成和工作原理（扣 3 分） 2) 不能说出轿门传动系统的组成与工作原理（扣 3 分） 3) 不能说出轿门导向系统的组成和工作原理（扣 3 分） 4) 不能说出轿门电气部件的组成和作用（扣 3 分） 5) 不能说出轿门门刀与门锁的组成和工作原理（扣 3 分）		
3	轿门传动与导向机构的保养	20	1) 不能说出轿门传动系统和导向机构的保养部位、保养要求、保养方法及保养步骤（扣 4 分） 2) 未清洁轿门传动及导向机构（扣 4 分） 3) 未清洁、检查、润滑轿门滑轮（扣 4 分） 4) 未清洁、润滑、检查、调整轿门偏心轮（扣 2 分） 5) 未检查、调整轿门导靴（扣 2 分） 6) 未检查、润滑、调整轿门传动带（扣 4 分）		

（续）

序号	考核项目	配 分	评分标准	得 分	备 注
4	轿门门扇的保养	20	1）不能说出轿门门扇的保养项目、保养方法及保养步骤（扣4分） 2）未检查及调整轿门与地坎间隙（扣4分） 3）未检查及调整轿门与立柱横梁间隙（扣4分） 4）未检查与调整轿门对口处的不平度（扣2分） 5）未检查及调整轿门关门间隙（扣2分） 6）未检查及调整轿门对中（扣4分）		
5	轿门门刀与门锁的保养	15	1）不能说出轿门门刀与门锁的保养部位、保养要求、保养方法及保养步骤（扣3分） 2）未检查轿门门刀的垂直度（扣3分） 3）未检查及调整轿门门刀与层门地坎的间隙（扣1分） 4）未检查及调整轿门门刀与层门滚轮的间隙（扣1分） 5）未润滑轿门门刀与机械门锁转动部位（扣1分） 6）未清洁轿门电气门锁触点（扣1分） 7）未检查轿门电气门锁触点啮合距离和接触压力（扣3分） 8）未检查轿门电气门锁的功能（扣2分）		
6	光幕与到位开关及减速开关的保养	10	1）不能说出光幕与开关的保养要求、保养步骤（扣2分） 2）未清洁光幕（扣2分） 3）未检查光幕功能（扣1分） 4）未检查光幕随动线缆情况（扣2分） 5）未检查安全触板开关的接触情况与功能（扣1分） 6）未检查光幕及安全触板的固定（扣1分） 7）未检查开关门到位开关及减速开关的功能（扣1分）		
7	6S考核	10	1）工具器材摆放凌乱（扣2分） 2）工作完成后不清理现场，将废弃物遗留在机房设备内（扣4分） 3）设备、工具损坏（扣4分）		
8	总分				

注：评分标准中，各考核项目的单项得分扣完为止，不出现负分。

 **任务小结**

本任务讲述了轿门系统的组成与工作原理，包括轿门开关门机构、轿门传动系统的组成与工作原理、轿门导向系统的组成与工作原理、轿门门刀与门锁的组成与工作原理；分析了轿门系统的保养部位、保养要求、保养方法及保养步骤，包括轿门传动及导向机构、轿门门扇、轿门门刀与门锁、轿门光幕装置及安全触板、轿门开关门到位开关及减速开关的保养等内容，通过学习及实操练习，学生可掌握轿门系统保养的基本知识和基本技能。

模块二

Chapter 2

电梯电气系统常见故障诊断与维修

进行电梯电气系统的故障诊断与维修，必须掌握电梯电气系统的组成及工作原理、电气故障诊断的一般步骤与方法。因此，读懂电梯电气原理图、接线图，掌握机房、轿厢、井道、底坑、层站等部位电气元器件的名称、作用、接线、接线盒接线端子排的接线，掌握主控制板输入、输出控制信号的状态，掌握电气故障排除与维修的思路与方法是进行电梯电气系统故障诊断与维修的基础与前提。以电梯中经常出现的故障为参考，本模块设置了九个项目来培养学生维修电梯电气系统故障的能力。这九个项目分别为电梯电气控制系统故障诊断相关知识，电梯电源电路、电梯安全与门锁电路、电梯主控制电路、电梯制动电路、电梯开关门控制电路、电梯外呼内选通信电路、电梯变频驱动电路故障诊断与维修以及电梯其他故障现象分析。每个项目中又分为若干任务，通过任务训练，学生可掌握电梯电气系统故障诊断的相关知识与一般原理，学会电梯常见电气故障诊断与排除的方法，同时掌握安全操作的程序，树立良好的安全意识，为正确运行电梯打下坚实基础。

🔍 模块目标

1）掌握电梯电气控制系统故障诊断与维修的相关知识。
2）掌握电梯电源电路故障诊断与维修的方法与步骤。
3）掌握电梯安全与门锁电路故障诊断与维修的方法与步骤。
4）掌握电梯主控制电路故障诊断与维修的方法与步骤。
5）掌握电梯制动电路故障诊断与维修的方法与步骤。
6）掌握电梯开关门控制电路故障诊断与维修的方法与步骤。
7）掌握电梯外呼内选通信电路故障诊断与维修的方法与步骤。
8）掌握电梯变频驱动电路故障诊断与维修的方法与步骤。
9）了解电梯其他故障现象分析的方法与步骤。
10）培养维保人员良好的安全意识与职业素养。

🔍 内容描述

电梯一旦发生故障，就不能正常运行，维保人员首先应判断故障是出自机械部分还是电气部分。如果电梯电源系统供电正常，且能用电动检修状态运行，则说明机械系统存在故障的可能性较小。若电梯电力拖动电路也正常工作，则故障多出自电气控制系统之中。

在判定电梯故障出自电气系统后，还要进一步确定故障是出自于电气系统的哪个电路

（即电梯电气系统的电力拖动电路、电源电路、安全与门锁电路、主控制电路、门机外围控制电路、制动电路、外呼内选通信电路等），以缩小故障范围。在确定故障出自电梯某一确定的电梯分电路后，进一步缩小诊断范围，确定电梯故障出自于电路中的哪一个故障点，即故障是出自于开关、触点、线圈还是连接线路等位置。

通过若干项目任务的训练，学生可全面掌握电梯电气系统故障诊断的相关技能，即故障分析能力、故障诊断与排除能力，并具备安全操作的意识与职业素养。

项目一　电梯电气控制系统故障诊断相关知识

作为一名电梯维保人员，必须具备电梯电气控制系统故障诊断的相关知识，包括电梯电气控制系统组成及工作原理、电气故障诊断与维修的一般方法、维修电梯的一般注意事项。通过任务一和任务二的训练与学习，学生可基本掌握这些知识。

项目目标 》》

1）掌握 VVVF 电梯电气控制系统工作原理。
2）能够识读 VVVF 电梯电气原理图。
3）能够根据电梯电气原理图查找零部件及触点。
4）掌握电梯电气系统故障诊断的方法和步骤。

任务一　VVVF 电梯电气控制系统的工作原理

知识目标

1）熟悉电梯电气控制系统的组成。
2）掌握电梯电气控制系统的工作原理。

能力目标

1）能够根据电梯电气原理图查找各电气元器件位置。
2）能够根据电梯电气原理图查找控制柜相关接线端。
3）能够安全操作电梯，确保人身及设备安全。

任务描述

掌握电梯电气控制系统的工作原理是进行电梯电气故障维修的基础与前提。本任务介绍了变压变频（VVVF）调速电梯控制系统的工作原理。

任务分析

电梯电气系统包括电力拖动系统和电气控制系统两部分。电气原理图是进行电梯电气故障诊断与维修的依据。虽然电梯电气原理图规则、清晰，但由于电梯各部件分散在不同位置，其实际布线较为复杂。因此，能够根据电气原理图查找各电气元器件的位置及其相关触点是进行电气故障诊断与维修的前提。

 **相关知识**

一、电梯电气控制系统的组成

电梯电气控制系统由电力拖动装置、操纵装置、位置显示装置、门机控制装置、终端开关、安全开关及门锁开关、平层开关、通话装置、照明系统以及上述各部分的协调控制装置等组成。

（1）电力拖动装置　电梯的电力拖动装置和各部分的协调控制装置布置在控制柜内，是电气控制系统的核心部件，也是电梯运行的指挥中心。控制柜一般安装在机房内，随着无机房电梯的诞生，控制柜也有安装在顶层层站门旁或井道内的。

（2）操纵装置　操纵装置一般包括轿内选层（指令）和外召唤按钮、轿顶检修操作装置、紧急操作装置等。轿内选层（指令）和外召唤按钮是供乘客选定目的层站和召唤电梯驶向侯梯层站的装置。轿顶检修操作装置是供专业检修人员在检修状态下操作电梯上下运行的装置。紧急操作装置可以分为两种：一种是针对有减速器的电梯或移动装有额定载重量的轿厢所需的操作力不大于400N时，采用人工手动紧急操作装置，即盘车手轮和制动器松闸扳手；另一种是针对无减速器的电梯或移动装有额定载重量的轿厢所需的操作力大于400N时，采用紧急电动运行的电气操作装置。

（3）位置显示装置　位置显示装置包括轿内和层站显示器，用于显示电梯所在层站的位置以及电梯运行的提示信息（如运行方向、自动运行及超载等）。

（4）门机控制装置　门机控制装置是控制电梯门运行的装置。电梯门是电梯的一个重要部件，门机驱动控制有直流（电动机）变压调速、交流变压调速、交流变压变频调速。门机控制装置一般安装在轿顶。

（5）终端开关　终端开关用于电梯上下终端层的减速和极限位置保护。

（6）安全开关及门锁开关　安全开关是用于保护电梯安全运行的开关。它分布在机房（盘车手轮开关、控制柜急停按钮及限速器开关等）、轿厢（轿厢急停开关、轿顶急停按钮及安全钳开关）、井道（上、下极限开关）、底坑（缓冲器开关、张紧轮开关及底坑急停按钮）等各处。各处开关串联起来形成安全回路，控制安全继电器的通断电，从而控制电梯的安全运行。门锁开关安装在轿门和层门上，只有二者同时接通控制电路，轿厢方可运行。

（7）平层开关　当电梯完全进入平层区，平层开关动作，电梯停止运行。

（8）通话装置　通话装置用于乘客、检修人员报警和通话。它由轿内报警通话装置、轿顶通话装置、底坑通话装置、机房通话装置和监控室通话装置等组成。其中，轿内报警通话装置是供乘客使用的装置，轿顶通话装置、底坑通话装置、机房通话装置是供检修人员使用的装置。

（9）照明系统　照明系统主要由乘客区域照明和检修人员区域照明组成。

二、电气元器件安装位置、线路敷设情况及相互连接介绍

（1）电气元器件安装位置

1）机房：配电箱包括控制柜电源断路器、轿厢照明断路器、井道照明断路器等；控制

柜（变压器、380V 变压器输入电源断路器、开关电源断路器、110V 电源断路器、220V 电源断路器、相序继电器、安全继电器、门锁继电器、电源接触器、抱闸接触器、主控制器、变频器、开关电源、制动电阻器、急停开关、紧急电动运行按钮、接线端子排）、电动机、制动器线圈、抱闸检测开关、编码器和限速器开关等。

2）层站：呼梯盒、层门门锁。

3）轿厢：轿厢开关（独立、风扇、急停、照明、司机、直驶）、轿厢内选、轿门开关（轿门锁、双稳开关）、轿顶开关（轿顶板、急停开关、检修开关、检修公共按钮、检修上行按钮、检修下行按钮、平层开关）和轿底开关（称量开关、安全钳复位开关）。

4）井道：井道照明、井道急停、强迫减速开关（上、下强迫减速开关）、限位开关（上、下限位开关）和极限开关。

5）底坑：底坑急停开关、缓冲器开关、张紧轮开关、照明开关。

（2）线路敷设及相互连接情况　扁电缆通过轿顶板连接轿厢各电气部件至控制柜，底坑电气开关、井道电气开关、层门门锁开关通过井道内壁连至控制柜，机房控制柜外其他电气部件通过机房走线连至控制柜。

三、电梯电气系统的工作原理

电梯电气系统包括电力拖动系统和电气控制系统。电力拖动系统主要包括电梯垂直方向运行的主驱动电路和轿门开关门运行的驱动电路。目前两者主流技术均采用交流变压变频（VVVF）调速技术，达到了无级调速的目的。电气控制系统则由众多召唤按钮、传感器、控制用继电器、指示灯、LED 七段数码管和控制部分核心器件（PLC 或微型计算机）等组成。电气控制系统与电力拖动系统一起实现了电梯控制的所有功能。如果从硬件的角度区分，电梯电气系统由电源总开关、电气控制柜（屏）、轿厢操纵箱以及安装在电梯各部位的安全开关和电气元器件组成；如果按电路功能区分，电梯电气系统又可分为电源配电电路、主控制电路、主拖动电路、制动电路、开关门控制电路、安全与门锁电路、呼梯及楼层显示电路等组成。

典型的电梯电气控制系统框图如图 2-1 所示。它主要由轿内操纵箱、外召唤、曳引机驱动电路、门机控制系统、称量装置、层站显示装置及平层装置等组成。其中，驱动系统完成的是曳引机驱动功能；控制系统完成的是电梯控制及管理功能，并负责与电梯外围电路的通信功能。PLC 与通用变频器的电梯控制系统和图 2-1 类似，其中通用变频器完成驱动系统的功能，PLC 完成控制系统的功能。

由于电梯的电气控制环节较多，元器件安装比较分散，电气系统故障的发生点可能是机房控制柜内的电气元器件，也可能是安装在井道、轿厢、层门外的控制电气元器件等，故障点广泛，难以预测，且故障的现象及引起故障的原因多种多样，给维修工作带来一定的困难。因此，只有掌握电梯的电气原理，熟悉电气元器件的作用及安装位置、线路敷设情况，掌握排除故障的正确方法，才能提高排除故障的效率和维修电梯的质量。

电梯电气控制环节虽多，但它们之间不是相互独立的。其中，配电电路为安全与门锁电路、主控制电路、制动电路、开关门控制电路、主拖动电路提供电源，安全与门锁电路中的门锁继电器与安全继电器的触点连在主拖动电路、主控制电路中，主控制电路中制动接触器、运行接触器触点分别连在制动电路与主拖动电路中，外呼内选通信电路和主控制电路相连，门锁继电器触点连在制动电路中，开关门控制电路控制门机电路。

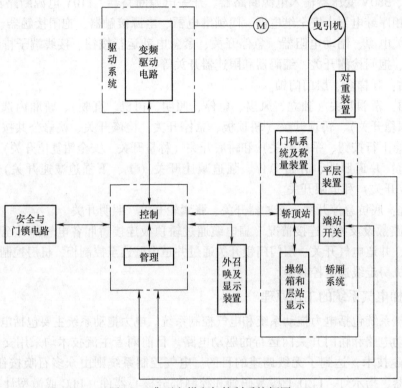

图 2-1 典型电梯电气控制系统框图

（1）电源配电电路 电源配电电路的作用是将市电网电源（三相交流 380V，单相交流 220V）经断路器配送到主变压器、相序继电器和照明电路等，为电梯各电路提供合适的电源电压。电梯配电箱电源接线如图 2-2 所示。

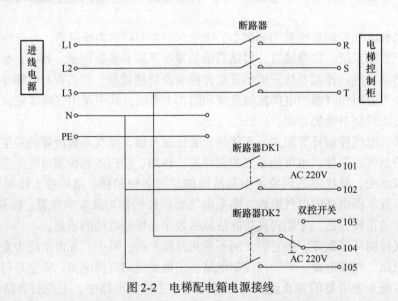

图 2-2 电梯配电箱电源接线

（2）主控制电路 主控制电路类似于 PLC 装置，由主控制板和分布在各处的开关触点连接而成，如图2-3所示。其作用如下：

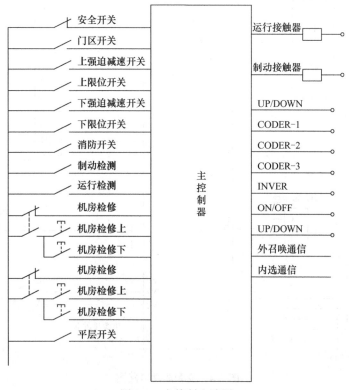

图2-3　主控制电路图

1）当乘客、司机或维保人员发出召唤信号后，主控制器根据轿厢的位置进行逻辑判断，确定电梯的运行方向并输出相应的控制信号（制动接触器通电、运行接触器通电等）。

2）当轿厢运行至平层位置，主控制器发出相应的信号促使主电动机停止转动，门机运行，打开轿门与层门。

3）当电梯安全开关或门锁开关断开时，电梯停止运行。

（3）变频驱动电路　变频驱动电路的主要用途是驱动曳引电动机，并对其进行变压变频调速。它包括主电路、旋转编码器信号电路、速度模式控制电路及其他电路等。

电梯的变频驱动电路如图2-4所示。主电路的走向为：网络三相电源L1、L2、L3→安全继电器→变频调速器输入端U1、V1、W1→变频调速器输出端U2、V2、W2→电源接触器→曳引电动机。

曳引电动机同轴旋转的旋转编码器运行时发出脉冲信号，连续不断地输入变频调速器，作为变频调速的速度反馈信号。同时，脉冲信号送到主控制器，作为计算轿厢位置的信号。

其他信号包括速度代码信号CODER－1、CODER－2、CODER－3，用来计算轿厢在检修、低层运行、高层运行时的速度曲线；UP/DOWN信号是选层信号，选择电梯是上行还是下行；变频器内部发生故障时，D01故障点接通，安全电路断开，电梯停止运行或不能起动。变频器运行时，其内部触点D02导通，导通信号输入到主控制器，作为微机识别电梯是否正常的信号，D03为变频调速器输出的预开门触点信号。

（4）制动电路　制动电路也称为电磁制动器电路、抱闸电路，其主要作用是电梯停止

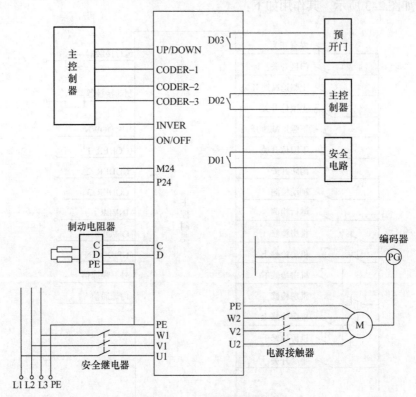

图 2-4　变频驱动电路图

运行时制停曳引电动机主轴，使轿厢和对重安全地停靠在任何地方而不移动；当电梯运行时，制动器松开，曳引电动机运行。它是由门锁继电器触点 JMS、运行接触器触点 CZC、抱闸触器触点 CBZ 和制动线圈等组成的串联电路。

（5）开关门电路　开关门电路又称为变频门机控制系统。其作用是根据开门或关门的指令，以及门的开、关是否到位，门是否夹到物品，轿厢承载是否超载等信号，控制开关门电动机的正、反转起动和停止，从而驱动轿门启闭，并带动层门启闭。

（6）安全与门锁电路　电梯安全与门锁保护电路的设置主要是考虑电梯在使用过程中因某些部件质量问题、维保不到位、使用不当等电梯在运行中可能出现的一些不安全因素，或者维修时要在相应的位置上对维保人员采取确保安全的措施。

（7）呼梯及层站显示电路　呼梯及层站显示电路的作用是将各处发出的召唤信号转送给主控制器，在主控制器发出控制信号的同时把电梯的运行方向和层站位置通过层站显示器显示。

（8）五方通话电路　图 2-5 所示为典型的五方通话装置系统。在电梯机房、轿厢、轿顶、底坑的通话装置分别称为机房通话装置、轿厢通话装置、轿顶通话装置、底坑通话装置。本地通话装置是指设置在本地监控中心或警卫室的通话装置。远程监控中心的通话装置是指普通电话机。

（9）消防控制电路　消防控制电路的作用是在电梯发生火警时，使电梯退出正常服务状态而转入消防工作状态。

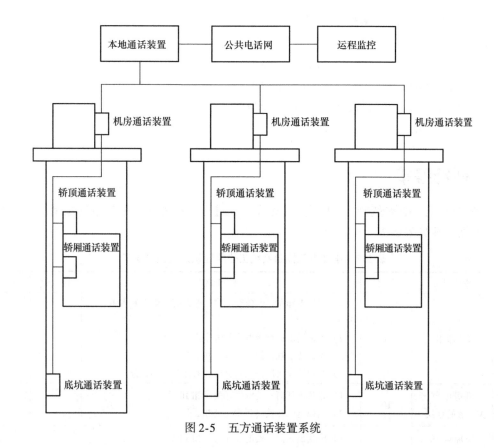

图 2-5　五方通话装置系统

 **任务准备**

根据任务内容及任务要求选用仪表、工具和器材，见表 2-1。

表 2-1　仪表、工具和器材明细

序　号	名　　称	型号与规格	单　位	数　量
1	电工工具	验电器、钢丝钳、螺钉旋具、电工刀、尖嘴钳、剥线钳	套	1
2	万用表	自定	块	1
3	劳保用品	绝缘鞋、工作服等	套	1

 **任务实施**

1. 查找电梯电气开关、触点等电气部件的位置

1）查找机房配电箱、控制柜、曳引电动机、限速器中的电气开关，说出它们的名字和作用，并判断其属于哪个回路。

2）查找轿厢中的电气开关，说出它们的名字和作用，并判断其属于哪个回路。

3）查找井道和底坑中的电气开关，说出它们的名字和作用，并判断其属于哪个回路。

2. 根据电梯电气原理图查找控制柜相关触点

1）查找电源电路触点，并将编号写出。

2）查找主控制电路的触点，并将编号写出。

3）查找主拖动电路的触点，并将编号写出。

4）查找安全及门锁电路触点，并将编号写出。

5）查找抱闸电路触点，并将编号写出。

 任务考核

任务完成后，由指导教师对本任务的完成情况进行实操考核。电梯电气控制系统工作原理认知实操考核见表2-2。

表2-2　电梯电气控制系统工作原理认知实操考核表

序号	考核项目	配分	评分标准	得分	备注
1	安全操作	10	1）未穿工作服，未戴安全帽，未穿防滑电工鞋（扣1~3分） 2）不按要求进行带电或断电作业（扣3分） 3）不按要求规范使用工具（扣2分） 4）其他违反机房作业安全规程的行为（扣2分）		
2	机房电气开关位置的查找	10	1）未找出任何一处电气开关（扣10分） 2）漏掉电气开关（每少一处扣2分）		
3	轿厢电气开关位置的查找	15	1）未找出任何一处电气开关（扣15分） 2）漏掉电气开关（每少一处扣2分）		
4	井道电气开关位置的查找	10	1）未找出任何一处电气开关（扣10分） 2）漏掉电气开关（每少一处扣2分）		
5	底坑电气开关位置的查找	10	1）未找出任何一处电气开关（扣10分） 2）漏掉电气开关（每少一处扣2分）		
6	电源电路触点位置的查找	10	1）未找出任何一处电源电路触点（扣10分） 2）漏掉触点（每少一处扣1分）		
7	安全及门锁电路触点位置的查找	15	1）未找出任何一处安全及门锁电路触点（扣15分） 2）漏掉触点（每少一处扣2分）		
8	制动电路触点位置的查找	10	1）未找出任何一处制动电路触点（扣10分） 2）漏掉触点（每少一处扣2分）		
9	6S考核	10	1）工具器材摆放凌乱（扣2分） 2）工作完成后不清理现场，将废弃物遗留在机房设备内（扣4分） 3）设备、工具损坏（扣4分）		
10	总分				

注：评分标准中，各考核项目的单项得分扣完为止，不出现负分。

任务小结

本任务详细介绍了电梯电气控制系统的组成、工作原理及电气原理图。通过学习本任务内容，学生可掌握电梯电气控制系统的组成及工作原理，为电梯电气控制系统故障诊断与维修打下坚实的理论基础。

任务二　电梯电气控制系统故障点的判别方法

知识目标

1）掌握电梯常见故障的类型。
2）掌握检测与排除电梯电气控制系统故障的思路与方法。
3）掌握运用观察法判断电梯电气控制系统故障的步骤。
4）掌握运用电压法检测与排除电梯电气控制系统故障的步骤。
5）掌握运用电阻法检测与排除电梯电气控制系统故障的步骤。
6）掌握运用短接法检测与排除电梯电气控制系统故障的步骤。
7）掌握维修电梯的注意事项。

能力目标

1）能够运用观察法分析电梯故障现象和类型。
2）能够运用电压法检测与排除电梯电气控制系统故障。
3）能够运用电阻法检测与排除电梯电气控制系统故障。
4）能够运用短接法检测与排除电梯电气控制系统故障。

任务描述

进行电梯电气控制系统故障的维修，除了需要掌握电梯电气控制系统的基本工作原理外，还应掌握电梯电气控制系统故障的维修方法和步骤。本任务内容为电梯电气故障判别的方法和步骤。

任务分析

电梯是一种自动化程度很高的垂直运输设备，电气控制环节较多，元器件安装较为分散，电气控制系统出现故障的频率较大。电梯故障现象多种多样，引起故障的原因也是多种多样的，故障发生点广泛，可能是机房中的电气元器件（配电箱、机房控制柜、曳引机、限速器），也可能是井道、轿厢、层门、底坑内的电气元器件，难以预测。因此，除了掌握电梯电气系统的工作原理、熟悉各元器件的作用和安装位置外，还应该掌握诊断与排除电梯常见电气故障的一般思路、电梯常见电气故障的类型和排除故障的正确方法，才能提高排除故障的效率和维修电梯的质量，确保电梯的正常运行。

本任务详细介绍了诊断电梯电气控制系统故障的思路、电梯常见电气控制系统故障的类型及其排除电梯电气控制系统故障的方法。通过任务的实施与完成，学生可全面系统地掌握排除电梯电气控制系统故障基本技能。

 **相关知识**

一、排除电梯电气控制系统故障的思路与方法

现在电梯都是计算机控制，软硬件交叉在一起，电气控制系统故障比较复杂。排除故障时，应坚持"先易后难、先外后内、综合考虑"的原则。一是电梯电气控制系统出现故障，可按照以下思路去排除故障。

1）清晰排除电梯故障的思路。一般思路是：由大而小，最后定位。具体来讲，首先区分电梯故障是发生在机械系统还是电气系统。电梯的机械系统由曳引系统、导向系统、轿厢、门系统、对重系统、安全系统组成；电梯的电气系统由电力拖动电路和各电气控制电路组成。各电气控制电路包括安全电路、主控制电路、开关门控制电路、外呼内选通信电路等。确定电梯故障范围之后，进而确定故障发生点。

2）根据故障代码判断电梯故障存在于哪个系统。电梯出现故障后，会产生一系列代码，排除故障时，可通过电梯随机说明书查阅代码含义，进而确定故障范围和故障点。

3）对故障现象进行分类。虽然电梯电气故障发生率较高而且多样，但总体上可以分为门系统故障、继电器故障、电气元器件老化引起的故障等几个方面。

4）电梯运行中比较多的故障是由开关触点接触不良引起的，所以判断故障时应根据故障现象及控制柜内指示灯的显示情况，先对外围电路、电源部分进行检测，即安全与门锁电路、交直流电源等。

二、电梯电气控制系统故障的类型

1. 电梯电气控制系统常见故障类型

电梯电气控制系统故障的类型主要包括断路型故障、短路型故障及其他原因造成的故障等。

（1）断路型故障　断路型故障就是应该接通工作的电气元器件及应该接通的线路不能接通，从而引起各电路（电源电路、安全与门锁电路、主控制电路、变频驱动电路、抱闸电路、门机控制电路、外呼内选通信电路、照明电路等）出现断点而断开，不能正常工作。造成电路断路的原因是多方面的。例如，触点表面有氧化层或污垢，电气元器件引入/引出线的压紧螺钉松动或焊点虚焊造成断路或接触不良；继电器或接触器的触点被电弧烧毁；触点的簧片被触点接通或断开时产生的电弧加热，自然冷却后失去弹力，造成触点的解除压力不够而接触不良等；当一些继电器或接触器吸合和复位时，触点产生颤动或抖动造成开路或接触不良；电气元器件的烧毁或撞毁造成断路等。

（2）短路型故障　短路型故障就是不该接通的电路被接通，而且接通后电路内的电阻很小，造成短路。短路时轻则使熔断器熔断，重则烧毁电气元器件，甚至引起火灾。对已经投入正常运行的电梯电气控制系统，造成短路的原因也是多方面的，如电气元器件的绝缘材料老化、失效、受潮；由于外界原因造成电气元器件的绝缘损坏，以及外界导电材料入侵造成短路。

（3）其他故障　电梯电气控制系统还会出现其他类型故障。例如，因外界信号干扰而造成系统程序混乱产生误动作、通信失效。

在电梯的电气控制电路中，有的电路是靠位置信号控制的。位置信号很多是由位置开关发出的。电梯的端站开关是靠行程开关与行程开关打板接触控制的，时间一长，容易产生位移使电梯的性能变坏或者产生故障。

维保人员操作不当也会产生电梯电气控制系统故障。这种不遵守操作规程的行为导致电梯发生的故障，严重危及乘客生命。

2. 电梯电气控制系统常见电气故障

常见电梯电气控制故障有系统中各供电电源/电压出现问题，线路中的各触点、接线、接插件接触不良或松脱、各电气开关啮合不到位、产品部件或元器件质量不达标、各电气部件不兼容而相互干扰等。其主要原因均为接触故障及由于电器组件引入/引出线松动或电气回路中各开关由于位置误差而造成连接点接触不可靠；触点的接触压力不够或过大而使开关或部件损坏等。引发电梯故障的根本原因多为产品元器件质量不稳定引发的各类故障、安装质量不到位或不规范等引发的故障、日常使用不当或日常维保不到位所造成的故障。

以电梯电气故障发生的频次来看，最常见的故障是发生在层门与轿门的电气联锁中的接触不良所造成的门系统故障。当然，层/轿门的电气故障通常会与门系统机械部件的合理调整有关。其次是安全回路中各开关触点的接触故障。

三、检测电梯电气控制系统故障的方法

检测电梯电气系统故障时，应采用合适的步骤与方法，维修时才能做到快速准确，有条不紊。诊断与排除电梯电气系统故障常用的方法包括观察法、电压法、电阻法和短接法等。

1. 观察法

在判断和检查故障之前，必须清楚故障的现象，才有可能根据电路原理图和故障现象迅速准确地分析判断出故障的类型和范围。查找故障现象的方法很多，可以通过听取司机、乘客或管理人员讲述发生故障时的现象，也可以通过亲自观察（眼睛看、鼻子闻、动手摸）分析故障的现象，还可以通过到轿内控制电梯上下运行，观察电梯的运行情况和各零部件的状态等方法，查找电梯故障所在。

1）看：就是查看电梯的维保记录，了解在故障发生前是否调整或更换过元器件。观察每一零件是否正常工作；看故障灯、故障码或控制电路的信号输入/输出指示是否正确；看电气元器件外观颜色是否改变等。

2）闻：就是闻电路元器件（如电动机、变压器、继电器、接触器线圈等）是否有异味。

3）摸：就是用手触摸电气元器件温度是否异常，拨动接线圈是否松动等（要注意安全）。

2. 电压法

经过检测，发现电路有问题，需要明确电路的故障部位，即需要正确判断故障点，然后有针对性地排除故障。寻找故障点，可以用观察法，即对照电路图，认真检查电路的安装连接，如果观察法不能找到故障点，就需要使用仪表检查，直到查到故障点并且排除故障。

仪表法检查故障点，是通过仪表测量电路的参数，并且与正常值进行比较，如果与正常值一致或相近（考虑测量误差），说明电路正常，如果不一致或相差较大，说明电路有问题。常用的检查仪表是万用表，万用表检查一般有电阻测量法与电压测量法。电阻测量法是断电测量，所以比较安全，缺点是测量电阻不准确，特别是寄生电路对测量电阻影响较大。电压测量法是通过测量电路电压，判别电路情况的一种方法。电压测量法准确性高，效率高，缺点是带电测量，有一定的危险性。测量时要注意，该测量点正常情况与故障情况的电压要有变化，如果没有变化则不能说明问题，即不能判断电路是好是坏。

电压测量法主要有分阶测量法与分段测量法。下面分别介绍这两种方法。

（1）分阶测量法　以电路某一点为基准点（一般选择起点、终点或接地点），用万用表一支表笔接触该点，另一支表笔依次接触回路中测量点，通过测量的电压值判别电路是否正常。图2-6所示为用万用表测量电压的电路图，测量时，按以下步骤进行。

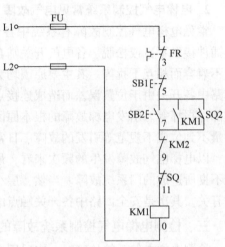

图2-6　测量电路图

1）检查时，先接通电源。

2）把万用表调至电压档，按下SB2不放。

3）然后逐段分阶测量1—3、1—5、1—7、1—9、1—11、1—0各两点间的电压值。

4）当测量到某两点间电压值与理论值不同时，说明表笔刚跨过的触点或连接线处有问题。

正常情况下，1—3电压为0，1—5电压为0，1—7电压为0，1—9电压为0，1—11电压为0，1—0电压为110V。

故障情况分析：

1）若被测电压情况如下：1—3电压为0，1—5电压为0，1—7电压为110V，1—9电压为110V，1—11电压为110V，1—0电压为110V，则可判断故障部位为5—7。

2）若被测电压情况如下：1—3电压为0，1—5电压为0，1—7电压为0，1—9电压为0，1—11电压为110V，1—0电压为110V，则可判断故障部位为9—11。

3）若被测电压情况如下：1—3电压为0，1—5电压为0，1—7电压为0，1—9电压为0，1—11电压为0，1—0电压为0，则可判断故障部位为1—0，此时请检查万用表好坏，或电源有没有接通。

（2）分段测量法　分段测量法的原理是把电路分成若干段，分别测量各段电压，通过测量的电压值，判别电路是否正常。

1）检查时，先接通电源。

2）把万用表调至电压档，按下SB2不放。

3）然后分别测量1—3、3—5、5—7、7—9、9—11、11—0各两点间的电压值。

4）当测量到某标号时，若电压值与理论值不同，说明表笔刚跨过的触点或连接线处有问题。

正常情况下，1—3电压为0，3—5电压为0，5—7电压为0，7—9电压为0，9—11电压为0，11—0电压为110V。

故障情况分析：

1）若被测电压情况如下：1—3 电压为 0，3—5 电压为 0，5—7 电压为 110V，7—9 电压为 0，9—11 电压为 0，11—0 电压为 110V，则可判断故障部位为 5—7。

2）若被测电压情况如下：1—3 电压为 0，3—5 电压为 0，5—7 电压为 0，7—9 电压为 0，9—11 电压为 110V，11—0 电压为 110V，则可判断故障部位为 9—11。

3）若被测电压情况如下：1—3 电压为 0，3—5 电压为 0，5—7 电压为 0，7—9 电压为 0，9—11 电压为 0，11—0 电压为 0，则可判断故障部位为 11—0，此时请检查万用表好坏，或电源有没有接通。

（3）存在自然断点的情况　用电压测量法时，若电路中存在自然断点，如图 2-6 所示，电路 5—7 之间自然断开，而前面讲的方法中都需要构成闭合回路，这就需要按下按钮 SB2。但是如果是单人操作，按下按钮很不方便，这时可以采用不按按钮的测量方法，以断点为界，分别采用分阶测量法测量断点两边线路。

1）测量断点以上点（如 1、3、5 点），可以在断点以下找一个正常点作为基准点（如果 7、9、11、0 正常无故障，都可以作为基准点），分别对断点以上点进行测量，正常值都应该为 110V，如果不是，说明有故障。

接通电路电源，把万用表调至电压挡，选择 0 点为基准点，依次测量 1、3、5 点。

正常情况下，1—0 电压为 110V，3—0 电压为 110V，5—0 电压为 110V。

故障情况分析：

① 若被测电压情况如下：1—0 电压为 110V，3—0 电压为 110V，5—0 电压为 0，则可判断故障部位为 3—5。

② 若被测电压情况如下：1—0 电压为 0，3—0 电压为 0，5—0 电压为 0，则可判断故障部位为 1—0。

此时请检查万用表好坏，或电源有没有接通。

2）测量断点以下点（如 7、9、11、0 点），可以在断点以上找一个正常点作为基准点（如果 1、3、5 点正常无故障，都可以作为基准点），分别对断点以下进行测量，正常值都应该为 110V，如果不是则说明有故障。

接通电路电源，把万用表调至电压档，选择 1 点为基准点，依次测量 7、9、11、0 点。

正常情况下，1—7 电压为 110V，1—9 电压为 110V，1—11 电压为 110V，1—0 电压为 110V。

① 若被测电压情况如下：1—7 电压为 110V，1—9 电压为 110V，1—11 电压为 0，1—0 电压为 110V，则可判断故障部位为 9—11。

② 若被测电压情况如下：1—7 电压为 0，1—9 电压为 0，1—11 电压为 0，1—0 电压为 110V，则可判断故障部位为 11—0，说明 KM1 线圈有故障。

采用电压测量法需要注意的一些问题如下：

1）注意安全。

2）注意不同电压等级，变换万用表量程。

3）测量值低于额定电压的 20% 以上，可视为有故障。

3. 电阻法

电阻测量法是通过测量电路电阻判别电路故障的一种方法。电阻测量法主要有分阶测量法与分段测量法。

（1）分阶测量法　它是以电路某一点为基准点（一般选择起点或终点），用万用表一支表笔接触该点，另一支表笔在回路中依次接触测量点测量电阻，通过电阻值，判别电路是否正常的一种方法。下面以图 2-7 为例分析电阻测量法判断故障点的原理。

1）检查时，先断开电源（或拆下熔断器）。

2）把万用表调至电阻档，按下 SB2 不放。

3）然后逐段分阶测量 1—2、1—3、1—4、1—5、1—0 各两点间的电阻值。

4）当测量到某点时，若电阻值与理论值不同，说明表笔刚跨过的触点或连接线有问题。

正常情况下，1—2 电阻为 0，1—3 电阻为 0，1—4 电阻为 0，1—5 电阻为 0，1—0 电阻为 2kΩ。

故障情况分析：

1）若被测电阻如下：1—2 电阻为 0，1—3 电阻为 0，1—4 电阻为 ∞，1—5 电阻为 ∞，1—0 电阻为 ∞，则可判断故障部位为 3—4。

2）若被测电阻如下：1—2 电阻为 0，1—3 电阻为 0，1—4 电阻为 0，1—5 电阻为 ∞，1—0 电阻为 ∞，则可判断故障部位为 4—5。

3）若被测电阻如下：1—2 电阻为 ∞，1—3 电阻为 ∞，1—4 电阻为 ∞，1—5 电阻为 ∞，1—0 电阻为 ∞，则可判断故障部位为 1—2，此时请检查万用表好坏。

（2）分段测量法　它是把电路分成若干段，分别测量各段电阻值，通过电阻值判别电路是否正常的一种方法。以图 2-8 为例。

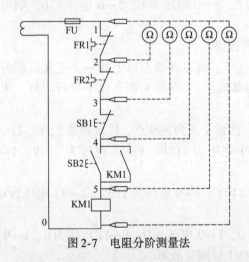
图 2-7　电阻分阶测量法

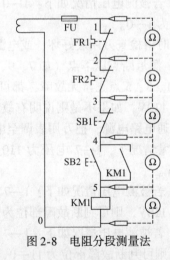
图 2-8　电阻分段测量法

1）检查时，先断开电源（或拆下熔断器）。

2）把万用表调至电阻档，按下 SB2 不放。

3）然后逐段测量 1—2、2—3、3—4、4—5、5—0 各两点间的电阻值。

4）当测量到某点时，若电阻值与理论值不同，说明表笔刚跨过的触点或连接线有问题。

正常情况下，1—2 电阻为 0，2—3 电阻为 0，3—4 电阻为 ∞（按下按钮），3—4 电阻为

0（不按下按钮），4—5 电阻为 0（按下按钮），4—5 电阻为 ∞（不按按钮），5—0 电阻为 2kΩ。

故障情况分析：

1）若被测电阻如下：1—2 电阻为 0，2—3 电阻为 0，3—4 电阻为 ∞（按下按钮），3—4 电阻为 ∞（不按按钮），4—5 电阻为 0（按下按钮），4—5 电阻为 ∞（不按按钮），5—0 电阻为 2kΩ，则可判断故障部位是 3—4。

2）若被测电阻如下：1—2 电阻为 0，2—3 电阻为 0，3—4 电阻为 ∞（按下按钮），3—4 电阻为 0（不按按钮），4—5 电阻为 ∞（按下按钮），4—5 电阻为 ∞（不按按钮），5—0 电阻为 2kΩ，则可判断故障部位是 4—5。

3）若被测电阻如下：1—2 电阻为 ∞，2—3 电阻为 ∞，3—4 电阻为 ∞（按下按钮），3—4 电阻为 ∞（不按按钮），4—5 电阻为 ∞（按下按钮），4—5 电阻为 ∞（不按按钮），5—0 电阻为 ∞，则检查万用表好坏。

（3）长短分段测量法　分阶测量效率高、速度快，但是对于自然断点测量较为麻烦。对于自然断点多的电路可采用长短分段测量法，即把长电路分成短电路，分别测量各段电路的电阻值，通过电阻值，判别各电路是否正常，找到不正常的一段电路再分段测量，直到找到故障点。

如图 2-7 和图 2-8 所示，如果 1—3 测量有问题，而 3—0 测量正确，接下来只要测量 1—2、2—3 就可以了，测量次数明显减少，效率较高。

采用电阻测量法应注意的一些问题如下：

1）用电阻测量法排查故障时，一定要断开电源。

2）所测量电路如与其他电路并联（寄生回路），必须将该电路与其他电路断开，否则所测电阻值不准确。

3）测量高电阻元器件时，要将万用表的电阻档转到适当的量程档位。

4. 短接法

检查时，用一根绝缘良好的导线将所怀疑的断路部位短接，如短接到某处电路接通，说明该处断路，这种方法称为短接法。短接法可分为局部短接法和长短接法。

如图 2-9 所示，按下起动按钮 SB2，若 KM1 不吸合，说明该电路有故障。检查前，先用万用表测量 1—7 两点间电压，若电压正常，可按下起动按钮 SB2 不放，然后用一根绝缘良好的导线，分别短接标号相邻的两点，如 1—2、2—3、3—4、4—5、5—6。当短接到某两点时，接触器 KM1 吸合，则说明断路故障就在这两点之间。

长短接法是指一次短接两个或多个触点来排查故障的方法。

如图 2-10 所示当 FR 的常闭触点和 SB1 的常闭触点同时接触不良时，若用局部短接法短接 1—2，按下 SB2，KM1 仍不能吸合，则可能造成判断错误；而用长短接法将 1—6 短接，如果 KM1 吸合，说明 1—6 这段电路上有断路故障；然后再用局部短接法逐段找出故障点。

长短接法的另外一个作用是可把故障排查缩小到一个较小的范围。例如，第一次先短接 3—6，KM1 不吸合，再短接 1—3，KM1 吸合，说明故障在 1—3 范围内。由此可见，用长短接法能很快地找到故障位置。

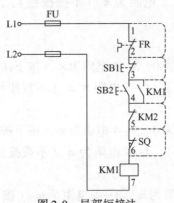

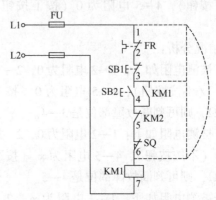

图 2-9　局部短接法　　　　　　　图 2-10　长短接法

采用短接法应注意的事项如下：

1）短接法是用手拿绝缘导线带电操作的，所以一定要注意安全，避免触电事故。

2）短接法只适用于电压降极小的导线及触点之类的断路故障。对于电压降较大的电器，如电阻器、线圈、绕组等的断路故障，不能采用短接法，否则会出现短路故障。

3）对于机床的某些要害部位，必须保障电气设备或机械部位不会出现事故的情况下，才能使用短接法。

准确迅速确定故障点的技巧如下：

1）根据现象初步确定故障大致范围。

2）综合各种现象缩小故障范围。

3）分析各故障点的可能性。

4）使用万用表正确测量各个点。

5）每次排除故障后，应及时总结经验，并做好记录。

 任务准备

根据任务内容及任务要求选用仪表、工具和器材，见表 2-3。

表 2-3　仪表、工具和器材明细

序　号	名　称	型号与规格	单　位	数　量
1	电工工具	验电器、钢丝钳、螺钉旋具、电工刀、尖嘴钳、剥线钳	套	1
2	万用表	自定	块	1
3	劳保用品	绝缘鞋、工作服等	套	1

 **任务实施**

测量配电箱、控制柜各处电源电压值，并记录测量结果。

 **任务考核**

任务完成后，由指导教师对本任务的完成情况进行实操考核。电梯电气控制系统故障点判别方法实操考核见表2-4。

表2-4 电梯电气控制系统故障点判别方法实操考核表

序号	考核项目	配　分	评分标准	得　分	备　注
1	安全操作	10	1）未穿工作服，未戴安全帽，未穿防滑电工鞋（扣1～3分） 2）不按要求进行带电或断电作业（扣3分） 3）不按要求规范使用工具（扣2分） 4）其他违反机房作业安全规程的行为（扣2分）		
2	配电箱电压测量	40	1）万用表使用不正确，未测出电压值（扣40分） 2）未测出主开关相相、相地电压（扣20分） 3）未测出轿厢照明输出端电压（扣10分） 4）未测出井道照明输出端电压（扣10分）		
3	控制柜变压器输出电压测量	40	1）万用表使用不正确，未测出电压值（扣40分） 2）未测出控制柜交流220V电压（扣10分） 3）未测出控制柜交流110V电压（扣10分） 4）未测出控制柜直流110V电压（扣10分） 5）未测出控制柜开关电源电压（扣10分）		
4	6S考核	10	1）工具器材摆放凌乱（扣2分） 2）工作完成后不清理现场，将废弃物遗留在机房设备内（扣4分） 3）设备、工具损坏（扣4分）		
5	总分				

注：评分标准中，各考核项目的单项得分扣完为止，不出现负分。

 **任务小结**

本任务详细介绍了电梯电气控制系统常见故障的类型、检测与排除电梯电气控制系统故障的思路与方法、运用观察法、电压法、电阻法、短接法排查电梯电气控制系统故障的步骤等内容，并给出了具体的考核任务。通过学习与练习，学生可掌握全面维修电梯的基本方法和技能。

项目二 电梯电源电路故障诊断与维修

知识目标

1）熟悉电梯电源电路的组成。

2）掌握电梯电源电路的工作原理。

 能力目标

1）能够根据电梯电气原理图查找各电气部件的位置。
2）能够根据电梯电气原理图查找控制柜相关接线端。
3）能够安全操作电梯，确保人身设备安全。

项目描述

正常的电梯电源电路是电梯能够正常运行的前提与基础。电梯维保人员需要掌握电梯电源电路的工作原理、常见故障及其故障检修的思路与方法。本任务对此做了详细介绍。

项目分析

电梯出现电气故障，首先要判断的就是电源有没有出现问题。机房电源由市网配电至机房配电箱，机房配电箱包括380V动力电源和220V轿厢照明及井道照明电源。动力电源和照明电源相互独立。动力电源进入机房电梯控制柜，一部分直接供曳引电动机使用，另外一部分经变压器变压、整流器整流、开关电源变压处理后生成220V交流电源、110V交流电源、110V直流电源、24V直流电源供开关门控制电路、安全与门锁电路、制动电路、控制电路使用。

本项目所探讨的电源电路故障诊断问题属于电梯机房控制柜380V动力电源经变压器变压后电路的故障诊断。要具备诊断电梯机房控制柜电源电路故障的技能，首先要掌握电梯控制柜的类型及其组成和元器件的作用，其次要掌握控制柜变压电路的工作原理和机房控制柜电源电路故障诊断的步骤和方法；并通过实训掌握诊断供电输入错相故障、诊断门机控制器220V动力电源故障、诊断安全电路电源故障的技能，并在故障诊断与维修完成后正确清晰地填写电梯故障诊断与维修单。

相关知识

一、机房电气控制柜的组成及作用

1. 机房控制柜简介

电梯机房控制柜是电梯的主要控制装置，内含主控制器、变频器、变压器、开关电源、安全继电器、运行接触器、抱闸接触器、相序继电器、断路器、电话机、急停按钮、检修开关、检修上/下行按钮等电气元器件，包括电源电路、安全与门锁电路、主控制电路、变频驱动电路、制动电路等电路，其中电源电路是其他电路运行的基础，因此本项目所介绍的电源电路故障诊断便是电梯故障诊断的基础，只有在电源正常的情况下电梯才能运行。

根据控制器的不同，垂直升降电梯包括PLC控制电梯和微机控制电梯，微机控制电梯又包括无机房控制电梯和有机房控制电梯。控制柜也相应包括有机房电梯控制柜、无机房电梯控制柜和PLC控制电梯控制柜。三种电梯控制柜如图2-11~图2-13所示。

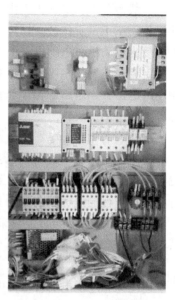

图 2-11 无机房电梯控制柜　　　图 2-12 有机房电梯控制柜　　　图 2-13 PLC 控制
电梯控制柜

2. 电梯控制柜电源电路主要组成元器件简介

电梯控制柜电源电路所包含的元器件有主变压器、相序继电器、开关电源、断路器、继电器和接触器、接线端子排等。

（1）主变压器 变压器（Transformer）是利用电磁感应原理来改变交流电压的装置，主要构件是一次绕组、二次绕组和铁心（磁心），主要功能有电压变换、电流变换、阻抗变换、隔离、稳压（磁饱和变压器）等。变压器中，接电源的绕组称为一次绕组，其余的绕组称为二次绕组。最简单的铁心变压器由一个软磁材料做成的铁心及套在铁心上的两个匝数不等的线圈构成。

电梯电气控制柜的变压器如图 2-14 所示，它主要将 380V 的交流电转换成 220V 的交流电和 110V 的交流电。

（2）相序继电器 相序继电器是由运算放大器组成的一个相序比较器，比较电压幅值、频率和相位。如果条件符合，放大器导通；如果有单个条件不符合，放大器闭锁。相序继电器主要用于相序检测或断相保护，当相序正确时，继电器动作获得输出，当相序不正确或交流回路任一相断线时，继电器闭锁。

图 2-14 电梯电气控制柜的变压器

在许多三相交流电应用的场合，相序正确有时是一项必需的条件，错误的相序或断相将导致设备工作不正常甚至损坏。相序继电器广泛应用于三相电应用场合，配上指示灯可作为相序指示器，与接触器结合可完成自动换相功能。

一般情况下，电动机工作的接线顺序是有规定的，如果由于某种原因导致相序错乱，电动机将无法正常工作甚至损坏。三相电源中有 A 相、B 相、C 相，假如按 A-B-C 的相序将电源接入电动机，电动机是正转，那么，按 A-C-B 的相序将电源接入电动机，电路中相序与指定相序不符，相序继电器将触发动作，电动机将反转。为了防止电动机反转，就加入了相序继电器，当电路中相序与指定相序不符时，相序继电器触发动作，电动切断电动机电源，防止电动机反转。

电梯上的相序继电器外观如图 2-15 所示，其作用如下：

1）相序保护。电动机的旋转方向与相序直接相关，因此，在电梯中，电梯的运行方向也与相序直接相关。如果因为某种原因导致电源相序错误，那么原本上行的电梯就会变成下行，原本下行的电梯就会变成上行，这很容易造成故障甚至事故。

2）断相保护。即防止电梯曳引机在运行过程中遭遇断相故障，导致电动机损坏或引发其他事故。

3）过电压、欠电压保护。防止电压过高、过低损坏电梯曳引机而引发其他事故。

以上为相序继电器在电梯中的几种保护作用，其中相序保护又称为逆相保护、错相保护等，一般在外部电源维修后，相序接错导致该情况发生。例如，主变压器维修后，出线端电缆被反接等错误，电梯等终端用户在用电之前是无法预知的，因此在这类设备中加装相序继电器可有效防止相应的故障对设备的损坏。

（3）开关电源 开关电源起变压作用，将输入电压由交流 220V 转换成直流 24V，输入端包括相线、中性线、地线，其外观如图 2-16 所示。

（4）断路器 断路器具有短路保护、过载保护等功能，在超载或非正常运行中，如出现故障，会自动断开开关，起到保护电路和线路的作用。电梯控制柜内共有四个断路器，分别用来控制 380V 交流电、220V 交流电、110V 交流电、110V 直流电。断路器的外观如图 2-17 所示。

  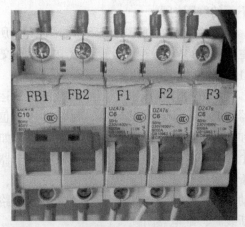

图 2-15　相序继电器　　　图 2-16　开关电源　　　　图 2-17　断路器

（5）接触器与继电器 电梯控制柜内的接触器包括运行接触器、制动接触器，继电器包括安全继电器、门锁继电器，其实物如图 2-18 所示。其中，运行接触器和抱闸接触器由主控制电路控制，安全与门锁继电器由安全与门锁电路控制。

（6）接线端子排　电梯控制柜接线端子排包括安全与门锁电路端子排、电源电路端子排、主电源电路端子排等。电源电路端子排主要负责电梯变压器、整流器、开关电源等的输出电压转接到门机控制器、主控制器、外呼内选按钮部分的用电。其实物如图2-19所示。

图2-18　电梯控制柜接触器与继电器实物图

图2-19　电梯控制柜接线端子排实物图

二、机房控制柜电源电路组成与工作原理

机房控制柜电源电路是由主变压器、相序继电器、开关电源、整流器、380V 交流断路器、220V 交流断路器、110V 交流断路器、110V 直流断路器及安全继电器触点等组成的电路，如图2-20所示。

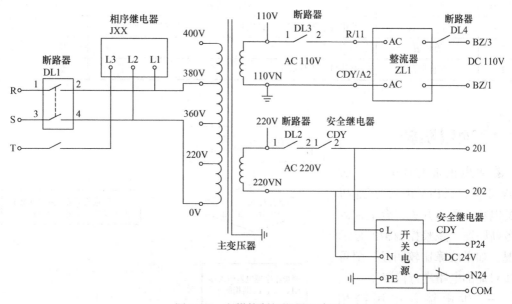

图2-20　电梯控制柜电源电路图

如果电梯不能起动，首先要检测配电箱电源输入端有没有供电。在确定供电正常的情况下，检测电源输出端有没有电，若没电，则可断定是断路器问题；若有电，则可检测以下电路有无故障。

从配电箱出来进入控制柜的 R、S 电源端通过断路器 DL1 后分成两路，一路连接相序继电器 JXX，一路进入主变压器的一次侧，连接380V 端和0V 端。经变压器变压后，得到电压为220V 和110V 的交流电。

变压器二次侧下端为220V 交流电源，是门机动力电源，由断路器 DL2 及安全继电器

CDY 控制；变压器二次侧上端为 110V 交流电源，是安全回路供电电源，由断路器 DL3 控制。110V 交流电源通过断路器 DL3 连接整流桥 ZL1，输出 110V 直流电源，直流电源由断路器 DL4 控制；220V 交流电源分成两路，一路通过断路器 DL2 输出到 201 点和 202 点，一路通过开关电源输出 24V 直流电。

三、机房控制柜电源电路故障的维修步骤与方法

电梯控制柜电源电路故障检修思路如下：

1）在电源总开关断开的情况下，对控制柜的部件实施详细的观察（看、闻、摸）。若没有发现明显的故障部位，再进行以下操作。

2）判断市网 380V 供电是否正常，然后可按电源电路的走向从左至右分别检查 110V 交流电源电路及器件的电压、220V 交流电源电路及器件的电压。

 项目准备

根据项目内容及项目要求选用仪表、工具和器材，见表 2-5。

表 2-5　仪表、工具和器材明细

序　号	名　　称	型号与规格	单　位	数　量
1	电工工具	验电器、钢丝钳、螺钉旋具、电工刀、尖嘴钳、剥线钳	套	1
2	万用表	自定	块	1
3	劳保用品	绝缘鞋、工作服等	套	1

 **项目实施**

在供电正常的情况下（AC 380V 正常，三相平衡），接通机房配电箱电源主开关，合上控制柜各断路器，观察控制柜的显示情况，如果故障比较明显，则可直接对局部电路进行检测。

一、供电输入电源错相故障

1. 检查思路

观察控制柜上指示灯、主控制板及相序继电器 JXX 上的指示灯的点亮情况，重点检查有无外网输入电源，有无断相或错相，线路连接有无松动。根据电源电路原理图和图 2-21 所示检修流

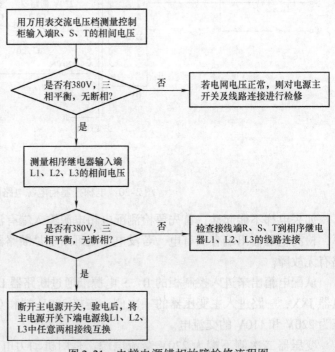

图 2-21　电梯电源错相故障检修流程图

程图进行逐步检修。

2. 实操过程

由于输入电源断相或错相，相序继电器 JXX 上的指示灯不亮。具体操作步骤如下：

1）用万用表交流电压档检测控制柜相序继电器 JXX 上电源输入 L1、L2、L3 端子电压（正常应为 380V，三相平衡）。

2）电压不正常，若断相，再往电源的上级供电线路进行检测：

断路器 DL1 电压→R、S、T 端子电压→机房配电箱电源主开关下端头电压→机房配电箱电源主开关上端头电压。

3）电压正常，三相平衡，在机房配电箱断开电源主开关，验电确认没有电压后，将电源主开关下端头电源线 L1、L2、L3 中任意两相接线互换。

4）更换电源线 L1、L2、L3 任意两相接线后，相序继电器上的指示灯仍不亮，检查更换相序继电器 JXX。

二、外呼显示正常，门机控制器没有交流 220V 供电电源故障

1. 检查思路

首先到机房观察电气控制柜上的安全继电器和门锁继电器是否吸合，重点检查接线端子排 201 和 202 间有无 220V 交流电压，若电压正常，则检查控制柜接线端子排 201 和 202 到轿顶接线盒端子排 201 和 202，以及轿顶接线盒端子排 201 和 202 到门机控制器的接线，若没有 220V 交流电压，则应检查端子排 201 和 202 前面到控制主变压器的输出之间的电路元器件及线路连接，根据电源电路图和图 2-22 所示检修流程图进行检修。

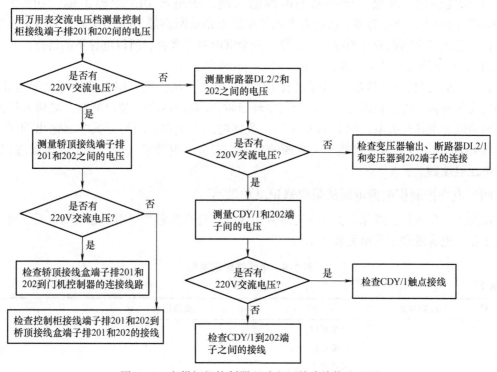

图 2-22　电梯门机控制器驱动电压故障检修流程图

2. 实操过程

由于外呼有显示，控制柜中安全继电器和门锁继电器已吸合，说明安全回路和门锁回路正常，开关电源输出 DC 24V 正常。具体检修操作步骤如下：

1）用万用表交流电压档检测机房控制柜接线端子排 201 和 202 两端的电压值。

2）如没有 220V 交流电压，则往上级供电线路进行检查，测量 DL2/2 和 202 端的电压值。

① 如有 220V 电压，说明变压器输出、断路器 DL2/2 和变压器到 202 端子的连接线路有问题。

② 如没有 220V 电压，说明上述连接不正常。

3）测量安全继电器 CDY/1 和 202 端的电压值，若有 220V 交流电压，说明安全继电器已经吸合，若没有 220V 交流电压，说明 CDY/1 到接线端子排 202 之间的线路连接有问题。

4）在机房配电箱断开电源主开关，断开控制柜上的 DL2，验电确认没有电压后，用万用表的二极管档测量，一只表笔接安全继电器的 CDY/1 端，另一只表笔接接线端子排 201 端，若万用表不响，说明安全继电器 CDY/1 到接线端子排之间的线路连接有断开点。

5）排除以上原因，可判断故障原因是安全继电器 CDY/1 接线端接触不良，造成门机控制器没有交流 220V 供电电源，因此电梯不运行。

6）重新把接线端接牢固，故障排除，电梯恢复正常。

三、安全回路电源故障

1）首先断开电源总开关，断开安全继电器线圈的一端，测量安全回路的电阻值，如果为零，则表明安全回路没有断开点。

2）恢复供电，测量安全回路的电源输入端，断路器 DL3 的输出端"DL3/2"和"110VN"的电压，结果为零，经检查发现故障原因是从断路器 DL3 引出的"DL3/2"端接触不良，造成安全回路的电源电压不正常，安全继电器不吸合，所以电梯不能运行。

3）重新把该接线端接牢固，故障排除，电梯恢复正常。

4）又如，经检查，楼层显示器没有 DC 24V 电源供给，则可根据控制柜电源电路图，在确定变压器输入电压正常后，对电源配电环节输入/输出端电压进行测量。对输入端测量时，两表笔分别接开关电源的 L 端和 N 端，观察电压表读数；测量开关电源输出端时，黑表笔接 COM 端，红表笔分别接开关电源输出端、安全继电器输入端、安全继电器输出端，观察电压表读数。

四、电梯控制柜电源电路故障检修记录单填写

检修工作完成后，维保人员须填写维修记录单，自己签名并经用户签名确认后方可结束检修工作。电梯维修记录单见表 2-6。

表 2-6 电梯维修记录单

用户地址：　　　　　　电梯编号：　　　　维修时间：　年　月　日　　时

序　号	故障现象	维修记录
1		故障原因： 故障部位： 检查方法： 排查方法：

（续）

序　号	故障现象	维修记录
2		故障原因： 故障部位： 检查方法： 排查方法：

维修人员签名：　　　　　　　　　用户签名：

 项目考核

　　项目完成后，由指导教师对本项目的完成情况进行实操考核。电梯电源电路故障诊断与维修实操考核见表2-7。

表 2-7　电梯电源电路故障诊断与维修实操考核表

序号	考核项目	配分	评分标准	得　分	备　注
1	安全操作	10	1）未穿工作服，未戴安全帽，未穿防滑电工鞋（扣1～3分） 2）不按要求进行带电或断电作业（扣3分） 3）不按要求规范使用工具（扣2分） 4）其他违反机房作业安全规程的行为（扣2分）		
2	电梯控制柜的类型及组成	10	1）不能说出控制柜任何一个电气元器件（扣10分） 2）说错或漏说控制柜电气元器件（每错一项扣2分）		
3	电梯控制柜电源电路的组成与工作原理认知	15	1）不能说出控制柜电源电路任何一个电气器件（扣6分） 2）说错或漏说控制柜电源电路器件（每错一项扣1分） 3）不能说出控制柜电源电路工作原理（扣9分） 4）未正确全面阐述控制柜电源电路工作原理（每错一项扣3分）		
4	电梯控制柜电源电路故障检修流程图的绘制	15	1）不能绘制控制柜电源电路故障检修流程图（扣15分） 2）绘制顺序错误或不全（每错一项扣3分）		
5	电梯控制柜供电输入电源错相故障的检修	15	1）未能找出输入电源错相故障（扣15分） 2）未能按规定步骤与要求检修（每错一项扣3分）		
6	门机控制器220V供电电源故障的检修	15	1）未能找出门机控制器220V供电电源故障（扣15分） 2）未能按规定步骤与要求检修（每错一项扣3分）		
7	安全回路电源故障的检修	10	1）未能找出安全回路电源故障（扣10分） 2）未能按规定步骤与要求检修（每错一项扣3分）		

（续）

序号	考核项目	配分	评分标准	得　分	备　注
8	6S 考核	10	1）工具器材摆放凌乱（扣 2 分） 2）工作完成后不清理现场，将废弃物遗留在机房设备内（扣 4 分） 3）设备、工具损坏（扣 4 分）		
9	总分				

注：评分标准中，各考核项目的单项得分扣完为止，不出现负分。

项目小结

本项目介绍了电梯控制柜的类型及组成、电源电路组成和工作原理、电梯控制柜电源电路故障检修的思路与电源电路故障检修流程图等理论知识。在此基础上，给出了三个电源故障检修实例，即电源错相故障检修实例、门机动力电源故障检修实例、安全电路电源故障检修实例，学生通过学习及训练可掌握电梯控制柜电源电路故障检修的思路、方法和技能。

项目三　电梯安全与门锁电路故障诊断与维修

知识目标

1）掌握电梯安全与门锁电路的组成和工作原理。
2）掌握电梯安全与门锁电路的常见故障。
3）掌握运用电压法诊断与排除电梯安全与门锁电路故障的思路与方法。
4）掌握运用电阻法诊断与排除电梯安全与门锁电路故障的思路与方法。
5）掌握运用短接法诊断与排除电梯安全与门锁电路故障的思路与方法。

能力目标

1）能够描述安全与门锁电路常见故障现象并分析原因。
2）能够查找安全与门锁电路开关位置和控制柜触点位置。
3）能够运用观察法诊断与排除安全与门锁电路常见故障。
4）能够运用电压法诊断与排除安全与门锁电路常见故障。
5）能够运用电阻法诊断与排除安全与门锁电路常见故障。
6）能够运用短接法诊断与排除安全与门锁电路常见故障。

项目描述

电梯安全与门锁电路是电梯最重要的电气保护回路，电梯出现的电气故障大部分集中在安全与门锁电路上，因此，掌握电梯安全与门锁电路故障诊断与维修的技能对于电梯维保人员至关重要。本任务介绍了电梯安全与门锁电路故障诊断与维修的基本知识与基本技能。

项目分析

要具备诊断与维修电梯安全与门锁电路故障的技能，首先要掌握电梯安全与门锁电路的组成、元器件分布及工作原理等基本知识，在此基础上，还要掌握常见电梯安全与门锁电路故障现象及分析其故障原因的能力，具备运用观察法、电压法、电阻法、短接法诊断电梯安全与门锁电路故障的技能。为此，本项目介绍了安全与门锁电路的组成和工作原理、常见故障及分析、故障诊断方法等基本知识，为提高学生诊断安全门锁电路的基本技能，任务中给出了具体的诊断实例，通过理论学习及任务实施与训练，学生可全面掌握安全与门锁电路故障诊断的基本知识和基本技能。

相关知识

一、电梯安全与门锁电路的组成和工作原理

1. 安全与门锁电路的类型

电梯种类繁多，不同电梯的安全与门锁电路也不尽相同，较为常见的有以下两种。

1）用安全开关串联起来驱动一个继电器（安全继电器），用门电气联锁开关串联起来驱动另一个继电器（门锁继电器），安全继电器、门锁继电器均吸合时，认为电梯处于安全状态，供电正常，允许电梯正常运行。

2）把安全开关、门电气联锁开关直接串联起来接入主板，作为主板检测信号，主板接收到信号则认为电梯处于正常状态，可以运行。安全门锁包含的安全开关种类较多，常见的安全开关有急停开关、限速器开关、安全钳开关、极限开关及缓冲器开关等，门电气联锁开关分为轿门电气联锁开关和层门电气联锁开关。为了节约材料，电路通常按照安装位置进行布线，井道的安全开关线路沿着井道壁线槽布线，轿厢安全开关线路则使用随行电缆，故在检测过程中应采用分段测量法。

2. 安全与门锁电路组成元器件简介

电梯机房安全开关实物见表2-8，电梯井道及轿厢安全开关实物见表2-9，电梯底坑安全开关实物见表2-10。

表 2-8　电梯机房安全开关实物

名称	控制柜急停按钮	限速器开关	盘车手轮开关
实物			

表 2-9　电梯井道及轿厢安全开关实物

名称	井道急停按钮	轿厢急停开关	轿顶急停按钮	上、下极限开关	安全钳开关
实物					

表 2-10　电梯底坑安全开关实物

名称	底坑急停按钮	缓冲器开关
实物		

3. 安全与门锁电路的工作原理

电梯安全与门锁电路如图 2-23 所示。

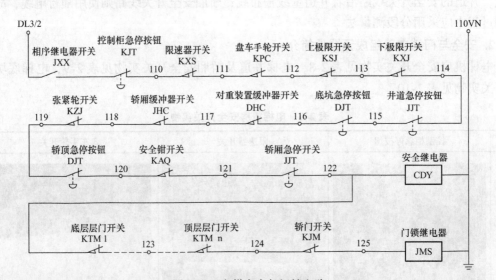

图 2-23　电梯安全与门锁电路

安全门锁电路就是把电梯安全开关和门电气联锁开关串联起来所形成的一条回路。电梯的安全与门锁电路包括安全电路、门锁电路。其中，安全继电器控制电路是由众多安全开关串联起来控制安全继电器的控制回路。走向为 DL3/2→相序继电器开关→控制柜急停按钮→限速器开关→盘车手轮开关→上极限开关→下极限开关→井道急停按钮→底坑急停按钮→对重装置缓冲器开关→轿厢缓冲器开关→张紧轮开关→轿顶急停按钮→安全钳开关→轿厢急停开关→安全继电器。

电梯门锁电路是从安全回路的轿厢急停点 122 点开始→底层层门开关→中间层层门开关→顶层层门开关→轿门开关→门锁继电器。电梯安全回路中的开关断开或接触不良都会导致门锁继电器断电。

二、安全与门锁电路的常见故障与诊断方法

1. 安全与门锁电路的常见故障

安全与门锁电路常见的故障有以下几类：安全开关动作、安全开关接触不良、相序继电器故障、线路开路、门电气联锁开关接触不良等。表 2-11 给出了故障现象和原因分析。

表 2-11　电梯安全与门锁电路常见故障现象及原因分析

故障现象	故障原因分析	
常见安全开关动作	1. 限速器、安全钳、张紧轮开关动作	电梯超速，限速器开关、安全钳开关动作
		限速器钢丝绳跳出绳槽或钢丝绳过长，导致张紧轮重锤过低，限速器断绳开关（张紧轮开关）动作
		底坑绳轮有异物（如老鼠等）卷入、安全楔块间隙太小等原因，导致安全钳开关动作
	2. 极限开关动作	电梯冲顶或蹲底导致极限开关动作
	3. 急停开关未复位	维修人员维修工作完成后疏忽忘记复位机房急停按钮、轿厢急停开关或底坑急停按钮，或者开关被无关人员按下
安全开关接触不良	1. 开关触点接触不良，触点打火烧焦触点 2. 接线松动、线路断裂	
相序继电器故障	电梯电源错相或断相，引起相序继电器动作并发出红色警报（正常为绿色灯）从而使相序继电器串联在安全电路的常开触点断开	
门电气联锁开关接触不良	1. 电梯停止层的门锁故障 2. 用三角钥匙打开层门时，门电气联锁开关没有闭合 3. 门电气联锁开关接触不良	
安全与门锁继电器故障	1. 检查安全与门锁电路继电器两端电压，电压正常而不吸合，则继电器线圈断路	1）工作电流（电压）超过继电器线圈允许（额定）的电流（电压）
		2）触电电流超过继电器触电允许（额定）的电流
		3）工作环境散热不好
	2. 如果继电器吸合，则安全与门锁电路继电器触点接触不良，触点烧灼等原因导致控制系统接收不到层门、轿门关闭的信号，曳引机及抱闸线圈失电	

2. 安全与门锁电路故障诊断方法

安全与门锁电路故障的诊断方法有很多，在维修时可以灵活选用。选择恰当的方法，即使是非常简单的工作也可以提高工作效率，尤其在高楼层电梯维修中尤为明显。当电梯安全

与门锁电路出现故障后，控制柜会出现故障代码提示，根据代码提示，运用电压法、电阻法、短接法查找故障点。

下面介绍诊断安全与门锁电路故障较为便捷的一个维修过程。下面以某品牌电梯安全与门锁电路为例进行说明，电路原理图如图2-23所示。

（1）观察法初步判断故障回路　观察安全继电器（CDY）、门锁继电器（JMS）是否吸合，观察主板信号灯是否点亮，主板是否显示故障代码，外显等的情况。如果发现安全继电器（CDY）、门锁继电器（JMS）未吸合，主板中安全电路反馈信号未到主板，主板显示安全电路故障代码等，则可判断为安全电路故障。

（2）电阻法查找故障点　运用观察法只能大致确定故障点，要确认及查找故障点还需要运用具体的诊断方法。

电梯电路故障点的常见排查方法有电阻法、电压法及短接法等，如前所述。下面以图2-23为例具体介绍运用电阻法、电压法、短接法快速查找安全与门锁电路故障点的过程。

利用电阻法查找故障点，是在线路已断电的情况下，利用万用表电阻档测量电阻来判断开关或线路的通断情况。测量过程中，用万用表表笔接触被测开关或线路两端，如果万用表显示电阻较小或为零，则不存在故障；反之，则存在故障。对于较长的线路，利用一端接地，另一端用万用表测量对地电阻，这样可以巧妙地解决长线路的测量。电阻法通常是在用观察法初步认定安全与门锁电路故障后进一步确认和查找故障点的一种方法。电阻法主要用于判断安全与门锁电路线路故障。电阻法查找故障点流程图如图2-24所示。

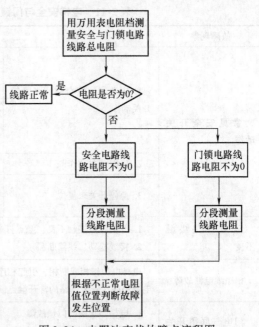

图2-24　电阻法查找故障点流程图

具体过程如下：

1）确认故障范围，判断故障点回路。断开安全继电器及门锁继电器线圈，利用万用表电阻档测量DL3/2与122、122与125之间的电阻，若所测电阻出现无穷大或极大，则可判断安全与门锁电路确实存在故障，若电阻都为零或较小，则不存在故障。若DL3/2与122之间的电阻无穷大或极大，则安全回路存在故障；若122与125之间的电阻无穷大或极大，则门锁回路存在故障。

2）查找安全回路故障点。利用万用表电阻档测量110与112、112与118、118与122之间的电阻，若110与112之间的电阻无穷大或极大，则机房安全开关存在故障；若112与118之间的电阻无穷大或极大，则井道安全开关存在故障；若118与122之间的电阻无穷大或极大，则轿厢安全开关存在故障。找出故障空间位置后，进一步测量110与111、111与112、112与113、113与114，直至121与122之间的电阻，直到确定故障点为止。

3）查找门锁回路故障。利用万用表电阻档测量122与124、124与125之间的电阻，若122与124之间的电阻无穷大或极大，则层门电气联锁开关存在故障；若124与125之间的电阻无穷大或极大，则轿门电气开关存在故障。找出故障段位置后，进入相应故障段逐点测量，直到确定故障点为止。

（3）电压法查找故障点　电压法就是在电路通电的情况下利用万用表电压档进行检测。万用表档位要根据电路的电源进行选择，交流电源使用交流电压档，直流电源使用直流电压档。万用表量程也根据电路实际使用电压来选择，安全与门锁电路常用的是 110V 和 220V 电压。对于直流电压的测量，注意黑表笔应接触负极，红表笔接触正极，交流电压测量则无此限制。电压法查找故障点流程图如图 2-25 所示。

电压法寻找安全与门锁电路故障点的步骤如下：

1）用万用表交流电压 250V 档测量 DL3/2、110VN 两端子间的电压。若有电压，说明电路通电正常。

2）若 DL3/2 与 110VN 之间无电压，用万用表的交流电压 250V 档测量 CDY 和 JMS 线圈两端的电压。若有电压，说明故障在线圈上，若无电压，故障在线路及开关上。

3）把万用表调至交流电压 250V 档，黑表笔固定在 110VN 端，红表笔依次接触 110、112、118、122、124、125 点。若 110 点有电压，则机房相序继电器没有故障；若 112 有电压，则机房安全开关没有故障；若 118 有电压，则井道安全开关没有故障；若 122 有电压，则轿厢安全开关没有故障；若 124 有电压，则层门开关没有故障；若 125 有电压，则轿门开关没有故障。如果发现故障，先到相应故障段进行修复然后继续测量。

（4）短接法查找故障点　短接法就是利用短接线短接部分线路或开关来排查故障的方法。短接法使用起来存在一定风险，因为短接法不能短接负载即不能连通电源正、负极和相、中性线，否则会造成电源短路。故障排查后，还应及时拆除短接线。短接法查找故障点流程图如图 2-26 所示。

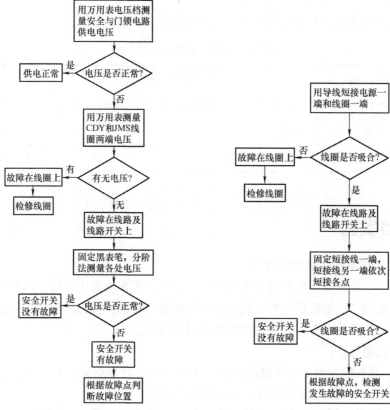

图 2-25　电压法查找故障点流程图　　　图 2-26　短接法查找故障点流程图

具体查找步骤如下：

1) 用导线短接 DL3/2 与门锁继电器 JMS 左端之间的线路，若线圈若吸合，说明故障在线路开关线路上；若不吸合，说明故障在线圈上。

2) 若故障发生在线路开关及线路上，用导线一端固定在门锁继电器 JMS 左端，另一端依次连接 110、112、118、122、124、125 点。若连接 110 时 JMS 吸合，则机房相序继电器没有故障；若连接 112 时 JMS 吸合，则机房安全开关没有故障；若连接 118 时 JMS 吸合，则井道安全开关没有故障；若连接 122 时 JMS 吸合，则轿厢安全开关没有故障；若连接 124 时 JMS 吸合，则层门开关没有故障；若连接 125 时 JMS 吸合，则轿门开关没有故障。如果发现故障，缩小范围继续短接直至发现故障，进行修复然后继续测量。

短接法常常使用在层门电气联锁开关的故障排除中，为了方便排查，通常短接层门所有电气联锁开关，然后进入轿顶慢车排查层门电气联锁开关故障，维修好后再拆除短接线。另外，短接法涉及的注意事项较多，在高压设备中不能采用该方法，不熟练的情况下也不建议使用该方法进行维修。

除了以上介绍的故障排查方法外，还有替代法、讯响法、试灯法、验电笔法、程序检查法等，在维修中可灵活选用。

项目准备

根据项目内容及项目要求选用仪表、工具和器材，见表 2-12。

表 2-12　仪表、工具和器材明细

序　号	名　称	型号与规格	单　位	数　量
1	电工工具	验电器、钢丝钳、螺钉旋具、电工刀、尖嘴钳、剥线钳	套	1
2	万用表	自定	块	1
3	劳保用品	绝缘鞋、工作服等	套	1

项目实施

1. 安全与门锁电路故障检修思路

若电梯处于停止状态，所有信号不能登记，快车、慢车均无法运行，则首先应怀疑是安全回路故障。此时，应到机房控制柜观察安全继电器的状态，观察指示灯是否正常工作，如果安全继电器处于释放状态，则可判断为安全回路故障。

故障检查思路如下：

1) 首先，观察控制柜上相序继电器 JXX 上的指示灯是否点亮，如果都不亮，重点检查有无外网输入电源，有无断相或错相，线路连接有无松动等。

2) 如果相序继电器 JXX 上的指示灯亮，再观察安全继电器 CDY 是否吸合，若没有吸合，则说明安全电路有故障。用万用表检查安全电路。

3）电梯安全电路的检修思路是先判断故障大致位置，即是在机房、井道、轿厢还是底坑，判定大致位置后，缩小检查范围。在断电的情况下，可以用电阻法来检修。用万用表电阻档的200Ω档位或用二极管检测档。

具体方法检修步骤如下：

判定故障在机房后，找到控制柜接线端子排中编号为110、111、122的接线端，分别测量111与122端、110与122端的通断情况，如前者接通，后者没有接通，则故障点发生在限速器开关及其线路上。

表2-13列出了电梯起动故障原因分析及排除方法。

表2-13 电梯起动故障原因分析及排除方法

故障现象	可能原因	排除方法
电梯有电，但不能起动	电梯安全电路发生故障，有关线路断开或松脱	检查安全继电器是否吸合，如果不吸合，且线圈两端电压又不正常，则检查安全电路中各安全装置是否处于正常状态，检查安全开关的完好情况及导线和接线端子的连接情况
	电梯安全电路的继电器发生故障	检测安全继电器两端的电压，如果电压正常而不吸合，则安全电路继电器线圈断路；如果吸合，则安全电路继电器触点接触不良，控制系统接收不到安全装置的正常信号
电梯能定向和自动关门，但关门后不能起动	本层层门机械门锁未有调整好或损坏，不能使门锁电路接通，进而不能起动电梯	调整或更换门锁，使其能正常接通门锁电路
	本层层门机械门锁工作正常，但门锁接触不良或损坏，不能使门锁电路接通	调整或更换门锁，使其能够正常接通门锁电路
	门锁电路有故障，有关线路断开或松脱	检查门锁电路继电器是否吸合，如果不吸合，且线圈两端电压又不正常，则检查门锁电路的有关线路是否接触良好，若有断开或松脱的情况，则将线路接好
	门锁继电器故障	检测门锁继电器两端的电压，如果电压正常而不吸合，则门锁继电器线圈短路；如果吸合，则门锁继电器接触不良，控制系统接收不到层门、轿门关闭的信号
门未关，电梯能选层起动	门锁继电器触点有短路现象	检查和修复门锁继电器触点，若不能修复，则更换

2. 判断电梯安全与门锁电路故障位置的分段检修流程

电梯安全与门锁电路故障分区判断流程图如图 2-27 所示。

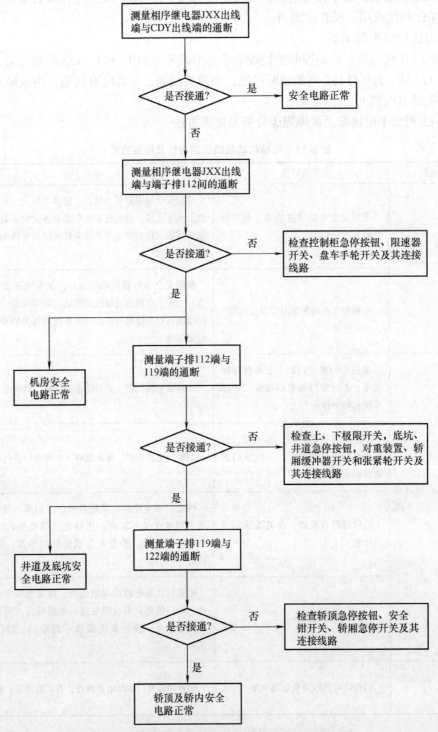

图 2-27　电梯安全与门锁电路故障分区判断流程图

3. 电梯机房部分安全电路检修流程图

电梯机房安全电路故障判断流程图如图 2-28 所示。

4. 电梯井道、底坑部分安全电路检修流程图

电梯井道、底坑安全电路故障判断流程图如图 2-29 所示。

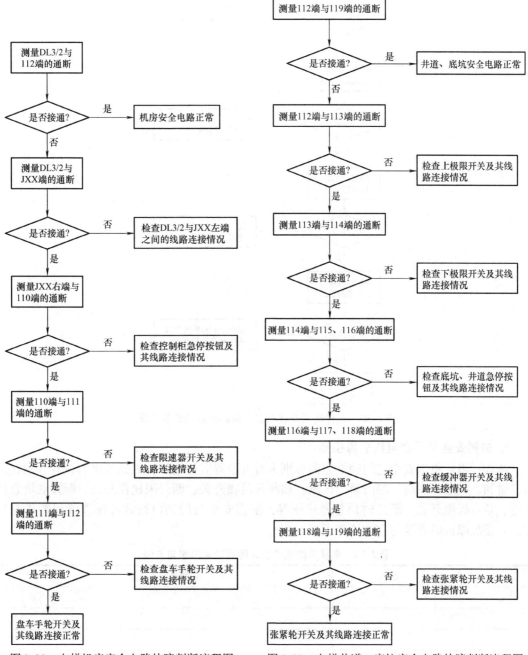

图 2-28 电梯机房安全电路故障判断流程图　　图 2-29 电梯井道、底坑安全电路故障判断流程图

5. 电梯轿顶及轿厢安全电路检修流程图

电梯轿顶及轿厢安全电路故障判断流程图如图 2-30 所示。

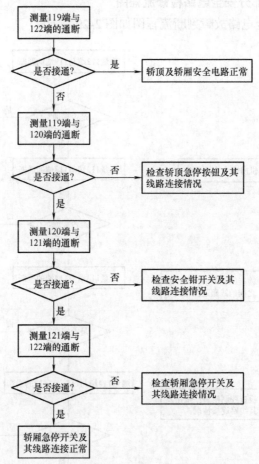

图 2-30　电梯轿顶及轿厢安全电路故障判断流程图

6. 电梯安全与门锁电路故障检修

两人一组，根据安全与门锁电路图分别为对方设置五处故障，五处故障的设置分别在机房、轿厢、井道、底坑、层门轿门区域，如断开门锁开关、断开限速器开关、断开底坑急停按钮、断开极限开关、断开轿顶急停按钮等，根据安全与门锁电路故障排查流程图排查故障，并将故障诊断思路与方法填在表 2-14 中。

表 2-14　电梯故障区域及故障点诊断思路与方法

故障区域	故障点	诊断思路与方法

 **项目考核**

项目完成后，由指导教师对本任务的完成情况进行实操考核。电梯安全与门锁电路故障诊断实操考核见表2-15。

表2-15 电梯安全与门锁电路故障诊断实操考核表

序号	考核项目	配分	评分标准	得分	备注
1	安全操作	5	1）未穿工作服，未戴安全帽，未穿防滑电工鞋（扣1～2分） 2）不按要求进行带电或断电作业（扣1分） 3）不按要求规范使用工具（扣2分） 4）其他违反机房作业安全规程的行为（扣1分）		
2	电梯安全与门锁电路的组成及工作原理认知	10	1）不能说出安全与门锁电路的组成（扣5分） 2）不能说出安全与门锁电路的工作原理（扣5分） 3）说错或漏说安全与门锁电路元器件（每错一项扣1分）		
3	电梯安全与门锁电路常见故障原因分析	8	1）不知道常见安全与门锁电路故障的现象（扣4分） 2）不会分析安全与门锁电路故障的原因（扣4分） 3）未能全部说出安全与门锁电路故障的现象和正确分析其原因（每错一项扣1分）		
4	观察法诊断电梯安全与门锁电路的思路及步骤	8	1）不能说出观察的对象（扣8分） 2）说出观察的对象，但不全面（每错一项扣2分）		
5	电压法诊断电梯安全与门锁电路的思路及步骤	8	1）未能掌握电压法诊断安全与门锁电路的故障思路及步骤（扣4分） 2）不能根据电压法诊断安全与门锁电路故障（扣4分）		
6	电阻法诊断电梯安全与门锁电路的思路及步骤	8	1）未能掌握电阻法诊断安全与门锁电路的故障思路及步骤（扣4分） 2）不能根据电阻法诊断安全与门锁电路故障（扣4分）		
7	短接法诊断电梯安全与门锁电路的思路及步骤	8	1）未能掌握短接法诊断安全与门锁电路的故障思路及步骤（扣4分） 2）不能根据短接法诊断安全与门锁电路故障（扣4分）		
8	安全与门锁电路故障区域判断	10	1）不知道安全与门锁电路故障区域（扣5分） 2）不能按故障区域判断流程图判断安全与门锁电路故障区域（扣5分） 3）不能正确判段安全与门锁电路故障区域（扣5分）		
9	机房安全与门锁电路故障点判断	10	1）未掌握机房安全与门锁电路故障点诊断的思路（扣5分） 2）未能诊断出机房安全与门锁电路故障点（扣5分）		

（续）

序号	考核项目	配分	评分标准	得分	备注
10	轿厢及轿顶安全与门锁电路故障点判断	10	1）未掌握轿厢轿顶安全与门锁电路故障点诊断的思路（扣5分） 2）未能诊断出轿厢和轿顶安全与门锁电路故障点（扣5分）		
11	井道与底坑安全与门锁电路故障点判断	10	1）未掌握井道与底坑安全与门锁电路故障点诊断的思路（扣5分） 2）未能诊断出井道与底坑安全与门锁电路故障点（扣5分）		
12	6S考核	5	1）工具器材摆放凌乱（扣1分） 2）工作完成后不清理现场，将废弃物遗留在机房设备内（扣2分） 3）设备、工具损坏（扣2分）		
13	总分				

注：评分标准中，各考核项目的单项得分扣完为止，不出现负分。

项目小结

　　本项目介绍了电梯安全与门锁电路的组成和工作原理，常见安全与门锁电路故障现象及其原因分析，运用观察法、电阻法、电压法、短接法诊断电梯安全与门锁电路故障的思路和步骤。通过学习，学生可全面掌握电梯安全与门锁电路故障诊断的基本知识。通过电梯安全与门锁电路故障位置判断、机房安全与门锁电路故障位置判断、井道底坑安全与门锁电路故障位置判断、轿顶和轿厢安全与门锁电路故障位置判断、电梯安全与门锁电路故障分析等操作的训练，学生可全面掌握诊断与维修电梯安全与门锁电路故障的基本技能。

项目四　电梯主控制电路故障诊断与维修

　　VVVF电梯控制电路包括主控制电路和开关门控制电路。主控制电路和开关门控制电路之间可以通信，主控制电路主要用来实现曳引电动机起停、方向、速度、制动等的控制，开关门控制电路主要实现门机的起停、速度等的控制。本项目讨论的电梯主控制电路的故障是在开关门控制电路正常的情况下，主控制电路所引起的曳引电动机不能起动的故障，主要是指主控制电路故障。

项目目标 》》

　　1）掌握电梯主控制电路故障的逻辑分析方法。
　　2）掌握电梯检修电路故障的诊断与排除方法。
　　3）掌握电梯端站开关故障的诊断与排除方法。
　　4）掌握电梯平层开关故障的诊断与排除方法。
　　5）掌握电梯消防开关故障的诊断与排除方法。

内容描述 》》

在排除系统软件故障的情况下，根据主控制电路图，电梯主控制电路故障的原因主要是由于其输入信号故障引起的。因此，对其故障的诊断主要围绕输入信号故障展开。主控制电路不是一个独立的控制电路。VVVF电梯主控制器输入信号主要包括安全继电器触点、门锁继电器触点、平层开关、检修开关、上下强迫减速开关、上下限位开关、消防开关、外召唤信号、轿内指令信号等，所涉及的电路包括电源电路、安全与门锁电路、通信电路及检修电路等。

本项目包含两个任务，即电梯主控制电路故障的逻辑分析和电梯主控制电路相关开关故障诊断与排除方法。通过任务的训练，学生可掌握电梯主控制电路故障的逻辑分析方法及诊断与排除电梯主控制电路故障的基本技能。

任务一　电梯主控制电路故障的逻辑分析

知识目标

1）熟悉VVVF电梯主控制电路的组成。
2）掌握VVVF电梯主控制电路故障的逻辑分析方法。
3）能够根据电梯主控制电路电气原理图查找各电气部件位置。

能力目标

1）能够根据电梯主控制电路电气原理图查找控制柜相关接线端。
2）能够绘制主控制电路故障的逻辑分析图。
3）能够安全操作电梯，确保人身及设备安全。

任务描述

电梯主控制电路是用来控制电梯曳引电动机的主要电路，掌握其故障的逻辑分析方法对于电梯维保人员至关重要。本任务介绍了对电梯主控制电路故障进行逻辑分析的基本方法与步骤。

任务分析

电梯出现不能起动的故障，是曳引电动机没有通电所致。根据主拖动电路图可知，造成曳引电动机不能正常通电的可能原因包括电源电路故障、曳引电动机损坏、主拖动电路故障等。主拖动电路产生故障的原因包括变频器故障、安全继电器故障、运行接触器故障及相关线路连接松动。安全继电器由安全回路控制，运行接触器由主控制电路控制。本任务主要考虑电梯不能起动的原因是由主控制电路故障所导致的。电梯主控制电路故障不是一个孤立的问题，其中，电源故障是由供电电路故障引起的；安全与门锁电路故障也会导致主控制电路中安全与门锁继电器触点出现故障；通信电路产生故障也会导致电梯不能起动。另一些故障主要是由开关或触点接触不良及开关损坏所致，包括检修开关、平层开关、端站开关及消防开关等。表 2-16 列出了电梯不能起动的故障原因分析及处理方法。本任务的目的就是从众多可能的故障中找出电梯主控制电路故障的真正原因并加以排除。

表 2-16　常见电梯不能起动的故障原因分析及处理方法

原因分析			处理方法
电源电路故障			检测电源电路，修复相关电路或相关损坏元器件
曳引电动机故障			修复或更换曳引电动机
主拖动电路故障	变频调速器故障		修复或更换变频调速器
	安全继电器故障	安全继电器线圈故障	检测安全继电器线圈，修复或更换安全继电器
		安全继电器触点接触不良	修复相关触点或更换安全继电器
		安全电路开关故障	修复或更换安全电路开关
		安全电路接线松动	修复相关电路，使之恢复正常
	运行接触器故障	运行接触器线圈故障	修复或更换运行接触器
		运行接触器触点接触不良	修复相关触点或更换运行接触器
		主控制电路故障	查找主控制电路，修复相关故障
		主控制电路接线松动	查找相关电路并修复
	主拖动电路接线松动		修复相关电路，使之恢复正常
主控制电路故障	安全与门锁电路故障		检测安全及门锁电路，修复或更换相关损坏元器件
	通信电路故障		检测通信电路，修复或更换相关触点或元器件
	平层开关		检测平层开关，修复或更换相关电路或元器件
	检修开关		检测检修开关，修复或更换相关电路或元器件
	端站开关		检测端站开关，修复或更换相关电路或元器件
	消防开关		检测消防开关，修复或更换相关电路或元器件

 相关知识

一、电梯主控制电路的组成与工作原理

电梯主控制电路相当于一个由 PLC 组成的控制电路，它由输入电路和输出电路所组成，其外观如图 2-31 所示。其中，输入电路的主要作用是判断电梯运行的条件是否满足、接收电梯外召唤信号输入和轿内指令信号输入，输出电路的主要作用包括决定电梯的起停、判断电梯运行的方向和到达的楼层等。输入电路主要包括安全与门锁信号输入、平层信号输入、检修信号输入、消防信号输入、限位信号输入、强迫减速信号输入、运行接触器反馈信号输入、

图 2-31　电梯主控制器外观图

制动接触器反馈信号输入、外召唤信号输入、轿内指令信号输入等，输出电路主要是控制运行接触器、抱闸接触器等。

当电梯的运行条件（主要是指安全条件）都满足且电梯门处于完全关闭状态时，电梯便具备了起动的条件。当电梯接收到外召唤信号和轿内指令信号时，电梯将来自乘客所在层站的向上或向下的外召唤信号以及来自轿厢乘客的轿内指令信号与电梯目前停靠的楼层信号进行比较，从而自动判断电梯是上行还是下行，这种逻辑判断称为电梯的自动定向。自动定向工作由主控制器来完成。

电梯自动定向完成后，将定向信息发送给变频器，从而决定曳引电动机的正、反转。主控制器还决定运行接触器的通断电及制动接触器的通断电，从而决定电梯的起动与停止。当电梯的运行方向及起动与否决定后，电梯开始上下运行。电梯的运行速度由运行速度曲线决定。运行速度的计算也由主控制器决定。

电梯到达预定楼层后，平层开关发出信号给主控制器，主控制器接收到信号后，发出信号给运行接触器和制动接触器，从而决定电梯的停止。

电梯除了可由乘客进行控制外，还可由电梯维保人员通过轿顶检修开关和控制柜紧急操作装置加以控制，电梯的检修运行和紧急操作装置发出信号后，主控制器进行判断，从而决定电梯的起停、运行方向及运行速度。

电梯发生火灾时，消防开关起动，电梯进入消防运行状态。电梯的消防运行由电梯主控制器完成。

二、电梯主控制电路故障的逻辑分析方法

电梯不能起动，可能原因包括电源故障、变频器故障、安全与门锁电路故障、检修电路故障、端站开关故障、通信电路故障等，其中安全与门锁电路故障为最常见的故障。检修时可参照图 2-32 所示流程图展开。

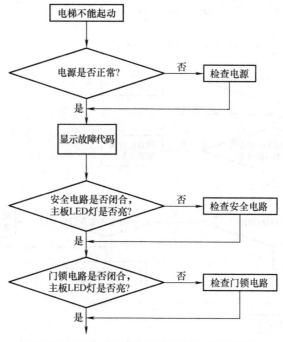

图 2-32　电梯主控制电路故障逻辑分析流程图

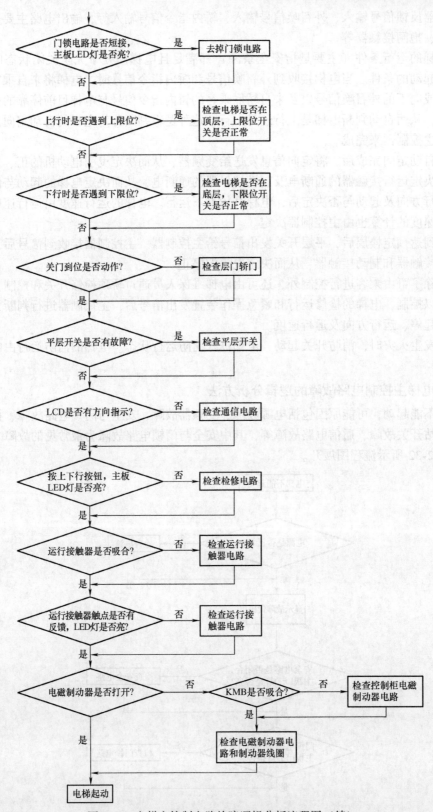

图 2-32 电梯主控制电路故障逻辑分析流程图（续）

 **任务准备**

根据任务内容及任务要求选用仪表、工具和器材，见表2-17。

表2-17　仪表、工具和器材明细

序　号	名　　称	型号与规格	单　位	数　量
1	电工工具	验电器、钢丝钳、螺钉旋具、电工刀、尖嘴钳、剥线钳	套	1
2	万用表	自定	块	1
3	劳保用品	绝缘鞋、工作服等	套	1

 **任务实施**

1）查找电梯主控制电路中各电气开关、触点等电气部件的位置，并将它们的位置写出。

2）查找控制柜中电梯主控制电路相关节点，并写出它们的位置。

3）两人配合，一人按下安全电路中的限速器开关，另一人观察主控制器上故障指示灯的亮灭情况，并说明原因。

4）两人配合，一人按下消防开关，另一人观察主控制器上故障指示灯的亮灭情况，并找出相应故障灯的位置。

 任务考核

任务完成后，由指导教师对本任务的完成情况进行实操考核。电梯主控制电路故障逻辑分析实操考核见表2-18。

表2-18　电梯主控制电路故障逻辑分析实操考核表

序号	考核项目	配分	评分标准	得　分	备　注
1	安全操作	10	1）未穿工作服，未戴安全帽，未穿防滑电工鞋（扣1～3分） 2）不按要求进行带电或断电作业（扣3分） 3）不按要求规范使用工具（扣2分） 4）其他违反机房作业安全规程的行为（扣2分）		
2	主控制电路各电气开关、触点等电气部件的位置查找	15	1）未找出所有电气开关（扣15分） 2）安全与门锁电路触点的查找（未查找出扣5分） 3）检修开关位置的查找（未查找出扣4分） 4）端站开关位置的查找（未查找出扣3分） 5）消防开关位置的查找（未查找出扣3分）		

（续）

序号	考核项目	配分	评分标准	得分	备注
3	主控制电路图相关节点位置的查找	15	1) 未找出所有电气开关节点（扣15分） 2) 安全门锁回路节点的查找（未查找出扣5分） 3) 检修开关节点的查找（未查找出扣4分） 4) 端站开关节点的查找（未查找出扣3分） 5) 消防开关节点的查找（未查找出扣3分）		
4	限速器开关故障灯的判定	10	1) 未找出限速器开关对应的故障灯（扣10分） 2) 查找出限速器开关对应的故障灯，未找出节点编号（扣5分）		
5	控制柜急停按钮故障灯的判定	10	1) 未找出控制柜急停按钮对应的故障灯（扣10分） 2) 查找出控制柜急停按钮对应的故障灯，未找出节点编号（扣5分）		
6	消防开关故障灯的判定	5	1) 未找出消防开关对应的故障灯（扣5分） 2) 查找出消防开关对应的故障灯，未查找出节点编号（扣2分）		
7	检修开关的故障灯判定	5	1) 未找出检修开关对应的故障灯（扣5分） 2) 查找出检修开关对应的故障灯，未查找出节点编号（扣2分）		
8	电梯不能起动的故障判断	20	1) 未给出电梯不能起动的故障原因（扣15分） 2) 给出电梯不能起动的故障原因，但不全面（每少一处扣4分）		
9	6S考核	10	1) 工具器材摆放凌乱（扣2分） 2) 工作完成后不清理现场，将废弃物遗留在机房设备内（扣4分） 3) 设备、工具损坏（扣4分）		
10	总分				

注：评分标准中，各考核项目的单项得分扣完为止，不出现负分。

任务小结

本任务介绍了电梯主控制电路的组成和工作原理，并给出了电梯不能起动的常见故障原因分析及处理方法，电梯主控制电路故障诊断的逻辑分析图。通过学习与训练，学生掌握了电梯主控制电路故障诊断的一般思路与方法。

任务二　电梯主控制电路相关开关故障诊断与维修

知识目标

1）掌握电梯端站开关、检修开关、平层开关、消防开关的位置与作用。

2）掌握电梯端站开关电路、检修开关电路、平层开关电路、消防开关电路的连接与工作原理。

3）掌握电梯端站开关电路、检修开关电路、平层开关电路、消防开关电路故障的检修思路与方法。

能力目标

1）能够正确分析电梯主控制电路相关开关故障产生的原因。

2）能够正确诊断与维修电梯端站开关电路故障、检修开关电路故障、平层开关电路故障、消防开关电路故障。

任务描述

电梯主控制电路相关开关故障主要表现为：电梯端站开关不起作用，电梯超越端站位置行驶；检修开关不起作用，电梯无法检修运行；平层开关故障，电梯无法正确平层；消防开关故障，电梯无法进行消防运行。本任务要求根据这些故障及相关电路图进行故障原因分析、故障点排查并填写维修记录单。

任务分析

在电梯主控制电路中，电源由控制柜电源电路提供；安全与门锁电路触点是安全与门锁继电器的触点，安全与门锁继电器由安全与门锁电路控制；外呼内选的通信由通信电路控制，它们虽然与主控制器直接连接，但它们不是由一个独立的开关控制，而是由外围电路控制。本任务中的端站开关电路、检修开关电路、平层开关电路、消防开关电路直接与主控制器相连，不受外围电路控制，因此相比于电源电路、安全与门锁电路、通信电路，其故障诊断与维修方法相对简单。在故障诊断与维修中，可通过主控制器故障指示灯初步判断故障位置，然后检测故障是发生在开关上还是在相关线路上。

本任务介绍了电梯四种开关的作用、对应开关连接电路的工作原理、开关电路故障诊断与维修的思路与方法等内容，通过学习及训练，学生可基本掌握端站开关电路、检修开关电路、平层开关电路、消防开关电路故障诊断与维修的思路、方法及步骤。

 **相关知识**

一、电梯主控制电路相关开关作用简介

1. 电梯端站开关简介

电梯端站开关是电梯的终端保护装置，用来防止电梯超越端站继续运行以致发生严重事故，它包括上下强迫减速开关、上下限位开关、上下极限开关，如图 2-33 所示。

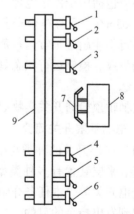

图 2-33　端站开关示意图

1、6—终端极限开关　2—上限位开关

3—上强迫减速开关　4—下强迫减速开关

5—下限位开关　7—撞弓

8—轿厢　9—导轨

电梯端站开关一般安装在井道上、下端站附近，固定于导轨支架上，由安装在轿厢上的撞弓触动而动作。

强迫减速开关是防止越程的第一道关，一般设在端站正常减速点之后。当开关被触及时，若此时电梯速度高于规定值，电梯将根据这些基准位置计算出一条比较可靠的减速曲线作为速度指令，使电梯强迫减速运行。对于速度较高的电梯，可设置几个强迫减速开关，分别用于短行程和长行程的强迫减速。

限位开关是防止越程的第二道关，安装在终端距平层位置稍远的位置。当轿厢在终端层没有停层而继续运行触动限位开关时，电梯主控制电路立即发出命令使电梯停止运行，此时仅仅是防止向越程方向运行，电梯可以后退向安全方向运行。

极限开关是防止越程的第三道关。当限位开关动作后电梯仍不能停止运行时，将触动极限开关切断安全电路，使主机电源被切断，从而迅速停止运行。极限开关动作后，电梯不能再向任何方向运行，须经专业人员调整使极限开关复位后，电梯才能自动恢复运行。极限开关安装的位置尽可能接近端站，但必须确保与限位开关不同时动作，而且必须在对重撞击缓冲器之前动作，并在缓冲器被压缩期间保持极限开关不复位。

本任务介绍的主控制电路中的端站开关故障检修包括上下强迫减速开关、上下限位开关。极限开关属于安全电路，不是本任务介绍的内容。

2. 电梯检修开关简介

为了便于维保，应在轿顶和控制柜安装一个易于接近的控制装置。该装置应有一个能满足电气安全要求的检修开关。该开关应是双稳态的，并应设有误操作防护。同时，若已经进入检修运行状态，应取消以下控制：

1）正常运行控制，包括任何自动门的操作。

2）紧急电动运行。

检修运行应当依靠持续按压上（下）行按钮使电梯运行，一旦松开上（下）行按钮，电梯立即停止。检修运行上（下）行按钮应防止误操作，并标明运行方向。检修运行控制装置还应包括用于停止电梯并使电梯保持在非服务状态的急停按钮。轿厢检修运行速度应不超过 0.63m/s。只有符合安全运行条件时，才能做检修运行，即安全装置均起安全保护作用，运行不能超过正常运行范围。电梯只要切换到检修运行状态，正常自动运行、紧急电动操作均失效。检修运行状态具有最高的优先级别，只有撤销检修运行，才能使电梯转入正常运行状态。

电梯轿顶检修开关实物如图 2-34 所示。

3. 电梯平层开关简介

（1）平层开关的种类与结构　为保证轿厢在各层停靠时准确平层，通常在轿顶设置平层装置。平层装置有多种类型，包括干簧管感应器、圆形永久磁铁与双稳态开关、接近开关、光电开关等。本任务介绍的是光电开关，其原理是利用遮光板隔断光线达到开关动作，同样起到发出指令的目的。

（2）平层开关的动作原理　以光电开关为例，如图 2-35 所示，其动作原理简述如下。

1）只具有平层功能的光电开关。当电梯轿厢上行，接近预选的层站时，电梯运行速度由快速（额定梯速）变为慢速后继续运行，装在轿顶上的下平层开关先进入隔磁板，此时电梯仍继续慢速上行；当上平层开关进入隔磁板后，上平层开关和下平层开关均动作，证明电梯已经平层，控制系统接收停车信号，制动器抱闸停车。下行时，只是平层开关动作顺序改变，动作相同。

图 2-34　电梯轿顶检修开关实物图

图 2-35　电梯平层开关实物图

2）具有提前开门功能的光电开关。它与只具有平层功能的光电开关相比，多了一个提前开门功能。当轿厢慢速向上运行，下平层开关首先进入隔磁板，轿厢继续慢速向上运行；接着开门传感器进入隔磁板，轿厢提前开门，轿门层门提前打开；这时，轿厢仍然慢速上行，当上平层开关也进入隔磁板，控制系统接收停车信号停止运行，轿厢停在预选层。

3）具有自动再平层功能的平层开关。当电梯轿厢继续上行，接近预选的层站时，电梯由快速变成慢速运行，当下平层开关进入隔磁板后，使本已慢速运行的电梯进一步减速；当上平层开关进入隔磁板时，电梯停止，此时已完全平层。若电梯因某种原因超过平层位置时，上再平层开关离开隔磁板，电梯反向平层，最后获得较好的平层精度。图 2-36 为再平层示意图，图中情况 1 隔磁板进入了上、下再平层开关中，因此不需要校正平层。情况 2 是上再平层开关进入了隔磁板，下再平层开关中没有进入隔磁板，需要下校正，因此电梯向下运行指导下再平层开关进入隔磁板为止，此时电梯停止运行，下再平层运行结束。情况 3 需要上校正，上再平层运行过程与情况 2 类似。

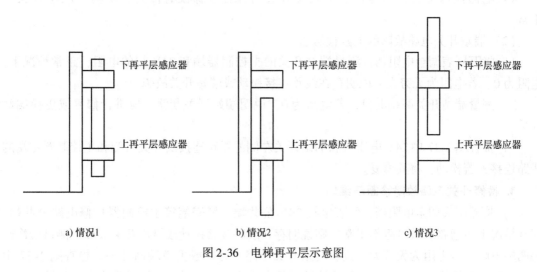

a) 情况1　　　　　　　　b) 情况2　　　　　　　　c) 情况3

图 2-36　电梯再平层示意图

4. 电梯消防开关简介

消防开关是设置在基站的一个电气开关，当其被按下时，电梯进入消防运行状态。

二、电梯主控制电路相关开关常见故障与诊断方法

在电梯主控制电路中，端站开关、平层开关、消防开关、检修开关等与主控制器的连接如图 2-37 所示。检修电气开关故障时，可采用观察法、程序检查法、电阻法等方法进行故障诊断与维修。

电梯其他开关与主控制电路的连接如图 2-37 所示。

1. 观察法

通过观察控制柜指示灯的情况初步判断相应开关的正常与否。

2. 端站开关电路故障诊断与维修

（1）端站开关电路故障的程序检查法

1）电梯检修上行，当运行至上强迫减速开关时，若电梯没有减速，说明上强迫减速开关不正常。

2）电梯检修上行，当运行至上限位开关时，若电梯没有停止，说明上限位开关不正常。

3）电梯检修下行，当运行至下强迫减速开关时，若电梯没有减速，说明下强迫减速开关不正常。

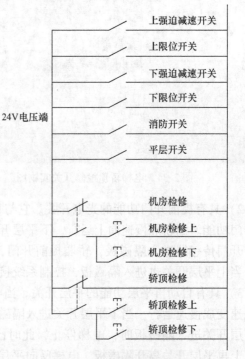

图 2-37　电梯主控制电路相关开关
与主控制电路的连接

4）电梯检修下行，当运行至下限位开关时，若电梯没有停止，说明下限位开关不正常。

（2）端站开关电路故障的电阻检修法

1）将万用表调至电阻档，测量端站开关的主控制器端和 24V 端的电阻，正常情况下，电阻为 0，若电阻为无穷大，说明存在线路连接松动或端站开关故障。

2）测量端站开关两端电阻，若电阻为 0，说明端站开关断路，应进行修复或更换端站开关。

3）检查图 2-37 中 24V 电压端和端站开关左侧的线路连接及开关右侧和主控制器左端的线路连接，若松动，将其修复。

3. 检修开关电路故障诊断与维修

1）将万用表调至电阻档，红表笔接 24V 公共端，黑表笔接主控制器检修电路公共端，正常情况下应通路。若电阻不正常，则说明存在线路连接松动或检修开关故障。测量检修开关两端电阻，若电阻为无穷大，说明端站开关断路，修复或更换端站开关。检查图 2-37 中 24V 电压端和检修开关左侧的线路连接及开关右侧和主控制器左端的线路连接，若松动，将其修复。

2）拨动检修开关，应断开，电压为 0。

3）红表笔接 24V 公共端，黑表笔接主控制器检修电路检修上行按钮，按下按钮后，正常情况下应通路。若电阻不正常，则说明存在线路连接松动或检修向上按钮故障。测量检修上行按钮两端电阻，若电压为无穷大，说明检修上行按钮断路，修复或更换检修上行按钮。检查图 2-37 中 24V 电压端和检修上行按钮左侧的线路连接及开关右侧和主控制器左端的线路连接，若松动，将其修复。

4）红表笔接 24V 公共端，黑表笔接主控制器检修电路检修下行按钮，按下按钮后，正常情况下应通路。若电阻不正常，则说明存在线路连接松动或检修下行按钮故障。测量检修下行按钮两端电阻，若电压为无穷大，说明检修下行按钮断路，修复或更换检修下行按钮。检查图 2-37 中 24V 电压端和检修下行按钮左侧的线路连接及开关右侧和主控制器左端的线路连接，若松动，将其修复。

检修开关电路故障检修流程图如图 2-38 所示。

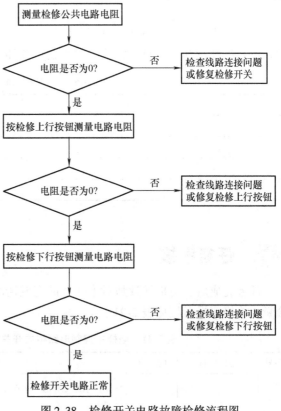

图 2-38　检修开关电路故障检修流程图

4. 平层开关电路与消防开关电路故障诊断与维修

电梯平层开关电路故障和消防开关电路故障检修方法相同，都是利用电阻法进行检修。检修时，先检修电路电阻是否正常，若电阻正常，说明电路正常；若电阻不正常，则问题应是线路连接松动或开关故障，然后检修线路连接问题及开关正常与否，若不正常，进行修复或更换平层开关和消防开关。

 任务准备

根据任务内容及任务要求选用仪表、工具和器材，见表 2-19。

表 2-19　仪表、工具和器材明细

序　号	名　　称	型号与规格	单　位	数　量
1	电工工具	验电器、钢丝钳、螺钉旋具、电工刀、尖嘴钳、剥线钳	套	1
2	万用表	自定	块	1
3	劳保用品	绝缘鞋、工作服等	套	1

任务实施

两人一组，针对端站开关电路、检修开关电路、平层开关电路、消防开关电路，互设故障并进行故障诊断与维修，将故障发生的位置和故障诊断的步骤写出，列入表2-20。

表2-20　电梯其他故障设置与维修

故障发生位置	故障检修步骤

任务考核

任务完成后，由指导教师对本任务的完成情况进行考核。电梯主控制电路相关开关故障诊断与维修实操考核见表2-21。

表2-21　电梯主控制电路相关开关故障诊断与维修实操考核表

序号	考核项目	配分	评分标准	得分	备注
1	安全操作	10	1) 未穿工作服，未戴安全帽，未穿防滑电工鞋（扣1~3分） 2) 不按要求进行带电或断电作业（扣3分） 3) 不按要求规范使用工具（扣2分） 4) 其他违反机房作业安全规程的行为（扣2分）		
2	电梯端站开关故障检修	30	1) 未能按正确思路检测出端站开关故障（扣30分） 2) 未测量出上限位开关两侧电阻（扣8分） 3) 未测量出下限位开关两侧电阻（扣8分） 4) 未测量出上强迫减速开关两侧电阻（扣8分） 5) 未测量出下强迫减速开关两侧电阻（扣8分）		
3	电梯检修开关故障检修	30	1) 未能按正确思路检测出检修开关故障（扣30分） 2) 未测量出检修公共开关两侧电阻（扣10分） 3) 未测量出检修上行按钮两侧电阻（扣10分） 4) 未测量出检修下行按钮两侧电阻（扣10分）		
4	电梯平层开关故障检修	10	1) 未能按正确思路检测出平层开关故障（扣10分） 2) 未测量出平层开关两侧电阻（扣5分）		
5	电梯消防开关故障检修	10	1) 未能按正确思路检测出消防开关故障（扣10分） 2) 未测量出消防开关两侧电阻（扣5分）		

（续）

序号	考核项目	配 分	评分标准	得 分	备 注
6	6S考核	10	1）工具器材摆放凌乱（扣2分） 2）工作完成后不清理现场，将废弃物遗留在机房设备内（扣4分） 3）设备、工具损坏（扣4分）		
7	总分				

注：评分标准中，各考核项目的单项得分扣完为止，不出现负分。

任务小结

本任务介绍了电梯端站开关、检修开关、平层开关、消防开关的工作原理，并给出了故障检修的思路和方法。通过学习及任务训练，学生可掌握端站开关电路、检修开关电路、平层开关电路、消防开关电路的原理及故障检修步骤。

项目五　电梯制动电路故障诊断与维修

电梯曳引电动机断电以后要实现准确制停，须由电磁制动器完成。电磁制动器是由制动电路所控制，电磁制动器出现的故障主要包括制动线圈故障和制动电路故障。本项目介绍的电磁制动器故障是指制动电路出现故障所引起的。通过对电磁制动器的学习和电磁制动电路的学习，学生可掌握电磁制动的基本原理。在此基础上，介绍了常见制动故障及其原因分析、制动故障诊断与维修的基本步骤和方法。通过训练，学生可掌握排除电梯制动电路故障的基本技能。

知识目标

1）掌握电梯电磁制动器的基本结构和工作原理。
2）掌握电梯制动电路的组成和工作原理。
3）掌握电磁制动器的常见电气故障、故障原因及排除方法。
4）掌握电梯制动电路故障的检修步骤与方法。

能力目标

1）能够分析电磁制动器故障产生的原因并给出排除的方法。
2）能够按正确的步骤和方法检修电梯制动电路故障。

项目描述

电梯制动故障表现为电梯制动器不起作用，电梯无法进行制动或者无法解除制动。本项目要求根据制动故障现象及电梯制动电路图进行故障原因分析，排除电梯制动故障并填写电梯检修记录单。

 项目分析

电梯正常运行过程中，制动器及其电路出现故障将导致电梯不能正常运行。须根据电梯制动电路原理图分析与查找故障原因及故障点，并进行故障排除使电梯恢复正常运行，填写电梯维修记录单，描述故障排除过程。

电梯制动电路是一个由运行接触器、门锁继电器联锁辅助触点和制动接触器两组常开主触点串联的回路。当电梯处于安全状态时，安全继电器吸合，门锁继电器也吸合。电梯处于运行状态时，运行接触器吸合，制动接触器线圈也得电吸合，制动电路接通，制动器动作。因此，检查电梯制动电路故障时，应首先检查安全继电器和门锁继电器是否吸合，电梯是否处于安全状态；其次要检查运行接触器和制动接触器是否能完成吸合动作。如果不能完成吸合，则应该检查运行接触器和制动接触器故障，并按照主控制电路图检查运行接触器和制动接触器线圈线路故障。在接触器和继电器完好的情况下，按照制动电路图检查相关接触器触点是否正常接通。由此可见，电梯制动电路出现故障并不是一个独立的问题，涉及的电路包括电源电路、安全与门锁电路、主控制电路和制动电路。

相关知识

一、电梯电磁制动器的结构与工作原理

电梯电磁制动器是电梯最重要的安全装置，它对主轴转动起制动作用，能使运行的电梯轿厢和对重在电磁制动器断电后立即停止运行，并在任意位置定位不动。目前我国使用的制动器主要分为抱闸制动器和盘式制动器。

当电梯处于停止状态时，曳引电动机和制动线圈没有电流通过，制动电磁铁不具有吸引力，但是在制动弹簧的作用下，制动瓦块紧紧地将制动轮控制住，从而保持电梯静止；当电梯开始运行时，在曳引电动机通电旋转的瞬间，制动电磁铁中的线圈也同时通入电流，电磁铁铁心迅速磁化吸合，同时带动制动臂克服制动弹簧的作用力，使制动闸瓦张开，与闸轮完全脱离，从而使电梯在无制动力的情况下得以运行；当电梯轿厢到达目的层站停车时，曳引电动机失电，制动电磁铁中的线圈也同时失电，电磁铁铁心中的磁力迅速消失，铁心在制动弹簧的作用下通过制动臂复位，使制动闸瓦将闸轮抱住，电梯停止运行，这种类型的制动器称为抱闸制动器。

相比较传统的抱闸制动器而言，盘式制动器稳定性更高，结构更加良好，性能更加完善，是较高端和专业化的自动设备，现已广泛应用于高速和吨位较大的电梯系统之中。

电梯一般采用常闭式双瓦块型直流电磁制动器，其实物图如图2-39所示。这种制动器性能稳定，噪声小，制动可靠。它一般由制动电磁铁、闸轮、销轴、制动弹簧等组成。对于有齿轮曳引电动机，制动器安装在电动机的旁边，即在电动机轴与蜗杆轴相连的闸轮处；对于无齿轮曳引电动机，则安装在电动机与曳引轮之间。

图2-39　电梯制动器实物图

二、电梯制动电路的组成和工作原理

电磁制动电路是由断路器 DL4/2、门锁继电器 JMS、运行接触器 CZC、制动接触器 CBZ、制动线圈等组成的串联电路。其电路原理图如图 2-40 所示。

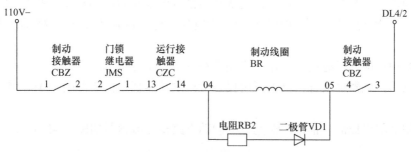

图 2-40　电梯制动电路原理图

当电梯处于安全状态时，安全继电器 CDY 吸合，门锁继电器 JMS 也吸合，当电梯运行时，运行接触器触点 CZC 吸合，制动接触器触点 CBZ 吸合制动线圈得电，制动电路接通，电流经过制动线圈，制动电磁铁铁心具有磁性，导致制动弹簧失去压力，制动闸瓦和制动轮分离，从而保证电梯的正常运行。若电路中任一部件的触点断开，则制动线圈失电，从而切断制动器电源，制动器制动，轿厢停止移动，起到安全保护作用。

因此，检查制动电路故障时，应首先检查制动接触器是否能完成吸合动作，如果制动接触器不能完成吸合动作，则应该按照制动电路原理图检查串接在制动电路中相关触点是否正常接通，相关线路是否断开，制动线圈是否损坏。

三、电梯制动电路常见电气故障

有些电梯出现故障是因为制动接触器及连接线路出现问题。制动器使用时间过长或年限过久，导致触点接触不良或粘连，接触效果不理想，时好时坏，促使闸瓦和制动轮不断摩擦而产生消耗和磨损，导致制动器的制动作用失效，电梯出现故障。电磁制动器不动作也是制动电路常见的故障现象。表 2-22 列出了电梯制动电路的常见故障，并给出了可能的原因和排除方法。

表 2-22　电梯制动电路常见故障的可能原因和排除方法

故障现象	可能原因	排除方法
制动器不动作	制动线圈有电压但不工作，可能由于吸合电压过低	调整吸合电压至规定值
	制动线圈有电压，并且电压正常，但不工作，可能是制动线圈损坏	检查制动线圈是否异常
	制动线圈没有电压，制动电路故障	检查制动电路是否有断路和接触不良的情况，排除故障，使其正常工作
电梯起动时阻力大，起动和运行的速度明显降低，甚至无法起动	制动器闸瓦局部未松开或全部未松开	检查制动器，按要求调整好制动器
	制动器吸合电压过小，不能使制动器松闸	调整制动器吸合电压，若不能修复，则更换制动器
	制动电路故障或接触器触点接触不良，没有制动器吸合电压	检查制动电路或接触器触点，修复或更换器件，使制动器松闸

四、电梯制动电路故障的检修步骤与方法

在排除电梯制动器机械故障的情况下，根据制动电路的工作原理图，在机房进行制动电路的检测。

1）在确认安全与门锁电路正常，安全与门锁继电器正常的情况下，按外召唤按钮或检修运行电梯，观察运行接触器的吸合情况。当电梯运行接触器吸合时，观察制动接触器是否吸合。

2）若制动接触器没有吸合动作，应先检查制动线圈控制电路。

3）若制动接触器已吸合，首先要用仪表检测制动器现场接线盒端子04、05端的电压是否正常。

4）在制动器机械部分正常的情况下，制动电路检测流程图如图 2-41 所示。

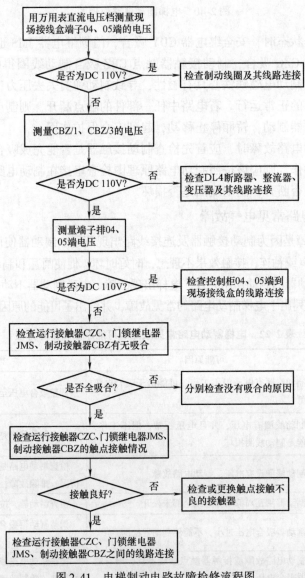

图 2-41　电梯制动电路故障检修流程图

 **项目准备**

根据项目内容及项目要求选用仪表、工具和器材，见表2-23。

表2-23　仪表、工具和器材明细

序　号	名　　称	型号与规格	单　位	数　量
1	电工工具	验电器、钢丝钳、螺钉旋具、电工刀、尖嘴钳、剥线钳	套	1
2	万用表	自定	块	1
3	劳保用品	绝缘鞋、工作服等	套	1

 **项目实施**

一、电梯制动电路故障检修实例

电梯出现安全事故，严重威胁乘客的生命健康。在出现的电梯事故中，很多都是制动器出现问题所导致的，因此为了提高电梯的安全性，除了严格执行维保制度外，对涉及安全的主要安全部件要缩短检验的期限和周期，增强检验的力度，对制动器的安全和稳定性定期进行全面地检测，及时发现其暴露的问题和出现的状况，以保证电梯的长久使用和稳定运行。

在运行中及时发现和排除制动器的安全隐患，出现故障时，通过观察控制柜显示的故障代码和相关接触器的吸合情况，按电梯制动电路故障检测流程图进行故障检测。

（一）检查思路

观察控制柜上指示灯、主控制板及相序继电器 JXX 的指示是否正常，各控制电压是否正常，相关接触器和继电器 CZC、JMS 是否正常吸合，仔细观察电梯在起动瞬间制动接触器是否有吸合情况，在排除电梯制动器机械故障的情况下，根据电梯制动电路原理图和电梯制动电路故障检修流程图逐步进行检测。

（二）实操过程

由于电梯运行时，抱闸没有松开，在确定安全与门锁电路正常的情况下，观察电梯起动瞬间电磁制动接触器 CBZ 的吸合情况。

1）如果没有吸合，用万用表交流电压档检测制动接触器 CBZ/1、CBZ/3 之间是否有交流 110V 电压，若有电压但不吸合，则应更换该接触器；若没有电压，则检查上级供电线路连接是否良好。

2）如果有吸合，用万用表直流电压档检测控制柜制动接触器触点下端 CBZ/1、CBZ/3 之间是否有直流 110V 电压。若没有直流 110V 电压，检测上级供电线路；若有直流 110V 电压，检测控制柜端子排 04、05 端是否有直流 110V 电压，若没有电压，则要检查制动接触器触点下端 CBZ/1、CBZ/3 到端子排 04、05 之间的接线是否良好。

3）在现场控制盒检查是否有直流 110V 制动电压，若没有直流 110V 电压，则要检查控制柜端子排 04、05 端到现场接线盒的接线；若有 110V 直流电压，而抱闸没有松开，在排除电磁制动器机械故障的情况下，应更换电磁线圈。

二、电梯制动电路故障检修

两人一组，针对制动电路中的线路连接、门锁继电器、运行接触器、抱闸接触器，互设故障并进行故障诊断与维修，将故障发生的位置和故障诊断的步骤写出，列入表 2-24。

表 2-24 电梯制动电路故障设置及检修步骤

故障发生位置	故障检修步骤

 **项目考核**

项目完成后，由指导教师对本项目的完成情况进行考核。电梯制动电路故障诊断与维修实操考核见表 2-25。

表 2-25 电梯制动电路故障诊断与维修实操考核表

序号	考核项目	配 分	评分标准	得 分	备 注
1	安全操作	10	1）未穿工作服，未戴安全帽，未穿防滑电工鞋（扣 1~3 分） 2）不按要求进行带电或断电作业（扣 3 分） 3）不按要求规范使用工具（扣 2 分） 4）其他违反机房作业安全规程的行为（扣 2 分）		
2	电梯电磁制动器的结构与工作原理认知	10	1）未找出电磁制动器的位置（扣 5 分） 2）不能正确阐述电磁制动器的组成和工作原理（扣 5 分）		
3	电梯制动电路的组成与工作原理认知	10	1）不能正确阐述制动电路的组成（扣 5 分） 2）不能正确阐述制动电路的工作原理（扣 5 分）		
4	电梯制动电路常见故障分析	10	1）不能正确描述电梯制动电路的故障现象（扣 5 分） 2）不能正确分析制动电路故障产生的原因，不能给出故障排除的方法（扣 5 分）		
5	电梯制动电路故障检修	50	1）未按正确思路检修电梯制动电路故障（扣 50 分） 2）未找出电梯制动电路连接故障（扣 10 分） 3）未找出电梯制动电路抱闸接触器故障（扣 10 分） 4）未找出电梯制动电路运行接触器故障（扣 10 分） 5）未找出电梯制动电路门锁继电器故障（扣 10 分）		

（续）

序号	考核项目	配　分	评分标准	得　分	备　注
6	6S考核	10	1）工具器材摆放凌乱（扣2分） 2）工作完成后不清理现场，将废弃物遗留在机房设备内（扣4分） 3）设备、工具损坏（扣4分）		
7	总分				

注：评分标准中，各考核项目的单项得分扣完为止，不出现负分。

项目小结

本项目介绍了电梯制动器的类型、结构及工作原理，电梯制动电路的组成和工作原理，常见电梯制动电路故障，制动电路故障检修流程图。通过学习和任务实施，学生可掌握电梯制动电路故障诊断与维修及电磁制动器的基本知识和基本技能。

项目六　电梯开关门控制电路故障诊断与维修

本项目的主要目的是通过学习电梯开关门系统的工作原理、电梯开关门方式、电梯开关门系统常见故障、电梯开关门控制电路故障诊断的方法与步骤，使学生掌握电梯开关门控制电路故障诊断与维修的基本知识，为门系统故障诊断与维修打下坚实的理论基础；通过完成电梯开关门系统故障诊断与维修实例，使学生掌握电梯开关门控制电路故障诊断与维修的思路、方法和步骤，能够按照相关标准完成故障诊断与维修任务，掌握开关门系统故障诊断与维修的基本技能。

知识目标

1）掌握电梯开关门控制电路的组成和工作原理。
2）掌握电梯开关门方式。
3）掌握电梯开关门控制电路常见的故障现象及分析方法。
4）掌握电梯开关门控制电路故障诊断与维修的方法和步骤。

能力目标

1）能够正确分析电梯开关门控制电路的常见故障。
2）能够诊断与维修电梯开关门控制电路故障。

项目描述

电梯开关门控制系统出现故障，将导致不能开门或关门，在轿厢内按下开门或关门按钮没有响应。本任务要求根据故障现象及电梯开关门控制系统电路原理图分析、查找故障原因及故障点，进行故障检测与排除，恢复电梯正常运行，填写维修记录单，并详述故障排除过程。

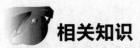 项目分析

电梯在电源电路、安全与门锁电路、主控制电路、制动电路、变频驱动电路等正常的情况下，出现不能正常开关门的故障，问题多出自开关门控制电路当中。因此，检测开关门控制系统的故障，应首先检查电梯是否具备开关门的条件，然后检查开关门控制电路和变频器驱动电路是否正常工作，最后检查电动机是否正常。通过分析开关门控制电路的组成和工作原理、开关门方式、开关门控制电路常见故障及通过实际电梯开关门故障诊断与排除练习，学生可具备排除电梯开关门控制电路故障的基本技能。

相关知识

一、电梯开关门系统及开关门方式

1. 电梯开关门系统的组成与工作原理

电梯开关门系统一般由门机控制器、变频器、开关门电动机（简称门机）、开关门按钮、开关门限位开关、安全触板和光幕等组成，如图 2-42 ~ 图 2-47 所示。开关门系统采用专用控制器作为驱动门机的控制机构，由门机专用变频器控制门机的正、反转，减速和力矩保持等功能，工作原理如图 2-42 所示。门机变频器与电梯的外围控制板相连，根据内部程序适时给出开关门信号，实现门机逻辑控制。在开关门过程中，变频门机借助于速度开关，实现自动平稳调速。

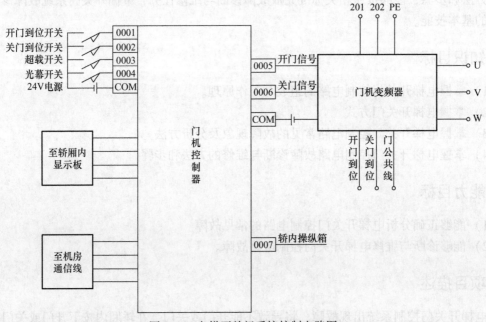

图 2-42　电梯开关门系统控制电路图

图 2-43　门机控制器　图 2-44　门机变频器　图 2-45　门机　图 2-46　操纵面板　图 2-47　安全触板

电梯门分为轿门和层门，是门系统的执行机构。如图 2-48 所示，门机安装于轿顶，它在驱动轿门开和关的同时，通过安装在轿门上的门刀和层门上的门锁的配合，实现轿门带动层门的开启和关闭。开门或关门指令由机房控制柜主控制板和门机外围控制板根据平层信号、超载信号、光幕信号、外呼信号、内部开关门信号等发出，指挥门机控制器做开门或关门动作。因此，检测开关门电路的故障，首先应检查是否有平层信号、光幕正常与否、超载与否、外呼信号是否正确、内部开关门信号是否正确等开关门的条件是否具备，然后检查门机控制器是否正常工作，最后检查门机及其传动系统是否正常。

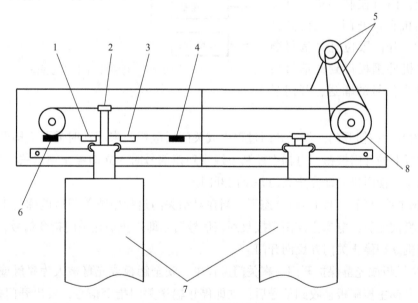

图 2-48　电梯轿门实物图

1、3—速度开关　2—传动带夹板　4、6—开门极限开关　5—门机及其支架　7—轿门　8—带轮减速机构

电梯变频门机控制系统由门机主电路、开关门信号电路、减速及到位信号电路、门安全触板及光幕信号电路等电路组成。

门机主电路：电源 201—202 端→门机变频器输入端→门机变频器输出端 U、V、W→门机。

开门信号电路：门机控制器的 0005 端→门机变频器开门信号输入端。

关门信号电路：门机控制器的 0006 端→门机变频器关门信号输入端。

关门减速及到位信号电路：关门过程开始速度轻快，到了接近减速开关的位置时，关门速度减慢，关门到位时关门到位开关动作，动作信号输入门机控制器中，门机控制器发出关门停止信号。

开门减速及到位信号电路：开门过程开始速度轻快，到了接近减速开关的位置时，开门速度减慢，开门到位时开门到位开关动作，动作信号输入门机控制器中，门机控制器发出开门停止信号。

门安全触板及光幕信号电路：关门过程中，如遇到障碍物（乘客或物体），安全触板开关或光幕开关动作，动作信号输入门机控制器中，门机控制器发出关门停止信号并发出开门信号，确认无障碍物时再关门。

2. 电梯开关门方式

根据电梯的工作状态和当前的运行情况，电梯的开、关门有以下几种方式：

1）自动开门。电梯自动开门流程图如图 2-49 所示。当电梯进入低速平层区停站，经综合分析后，电梯主控制板发出开门指令传给门机外围控制板，门机控制器接收到此信号控制门机自动开门，当门开到指定位置时，开门限位开关信号断开，电梯门机外围板得到此信号后停止开门指令信号的输送，开门过程结束。

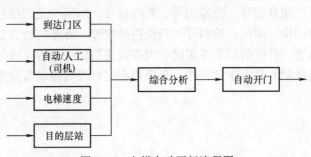

图 2-49　电梯自动开门流程图

2）轿内开门按钮开门。如在开门过程中或关门后电梯尚未起动时需要立即开门，可按轿内操纵面板上的开门按钮，电梯主控制板接收到该信号时，立即停止输送关门指令信号，发出开门指令，使门机立即停止关门并反向开门。

3）层站本层开门。自动运行状态下，当在自动关门过程中或关门后电梯尚未起动时按下本层外召唤按钮后，电梯主控制板接收到该信号后立即停止输送关门指令信号，发出开门指令，使门机立即停止关门并反向开门。

4）安全触板或光幕保护开门。在关门过程中，安全触板或光幕被人为碰触或遇到障碍物遮挡时，电梯主控制板接收到信号后，立即停止输送关门指令信号，发出开门指令信号，使门机立即停止关门并反向开门。

5）自动关门。在自动状态时，停车平层后门开启约 6s 后，在电梯主控制板内部逻辑的定时控制下，自动输出关门指令信号，使门机自动关门，门完全关闭后，关门限位开关信号断开，电梯主控制板得到此信号后停止关门指令信号的输送，关门过程结束。

6）提早关门。在自动状态时，电梯停层开门结束后，一般等 6s 自动关门，若在此之前按下轿厢内操纵面板的关门按钮，则电梯主控制板接收到此信号后，立即停止输送关门指令信号，电梯立即关门。

7）司机状态关门。在司机状态时，不再延时 6s 自动关门，而是由轿厢内操纵人员持续按下关门按钮就可以关门并到位。

8）检修时的开关门。检修状态时，开关门只能由维保人员操作。如在门开启时，维保人员操作检修上行或下行按钮，电梯此时执行自动关门程序，门自动关闭。

二、电梯开关门系统常见故障

电梯开关门系统的故障有机械故障和电气故障两大类，机械类的常见故障有因润滑问题出现的故障，因自然磨损、机械疲劳引起的故障，因连接件松动、松脱引起的故障等。然而，开关门系统的故障多是由机械故障和电气故障联合造成的，因此，分析电梯开关门系统的故障相对比较复杂。电梯开关门系统常见的电气故障与产生的原因及排除方法分析见表2-26。

表2-26　电梯开关门系统常见故障分析

故障类型	故障现象	可能原因	排除方法
自动开门故障	电梯能关门，但到站后不能开门	开门限位开关动作不正确或损坏	调整或更换开门限位开关
		电梯停车时不在平层区域	查找停车时不在平层区域的原因，排除故障，使电梯停车时在平层区域
		平层开关失灵或损坏	检修或更换平层开关，使其正常
		开门信号线路断开或松脱	检查信号开门线路
轿厢内开门故障	在关门过程中或关门后电梯还未起动时，按下轿厢内开门按钮不开门	开门限位开关动作不正确或损坏	调整或更换开门限位开关
		开门按钮触点接触不良或损坏	检修或更换开门按钮
		关门按钮动作不正确（有卡阻现象不能复位）或损坏	调整或更换关门按钮
		开门线路断开或松脱	检查开门线路，使其正常
层站本层开门故障	电梯停止运行后，在没有呼梯指令信号时按下本层外召唤按钮后不开门	电梯停车时不在平层区域	查找停车时不在平层区域的原因，排除故障，使电梯停车时在平层区域
		外召唤按钮触点接触不良或损坏	检修或更换外召唤按钮
		关门按钮动作不正确（有卡阻现象不能复位）或损坏	调整或更换关门按钮
		有关线路断开或松脱	检查相关线路，使其正常
安全触板或光幕保护开门故障	在关门过程中安全触板或光幕被人为碰触或障碍遮挡时，夹人或物	触板微动开关故障	更换触板微动开关
		触板微动开关接线短路	检查线路，排除短路点
		光幕装置发生故障	检查和修复光幕装置

（续）

故障类型	故障现象	可能原因	排除方法
自动关门故障	自动状态时，电梯不能自动关门	关门限位开关动作不正确或损坏	调整或更换关门限位开关
		开门按钮动作不正确（有卡阻现象不能复位）或损坏	调整或更换开门按钮
		本层外召唤按钮因卡阻不能复位或损坏	调整或更换本层外召唤按钮
		门安全触板或光幕动作不正确或损坏	调整或更换安全触板或光幕
		超载装置失灵或损坏	检修或更换超载装置
		关门线路松脱或断开	检修关门线路
电梯能开门，但按下关门按钮不关门	在自动状态时，电梯停层开门后，按下轿厢操纵面板上的关门按钮，电梯不关门	关门按钮接触不良或损坏	检修或更换关门按钮
		开门按钮动作不正确（有卡阻现象）或损坏	调整或更换开门按钮
		本层外召唤按钮因卡阻不能复位或损坏	检修或更换本层外召唤按钮
		关门限位开关动作不正确或损坏	调整或更换关门限位开关
		安全触板或光幕动作不正确或损坏	调整或更换安全触板或光幕
		超载装置失灵或损坏	检修或更换超载装置
		关门线路断开或接线松脱	检修关门线路
司机状态关门故障	司机状态时，按下轿内操纵面板上的关门按钮，电梯不关门	轿厢内操纵面板关门按钮失效	检修或更换关门按钮
		关门限位开关动作不正确或损坏	调整或更换关门限位开关
		安全触板或光幕动作不正确或损坏	调整或更换安全触板或光幕
		超载装置失灵或损坏	检修或更换超载装置
		关门线路断开或接线松脱	检查关门线路
检修状态开关门故障	检修状态时，维保人员按开关门按钮不开关门；门开启时，按检修按钮，不关门	开关门按钮失效	检修或更换开关门按钮
		检修上行或下行按钮失效	检修或更换检修上行或下行按钮
		关门限位开关动作不正确或损坏	调整或更换关门限位开关
		安全触板或光幕动作不正确或损坏	调整或更换安全触板或光幕
		超重装置失灵或损坏	检修或更换超重装置
		开关门线路断开或接线松脱	检查开关门线路

三、开关门电路故障判断与排除的步骤与方法

1. 电梯不能开关门故障的检查步骤与方法

1）检查开关门到位开关的完好情况，检测其两端电压，若为 24V，说明开关损坏，应更换开关。

2）检查光幕装置的完好情况，检查光幕及控制盒，光幕信号线路两端电压是否正常，若不正常，则修复或更换光幕装置。

3）检查超载装置是否失灵，测量其两端电压，若为24V，说明超载装置失灵，应更换超载装置。

4）检查开关门按钮及外召唤按钮是否卡阻，若卡阻，则调整使其正常。

5）检查开关门按钮相关线路是否接通，若未接通，则修复相关线路，使其接通。

6）到机房检查故障代码显示。

7）观察变频门机的指示信号，判断有无电源输入，相关线路连接是否正常，若不正常，则修复相关线路使其正常。

图 2-50 为判断开关门电路故障的流程图。根据此流程图，结合门机外围控制电路、门机接线图、电源接线图诊断电梯开关门故障。

2. 按下开门或关门按钮没有响应的故障检查步骤及方法

1）按下开门或关门按钮，按钮内置指示灯不亮，说明开关门按钮的触点或线路有故障。

2）根据开关门按钮结构图和开关门按钮的通信电路图，用万用表测量电压是否为 0，若为 0，则可判断为 DC 24V 电压异常。

3）检查相关线路，将线接牢固，填写维修记录单。

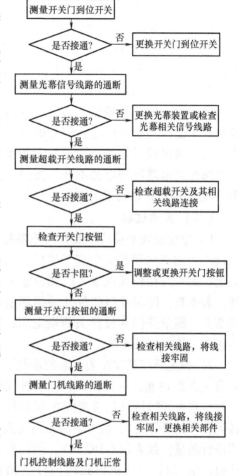

图 2-50　电梯开关门电路故障检修流程图

 项目准备

根据项目内容及项目要求选用仪表、工具和器材，见表 2-27。

表 2-27　仪表、工具和器材明细

序　号	名　称	型号与规格	单　位	数　量
1	电工工具	验电器、钢丝钳、螺钉旋具、电工刀、尖嘴钳、剥线钳	套	1
2	万用表	自定	块	1
3	劳保用品	绝缘鞋、工作服等	套	1

 项目实施

一、电梯开关门故障检修实例

电梯在正常运行中出现不能开关门的现象，通过到机房控制柜观察故障代码指示，确定故障范围。检查控制板中的信号输入情况，到轿顶检查开关门信号有无输出，按门机控制电路图进行电路检测。下面以电梯平层时电梯门打不开为例进行介绍。

（一）检查思路

在轿厢内按开门按钮，另一人到机房观察控制柜上主控制板开门输入信号的指示是否正常，开门输出信号是否有输出指示等情况，根据电梯控制电路图和电梯不开门故障检查流程图（见图2-51）进行逐步检测。

（二）实操过程

1）电梯出现平层后不能开门故障时，维保人员一人用三角钥匙完全打开层门，用顶门器固定；另一人在轿顶观察开门到位输入灯亮不亮，若不亮，说明开门到位开关损坏或相关线路断开。测量开门到位开关两端电压，若电压不正常，检查相关线路。

2）确定开门到位开关正常的情况下，维保人员一人在轿厢，一人在机房。当按住开门按钮时，观察开门信号是否送到主控制板上（若送到，则指示灯亮），也可以用万用表直流电压档进行测量，如果没有DC 24V，则应检查开门按钮、DC 24V和从机房到轿内操纵箱的线路连接。

3）如果开门信号输入正常，用万用表直流电压档检测主控制板的开门输出端的电压是否为DC 24V，如果没有，则应检查安全与门锁电路和主控制板等。

4）如果开门输出为DC 24V，到轿顶用万用表直流电压档检测门机变频器开门信号是否有24V输出电压。

① 没有DC 24V电压，往电源的上级供电线路进行检测，检查控制柜到门机变频器的线路是否有接触不良。

② 有DC 24V电压，用万用表交流电压档检测门机变频器供电电源201、202端子是否为AC 220V电压，若没有电压，则要往控制器供电电源的上级供电线路进行检测。

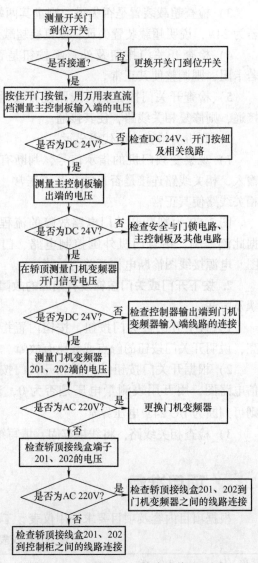

图2-51 电梯不开门故障检修流程图

5）若门机变频器的供电电源 201、202 端为 AC 220V 电压，开门信号也有 DC 24V 电压，则检查更换门机变频器；如门机变频器的输出 U、V、W 有三相电源，则检查及更换门机。

6）若门机变频器的供电电源 L、N 端没有 AC 220V 电压，则检查 201、202 接线端子的连接情况；如连接良好，则检查 201、202 到控制柜之间的连接。

二、电梯开关门系统故障检修

两人一组，互设开关门故障（包括线路故障和电气元器件故障）四处，将故障发生的位置和故障诊断的步骤写出，列入表 2-28。

表 2-28　电梯开关门故障设置及维修

故障发生位置	故障检修步骤

 **项目考核**

项目完成后，由指导教师对本项目的完成情况进行考核。电梯开关门控制电路故障诊断与维修实操考核见表 2-29。

表 2-29　电梯开关门控制电路故障诊断与维修实操考核表

序号	考核项目	配分	评分标准	得分	备注
1	安全操作	10	1）未穿工作服，未戴安全帽，未穿防滑电工鞋（扣 1～3 分） 2）不按要求进行带电或断电作业（扣 3 分） 3）不按要求规范使用工具（扣 2 分） 4）其他违反机房作业安全规程的行为（扣 2 分）		
2	电梯开关门控制电路组成和工作原理认知	10	1）不能说出开关门控制电路元器件的名称和位置（扣 10 分） 2）能正确阐述开关门控制电路的组成和位置，但不全（每少一项扣 2 分） 3）不能阐述开门工作原理或阐述错误（扣 5 分），阐述不全（每少一点扣 2 分，扣完为止） 4）不能阐述关门工作原理或阐述错误（扣 5 分），阐述不全（每少一点扣 2 分，扣完为止）		
3	电梯开关门方式认知	10	1）不能正确阐述开门方式（扣 5 分） 2）不能正确阐述关门方式（扣 5 分） 3）开关门方式阐述不全（每少一项扣 1 分）		
4	电梯开关门控制电路常见故障分析	10	1）不能正确描述电梯开关门控制电路的类型和故障现象（扣 5 分） 2）不能正确分析电梯开关门控制电路故障产生的原因和给出故障排除的方法（扣 5 分）		

（续）

序号	考核项目	配　分	评分标准	得　分	备　注
5	电梯开关门电路故障检修	50	1）未按正确思路检修出电梯制动电路故障（扣50分） 2）未测量电梯开关门控制电路输入电压（扣10分） 3）未测量电梯开关门控制电路输出电压（扣10分） 4）未测量电梯门机控制器供电电源电压（扣10分） 5）未能找出电梯开关门按钮故障（扣10分）		
6	6S考核	10	1）工具器材摆放凌乱（扣2分） 2）工作完成后不清理现场，将废弃物遗留在机房设备内（扣4分） 3）设备、工具损坏（扣4分）		
7	总分				

注：评分标准中，各考核项目的单项得分扣完为止，不出现负分。

项目小结

本项目介绍了电梯开关门控制电路的组成和工作原理、电梯开关门方式，分析了常见电梯开关门控制电路的故障，并给出了电梯开关门控制电路故障检修流程图和电梯平层不开门故障检修的实操过程。通过本项目的学习和训练，学生可掌握诊断与维修电梯开关门故障的基本技能。

项目七　电梯外呼内选通信电路故障诊断与维修

本项目学习电梯串行通信电路原理、电梯外呼信号串行通信原理、电梯轿厢操纵面板和操纵箱的组成和功能、电梯呼梯盒的组成和功能、电梯外呼内选系统常见故障原因分析，通过电梯外呼内选系统故障诊断及排除实例训练，学生可掌握电梯外呼内选系统故障诊断与维修的基本技能。

知识目标

1）掌握电梯串行通信电路的原理。
2）掌握电梯外呼信号串行通信的原理。
3）掌握电梯轿厢操纵面板和操纵箱的组成和功能。
4）掌握电梯呼梯盒的组成和功能。
5）掌握电梯外呼内选系统常见故障。

能力目标

1）能够分析并排除电梯外呼内选通信电路的常见故障。
2）能够进行轿内操纵面板、呼梯盒及层站显示器故障的诊断与维修。

项目描述

电梯外呼内选系统常见故障包括电梯不响应轿厢内操纵面板按钮信号；在某一层站按电

梯外呼按钮，电梯不能正常应答；层站显示器没有显示。本项目的目的就是根据电气原理图分析、查找故障原因及故障点，进行故障排除，恢复电梯正常运行，并填写电梯维修记录单，详述故障排除过程。

 项目分析

电梯不响应外召唤信号，应检查外呼系统电路；乘客呼梯不能正常应答，应检查内选系统电路；层站显示器没有显示，应检查层站显示系统电路。由于涉及和电梯主控制器通信模块，电梯外呼与层站显示系统的电气故障相对较为复杂，但只要熟练掌握外呼系统、内选系统及层站显示系统的工作原理，结合控制器信号指示，就能较快地对故障点做出判断并加以排除。

相关知识

一、串行通信原理

串行通信是指计算机主机与外围设备之间以及主机系统与主机系统之间数据的串行传送。使用一条数据线，将数据一位一位地依次传输，每一位数据占据一个固定的时间长度。串行通信只需要少数几条线就可以在系统间交换信息，特别适用于计算机与计算机、计算机与外围设备之间的远距离通信。串口通信时，发送和接收到的每一个字符实际上都是一次一位地传送的，每一位为1或者为0。串行通信包括同步通信和异步通信两种方式。

在并行通信中，一个字节（8位）的数据是在8条并行传输线上同时由源传送到目的地；而在串行通信方式中，数据是在单条1位宽的传输线上一位接一位地顺序传送，这样，一个字节的数据要分8次由低位到高位的顺序一位一位地传送，如图2-52所示。由此可见，串行通信的特点如下：

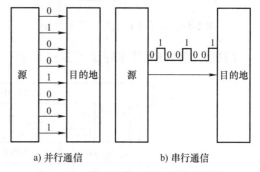

a) 并行通信　　　　b) 串行通信

图2-52　并行通信与串行通信的区别

1）节省传输线，尤其是在远程通信时，此特点尤为重要。这也是串行通信的主要优点。

2）数据传送效率低。与并行通信比，这也是显而易见的。这是串行通信的主要缺点。

例如，传送一个字节，并行通信只需要$1T$的时间，而串行通信至少需要$8T$的时间。由此可见，串行通信适合于远距离传送，可以从几米到数千公里。对于长距离、低速率的通信，串行通信往往是唯一的选择。并行通信适合于短距离、高速率的数据传送，通常传输距离小于30m。

二、电梯串行通信

电梯控制系统采用的数据传输方式多为串行通信方式，串行通信方式已经在电梯控制系统中得到了广泛的应用。电梯的轿厢与机房控制之间通过串行通信方式进行信号传输，使电梯随行电缆数量大大减少。由于在电梯上对外召唤信号、轿内指令信号全部采用串行通信方式，使得外召唤按钮电缆不随楼层数的增减而变化。图2-53所示为电梯轿内指令信号、外召唤信号与控制柜之间的连接。

三、串行通信电路

变压变频（VVVF）调速电梯采用串行通信方式，电路如图 2-54 所示。串行通信的基本思想是将发送信号侧按钮动作产生的多个并行二值（0、1）信号，变换成以时间顺序排列的串行信号，并在一根线上一次传送这些信号，信号传送到接收信号侧时，再变换成并行二值（0、1）信号。串行通信仅需数根信号线和相应的接口电路，就能满足具有 N 个服务层电梯的外召唤信号的传送需要，大大减少了信号传送线的数量，使传送效率和可靠性得到很大提高。VVVF电梯的串行通信由 T-CPU 控制，I/O 接口电路采用专用的混合集成电路芯片，其作用类似于调制调解器，串行通信用扫描方式检测按钮信号，在一个周期里对所有按钮进行一次扫描。

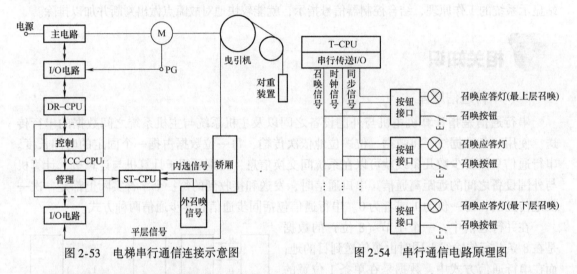

图 2-53　电梯串行通信连接示意图　　　　图 2-54　串行通信电路原理图

门机外围控制系统原理如图 2-55 所示。

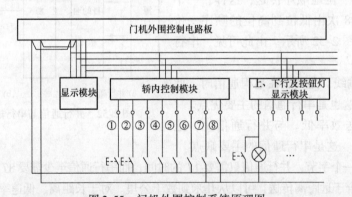

图 2-55　门机外围控制系统原理图

①—开门按钮信号　②—关门按钮信号　③—独立运行信号　④—司机状态信号
⑤—超载信号　⑥—满载信号　⑦—到站钟继电器控制信号　⑧—锁梯继电器控制信号

轿厢内的开门按钮信号、关门按钮信号、独立运行信号、司机状态信号、超载信号、满载信号、到站钟继电器控制信号、锁梯继电器控制信号通过轿内控制模块经串行通信电路与门机外围控制电路板相互交换信息。

上、下行及层站显示信号通过显示模块经串行通信电路与门机外围控制系统相互交换信息。

内选按钮触点及按钮灯通过上、下行及按钮灯显示模块经串行通信电路与门机外围控制系统交换信息。

四、大厅外召唤信号串行通信电路

大厅外召唤信号串行通信电路如图 2-56 所示。

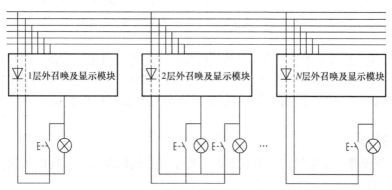

图 2-56　大厅外召唤信号串行通信电路图

大厅每一层的上行按钮触点信号及灯信号、下行按钮触点及灯信号、每层的方向显示信号及层站显示信号，通过各层楼的模块，经串行通信电路与电梯电气控制系统交换信息。

五、电梯轿厢操纵面板、操纵箱与呼梯盒的功能

（一）轿厢操纵面板

轿厢操纵面板是设置在轿厢侧壁或前壁上，用开关、按钮操纵轿厢运行的电气装置。轿厢操纵面板的功能说明如下：

1）方向指示。用箭头符号指明电梯当前的运行方向。箭头朝上表示上行，箭头朝下表示下行。

2）层站指示。用数字显示指明电梯当前所在的层站区域，它随电梯轿厢位置的改变而改变。

3）警铃按钮。用于轿厢内出现异常情况时与外界联系的报警按钮。按压该按钮，将起动报警警铃，并可以使监控室电话铃声鸣响。

4）指令按钮。按压相应按钮可以登记目的层站。

5）开门按钮。按压该按钮，可使轿门开启。持续按压该按钮，可使轿门保持在开启状态。

6）关门按钮。按压该按钮，可使轿门关闭。

7）紧急通话装置。作为电梯发生异常情况时，救援人员或监控室与轿厢内乘客之间联络的通道。

（二）操纵箱开关

电梯操纵箱开关如图 2-57 所示。操纵箱只能由管理者、专业人员、专业电梯司机打开和操作，否则可能会导致电梯非正常运行并发生危险。

操纵箱开关组件的相关功能如下：

1）照明开关。该开关用于打开与关断轿厢内的照明

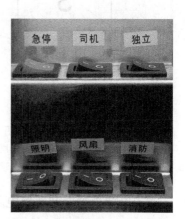

图 2-57　电梯操纵箱开关实物图

器具。

2）风扇开关。该开关用于运行与停止轿厢内的风扇装置。

3）急停开关。急停开关复位时，电梯能够正常运行；急停开关被按下时，电梯将不能运行。电梯在运行状态时，扳动开关至停止位置，将导致电梯紧急制动。

4）司机开关。该开关用于电梯在自动运行和司机状态之间进行切换。电梯处于司机状态时，电梯门的关闭以及电梯起动由司机操作，门不会自动关闭，需持续按住关门按钮来关门。电梯处于司机状态时，按下直驶按钮后，可不响应外召唤，直接行驶到轿厢内登记的目的层。

5）独立开关。该开关用于电梯在自动运行和独立运行之间进行切换。独立运行指电梯只响应轿内指令，外召唤无效。独立运行状态时，必须持续按压关门按钮才能使轿门完全关闭。

6）消防按钮。电梯处于消防状态运行时，在最近楼层停层后直接运行至基站，中间不再停止。

（三）呼梯盒

呼梯盒一般设置在层站门的一侧或上方，用于显示轿厢位置和方向的装置。典型的呼梯盒如图 2-58 所示。

1）运行方向指示。用箭头符号表明电梯当前的运行方向，箭头朝上表示上行，箭头朝下表示下行。

2）层站指示。用数字显示轿厢当前所在层站，并随轿厢位置的改变而改变。

3）上行召唤按钮。当目的层站位于本层站上方时，按此召唤按钮，按钮灯亮，直至电梯响应召唤。

4）下行召唤按钮。当目的层站位于本层站下方时，按此召唤按钮，按钮灯亮，直至电梯响应召唤。

当电梯达到目的层站时，系统会发出消号指令，将已登记的指令信号消除，按钮灯熄灭，如图 2-59 所示。

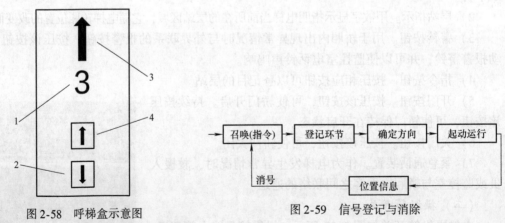

图 2-58　呼梯盒示意图

图 2-59　信号登记与消除

1—层站显示　2—下行召唤按钮（底层无此按钮）
3—运行方向指示　4—上行召唤按钮（顶层无此按钮）

六、电梯外呼内选通信电路常见电气故障分析

电梯外呼内选通信电路常见电气故障主要包括按钮故障和插件卡口松动。表 2-30 给出

了电梯外呼内选通信电路常见的电气故障现象、原因与排除方法。

表 2-30　电梯外呼内选通信电路常见电气故障分析

故障现象	可能原因	排除方法
按下指令按钮后没有信号（灯不亮）	指令按钮接触不良或损坏	修复或更换按钮
	信号灯接触不良或烧坏	修复或更换信号灯
	相关线路断开或接线松脱	检查相关线路，使其正常工作
	相关指令登记电路发生故障，不能登记选层	检查相关线路，使其正常工作
有指令信号，但方向箭头灯不亮	方向信号灯接触不良或损坏	修复或更换方向信号灯
	相关定向电路发生故障	检查相关线路，使其正常工作
	相关线路断开或接线松脱	检查相关线路，使其正常工作
指令登记不消号	指令按钮卡阻不能复位或触点短路	检查和修复指令按钮，若不能修复则更换
	相关消号线路发生故障	检查相关线路，使其正常工作
预选层站不停车	相关线路断开或触点松动	检查相关线路，使其正常工作
	相关触点接触不良或损坏	检查和修复相关触点，若不能修复则更换
未选层站停车	相关触点短路或损坏	检查和修复相关触点，若不能修复则更换
	相关线路短路	检查相关线路，使其正常工作
外召唤按钮无效	外召唤按钮失灵或接触不良	检查或修复外召唤按钮，若不能修复则更换
	相关线路断开或触点松动	检查相关线路，使其正常工作

1. 按钮故障

1）外召唤按钮不能复位造成通信故障。这种故障将造成电梯关门故障。出现这种故障时，只需调整或更换外召唤按钮即可。

2）开门按钮有卡阻现象不能复位或开门按钮损坏造成的通信故障。这种故障将导致电梯自动关门故障。出现这种故障时，只需调整或更换开门按钮即可。

3）关门按钮有卡阻现象不能复位或关门按钮损坏造成的通信故障将导致电梯开门故障。出现这种故障时，只需调整或更换关门按钮即可。

4）开、关门按钮都没有卡阻现象，但按下开门或关门按钮，电梯不能正常开、关门，且内置指示灯不亮，说明开、关门按钮的触点或线路有故障。

出现这种情况时，用万用表的电压档测量按钮两侧的电压值，若为零，则可判断为 DC 24V 电源异常。检查按钮两侧的连接情况。

5）电梯内选按钮出现卡阻现象或者通信指示灯不亮或一直亮。出现这种故障时，可参照上述开、关门按钮故障诊断方法进行诊断。

2. 插件卡口连接松动

出现这种故障时，检查呼梯盒卡口、控制柜卡口及其轿厢操纵箱指令板内的连接问题。若连接松动，将卡口卡牢即可。

 **项目准备**

根据项目内容及项目要求选用仪表、工具和器材，见表 2-31。

表2-31　仪表、工具和器材明细

序　号	名　　称	型号与规格	单　位	数　量
1	电工工具	验电器、钢丝钳、螺钉旋具、电工刀、尖嘴钳、剥线钳	套	1
2	万用表	自定	块	1
3	劳保用品	绝缘鞋、工作服等	套	1

 项目实施

1. 电梯外呼内选通信电路的电气故障诊断与排除实例

（1）电梯不响应外召唤信号

故障现象：按下外呼按钮，按钮指示灯不亮。

排除故障思路：可能是外呼按钮的触点或接线不良，DC 24V 电源异常。

操作步骤如下：

1）用万用表测量按钮两端的电压，正常应有 DC 24V，若电压为零，可判断电源异常，可能是由于触点接触不良。

2）用螺钉旋具松开按钮的后盖，对触点进行修复，排除故障。

3）按要求检查外呼、内选与层站显示系统的各项功能，填写维修记录单。

（2）乘客内选不能正常应答

故障现象：乘客在一楼，层门和轿门关好后，按二楼选层按钮，按钮指示灯亮，但电梯不运行。

排除故障思路：可能是选层信号没有传送到主控制板。

操作步骤如下：

1）检测选层信号传送是否正常，需要两人配合操作。一人在轿厢内按下二楼选层按钮，另一人在机房测量主控制板的输入信号，用万用表测量输入端电压，如果是零，则说明信号传送异常，经检查，传送信号线断开，重新连接后，故障排除。

2）按标准检查电梯呼梯与层站显示系统的各项功能，填写维修记录单。

（3）层站显示器上下行指示灯没有显示

故障现象：层站显示器指示上、下行的箭头不亮。

排除故障思路：可能是信号输入端触点或接线接触不良。

操作步骤如下：

1）用万用表检测信号输入端电压是否为 DC 24V，若不是，寻找故障原因。

2）将不牢固的信号输入端触点或接线重新接牢固，故障排除。

3）按标准检查电梯呼梯与层站显示系统的各项功能，填写维修记录单。

2. 电梯外呼内选通信电路故障检修

两人一组，互设外呼内选通信电路故障（包括线路故障和电气元器件故障）4 处，将故障发生的位置和故障诊断的步骤写出，列入表2-32。

表2-32　电梯外呼内选通信电路故障设置及维修

故障发生位置	故障检修步骤

 **项目考核**

项目完成后，由指导教师对本项目的完成情况进行实操考核。电梯外呼内选通信电路故障诊断与维修实操考核见表2-33。

表2-33　电梯外呼内选通信电路故障诊断与维修实操考核表

序号	考核项目	配　分	评分标准	得　分	备　注
1	安全操作	5	1）未穿工作服，未戴安全帽，未穿防滑电工鞋（扣1～2分） 2）不按要求进行带电或断电作业（扣1分） 3）不按要求规范使用工具（扣2分） 4）其他违反作业安全规程的行为（扣1分）		
2	电梯串行通信工作原理认知	5	1）不能阐述或阐述错误串行通信电路的组成和工作原理（扣3分） 2）不能阐述或阐述错误层站串行通信电路的组成和工作原理（扣2分）		
3	电梯外呼与内选系统的组成和功能认知	5	1）不能正确阐述电梯轿厢操纵面板的组成和功能（扣2分） 2）不能正确阐述操纵箱开关的组成和功能（扣2分） 3）不能正确阐述呼梯盒的组成和功能（扣1分） 4）能阐述通信组件的组成和功能，但不全（每少一项扣1分）		
4	外召唤按钮两端电压的测量	10	1）未测出外召唤按钮两端的电压（扣10分） 2）测出外召唤按钮两端的电压，但故障检测不规范（扣5分） 3）未填写维修记录单（扣3分） 4）填写维修记录单，但不全面（每少一项扣1分）		
5	轿厢操纵面板开、关门按钮两端电压的测量	10	1）不能测出轿厢操纵面板开、关门按钮两端的电压（扣10分） 2）测出轿内操纵箱开、关门按钮两端的电压，但故障检测不规范（扣5分） 3）未填写维修记录单（扣3分） 4）填写维修记录单，但不全面（每少一项扣1分）		

（续）

序号	考核项目	配分	评分标准	得分	备注
6	呼梯盒卡口连接的检测	10	1）未检查呼梯盒卡口的连接情况（扣10分） 2）不能按正确步骤检测呼梯盒卡口的连接情况（扣5分）		
7	轿厢操纵箱卡口连接的检查	10	1）未检查轿厢操纵箱卡口的连接情况（扣10分） 2）检查轿厢操纵箱卡口的连接情况，但不全面（每少一项扣2分） 3）不能按正确步骤检查外召唤盒卡口的连接情况（扣5分）		
8	控制柜外召唤卡口连接的检测	10	1）未检查控制柜外召唤卡口连接情况（扣10分） 2）未找出插件编号（每少一项扣5分） 3）不能按正确步骤检测外召唤盒卡口的连接情况（扣5分）		
9	电梯外呼内选通信电路常见故障分析	10	1）不能正确描述电梯外呼内选通信电路常见故障现象（扣5分） 2）不能正确分析电梯外呼内选通信电路常见故障产生的原因和给出故障排除的步骤和方法（扣5分）		
10	电梯外呼内选通信电路故障检修	20	1）不能按正确思路检修出电梯外呼内选通信电路的故障（扣20分） 2）未检修出内呼、外呼操纵箱上各功能按钮故障（扣15分） 3）未检修出楼层显示器故障（扣10分） 4）未检修出电梯通信线路故障（扣10分）		
11	6S考核	5	1）工具器材摆放凌乱（扣1分） 2）工作完成后不清理现场，将废弃物遗留在机房设备内（扣2分） 3）设备、工具损坏（扣2分）		
12	总分				

注：评分标准中，各考核项目的单项得分扣完为止，不出现负分。

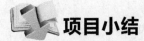 项目小结

本项目介绍了电梯串行通信原理，电梯呼梯盒、轿厢操纵面板、操纵箱开关的组成和功能；分析了电梯常见外呼内选系统故障，并给出了电梯呼梯与层站显示系统故障诊断与排除的步骤和方法。通过理论学习及任务训练，学生可掌握电梯呼梯与层站显示系统故障诊断与排除的基础知识和基本技能。

项目八　电梯变频驱动电路故障诊断与维修

本项目主要学习 VVVF 电梯控制系统结构、VVVF 电梯速度图形运算原理、电梯拖动部分结构与原理、变频器的结构和工作原理、变频驱动电路故障检修的步骤与方法。通过理论

学习和任务训练，可使学生掌握电梯变频驱动电路故障诊断与维修的基础知识和基本技能，使学生能够按照规范完成检修任务，为电梯安全运行打下良好的基础。

 知识目标

1）了解 VVVF 电梯控制系统的结构组成。
2）了解 VVVF 电梯速度图形运算原理。
3）了解电梯拖动部分的结构与原理。
4）掌握电梯变频器的结构和工作原理。
5）掌握电梯变频驱动电路故障诊断与维修的步骤与方法。

能力目标

1）能够正确分析电梯变频驱动电路的故障现象及原因。
2）能够诊断与维修常见电梯变频驱动电路故障。

项目描述

电梯不能正常运行，经分析，电梯的安全与门锁电路、主控制电路、门机控制电路、制动电路、通信电路均正常，可将故障锁定在变频驱动电路上。本任务的目的是根据电梯变频驱动原理图分析查找故障原因及故障点，进行故障排除，恢复电梯正常运行，并填写电梯维修记录单，详述故障排除过程。

项目分析

电梯变频驱动电路是一个由安全继电器、变频器电路、运行接触器、制动电阻器等组成的电路。电梯处于运行状态时，运行接触器得电吸合，电梯上行或下行。如果电梯没有运行，若电梯电源电路、安全与门锁电路、制动电路等均正常，应重点检查变频驱动电路部分的安全继电器、运行接触器、变频器。出现故障时，应首先检查运行接触器是否能完成吸合动作，如果运行接触器不能完成吸合，则应该按照变频驱动电路控制原理图进行详细的检查。

相关知识

一、VVVF 电梯控制系统的结构

VVVF 电梯信号控制系统主要由控制管理 C-CPU、拖动 D-CPU、串行传送 S-CPU 和群控 G-CPU 等多个 CPU 组成，每个 CPU 分别负责各自的任务，既独立又相互协作。图 2-60 是 VVVF 电梯控制系统结构示意图，图中群控部分与电梯管理部分之间的信息传递采用光纤通信，VVVF 电梯群控系统可管理 4 台电梯。群控时，外召唤信号由群控部分接收和处理。

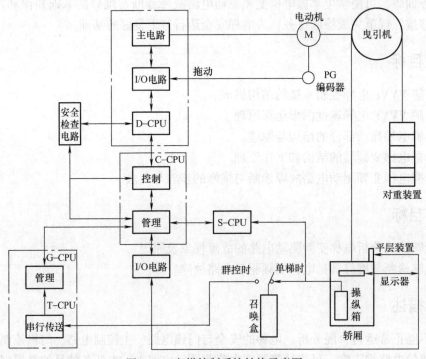

图 2-60　电梯控制系统结构示意图

二、VVVF 电梯速度图形运算

VVVF 电梯的速度曲线是由微机实时计算出来的。这部分工作由 C-CPU 来完成。C-CPU 的控制部分每周期计算出当时的电梯运行速度指令数据，并传送给拖动部分 D-CPU，使其按照图 2-61 所示的电梯速度曲线运行。

为了提高电梯运行的平稳性和运行效率，必须

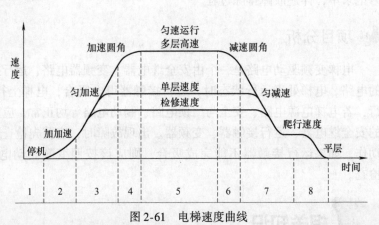

图 2-61　电梯速度曲线

对速度图形进行精确运算。因此，将速度图形划分为 8 个状态分别计算。这 8 个状态分别为停机状态（状态 1）、加加速运行状态（状态 2）、匀加速运行状态（状态 3）、加速圆角运行状态（状态 4）、匀速运行状态（状态 5）、减速圆角运行状态（状态 6）、匀减速运行状态（状态 7）和平层运行状态（状态 8）。

三、拖动部分结构原理

拖动部分采用电压型电流控制变频器，应用了矢量变换控制和脉宽调制技术。拖动部分电路结构如图 2-62 所示，它是由控制电路和主电路两部分组成。控制电路以 D-CPU 为核心，对主电路实施控制。主电路由整流电路、充电电路、再生电路和逆变电路等基本电路组成。

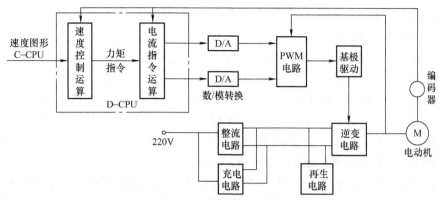

图 2-62　VVVF 电梯拖动部分结构

　　速度图形由 C-CPU 提供，运行过程中，C-CPU 向 D-CPU 传送。由于 C-CPU 是 8 位微机，而 D-CPU 是 16 位微机，两者的工作时钟和运算位数均不相同，无法直接传送消息。为了使两者能相互协调，且能及时、可靠地传送信息，采用了以下两个措施：一是在 C-CPU 和 D-CPU 之间采用 8212 专用通信接口进行连接，8212 相当于一个信箱，当 C-CPU 将信息传送给 8212 接口后，8212 接口向 D-CPU 发出通知，D-CPU 接到通知后，便从 8212 接口中读取信息，读完信息后，D-CPU 向 8212 接口发出已读完信息的通知，然后由 8212 接口向 C-CPU 发出可继续传送信息的信号，如此不断进行信息传送。二是 D-CPU 接收到来自 C-CPU 的 8 位数据信息后，先将此 8 位数据信息放大 64 倍，然后再进行 16 位运算。

四、变频器的结构

　　变频器是一种静止的频率转换器，是一种能将工频（50Hz 或 60Hz）交流电源转换成频率和电压可调的交流电源的电气设备。变频器主要用于对电动机调速。

　　所谓 VVVF（Variable Voltage and Variable Frequency）电梯，都是利用调频调压调速方法实现电梯速度控制的。根据电机学理论，交流电动机的转速公式为

$$n = \frac{120f}{p}(1-s)\ (\text{单位为 r/min})$$

式中，s 为转差率；p 为磁极数；f 为频率（Hz）。

因此，改变定子电源频率可达到调速目的，但不能超过电动机额定频率。对于恒转矩负载电梯，调速时，电梯最大转矩不变，根据转矩公式和电压公式，必须保持 U/f 为常数，即变频器必须具备这两种功能，简称 VVVF 变频器。

　　变频器主要由主电路、控制电路和保护电路组成。

1. 主电路

　　主电路由整流器、滤波器和逆变器组成。由三相桥式整流电路将工频 AC 380V 的三相交流电源（L1、L2、L3）整流成直流，经滤波器电路滤波得到稳恒的直流电源，再经逆变器逆变成频率和电压可调的交流电源供给电动机（U、V、W）实现调速。

2. 控制电路

　　控制电路是以 CPU 为核心的计算机控制系统。其主要工作是通过操纵驱动电路来控制主电路的逆变器输出不同频率和电压的交流电源，以实现控制电动机转速的目的。同时，控制电路还管理着键盘和显示器接口、外围控制信号接口、频率设定接口、通信接口、输出控

制接口、模拟输出接口、保护电路接口等。控制电路和保护电路共同监控变频器各种工作状态，当出现故障时，对变频器及外围设备进行相应的保护。

键盘和显示器接口连接变频器的操作面板，用以对变频器进行参数设置，兼具面板基本操作、运行信息显示、故障显示等功能。外围控制信号接口连接着一组外围控制端子，当参数设置为外围端子操作时，这组端子的开关（通断）或高低电平就可以操纵变频器输出电动机的起动、停止、正转、反转等信号。频率设定接口连接外围频率设定端子。当参数设置的频率来源为外围端子时，外围频率设定端子以模拟量（如 DC 4~20mA，DC 1~5V）形式控制变频器输出电源的频率，达到电动机调速的目的。

通信接口可以连接上位控制计算机。当参数设置的操作为通信模式，或者频率来源为通信模式时，上位机就可以远程控制变频器的运行和输出频率，实现计算机控制系统和变频器的结合。输出控制接口用以输出变频器必要的动作输出信号，例如，通知控制主机变频器故障、正常起动、加速、减速等。模拟输出接口用于外接仪表，显示变频器运行的频率等信息。

3. 保护电路

保护电路接口主要担负着变频器工作的监控和保护功能，包括工频电源的断相、电压保护，输出侧的电动机过载、过电流保护、电动机短路、电压保护等。

五、变频器的工作原理

变频器的核心任务是产生频率和电压可调的交流电源。频率来源信号或数据的大小，决定了变频器应输出的电源频率。变频器的 CPU 接收到信号后发出相应频率和幅值的三相正弦交流信号，称为信号波。经过调制控制电路调制，得到与三相交流频率和幅值对应脉冲宽度的方波信号，控制绝缘栅双极型晶体管（IGBT）的通断，产生相应频率和幅值的交流电源供给交流三相负载。从而实现调压调速（VVVF）控制。

变频器的频率来源是在多段速模式下由派生出各段速的频率设置，如加速时间、减速时间、加速圆角、减速圆角设置。各段速的频率设置中，一般可设置几个不同频率决定电动机的几种不同速度，如图 2-61 所示的电梯匀速运行的多层高速、单层速度、检修速度、爬行速度。加速时间是指从最低频率到最高频率所用的时间。减速时间是指从最高频率减到最低频率所用的时间；加加速、加速圆角、减速圆角时间是指从匀速到加速、加速到匀速的过渡时间，以达到调整电梯舒适度的目的。

在设置频率来源为外部信号时，就需要设置外部信号的类型、信号范围等，如电流、电压、4~20mA、1~5V 等。当频率来源是通信模式时，还需要设置通信的数值范围。

六、变频驱动电路故障检修的步骤与方法

在排除其他电路故障的情况下，根据变频驱动电路工作原理图（见图 2-63），在机房控制柜进

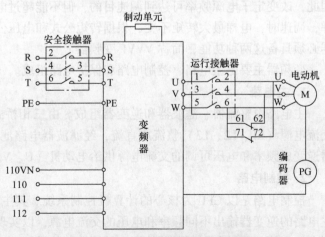

图 2-63　电梯变频驱动电路原理图

行变频驱动电路的检测。

1）检查安全继电器是否正常吸合，送到变频器输入端 R、S、T 的电压是否正常（正常 380V，三相平衡），若不正常，则先检查变频器输入端 R、S、T 往上的供电线路。

2）在电梯运行中，抱闸制动器吸合的瞬间，观察运行接触器是否吸合动作。

3）若运行接触器没有吸合动作，应先检查运行接触器的线圈及相关控制电路。

4）若运行接触器已经吸合动作，检测现场接线盒接线端子 U、V、W 三相电压是否正常。

5）在反馈输入信号正常的情况下，变频驱动电路故障检测流程如图 2-64 所示。

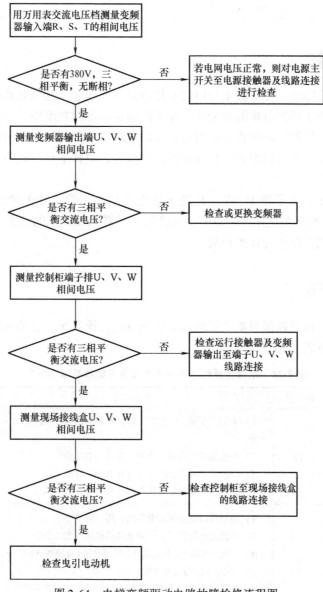

图 2-64　电梯变频驱动电路故障检修流程图

 **项目准备**

根据项目内容及项目要求选用仪表、工具和器材，见表2-34。

表2-34 仪表、工具和器材明细

序 号	名　　称	型号与规格	单 位	数 量
1	电工通用工具	验电器、钢丝钳、螺钉旋具、电工刀、尖嘴钳、剥线钳	套	1
2	万用表	自定	块	1
3	劳保用品	绝缘鞋、工作服等	套	1

 **项目实施**

在出现的电梯故障中，除了安全与门锁电路容易出现问题，变频驱动电路也时常会出现一些故障，因此，为了提高电梯的安全性，除了严格执行维保制度外，对设计安全的主要电气元器件要缩短更换周期，增强检查的力度，及时发现其暴露的问题和出现的故障隐患，以保证电梯的长久使用。下面以电梯运行接触器已经吸合，电梯不运行故障为例介绍电梯变频驱动电路故障的检修。

首先，检查控制柜端子排U、V、W端子的电压是否正常，若正常，到现场打开接线盒，检查U、V、W端子的电压是否正常，在排除制动器机械故障的情况下，根据变频驱动原理图和故障检修流程图进行逐步检测。

 项目考核

项目完成后，由指导教师对本项目的完成情况进行实操考核。电梯变频驱动电路故障诊断与维修实操考核见表2-35。

表2-35 电梯变频驱动电路故障诊断与维修实操考核表

序号	考核项目	配分	评分标准	得 分	备 注
1	安全操作	10	1）未穿工作服，未戴安全帽，未穿防滑电工鞋（扣1～3分） 2）不按要求进行带电或断电作业（扣3分） 3）不按要求规范使用工具（扣2分） 4）其他违反作业安全规程的行为（扣2分）		
2	电梯变频驱动电路的作用、组成及工作原理认知	20	1）不能说出变频驱动电路的作用（扣5分） 2）不能正确阐述变频驱动电路的组成（扣5分） 3）不能正确阐述电梯拖动部分的组成和工作原理（扣5分） 4）不能正确阐述电梯变频器的组成和工作原理（扣5分） 5）不能阐述或阐述错误电梯变频驱动电路工作原理（扣5分），阐述不全（每少一点扣2分）		

（续）

序号	考核项目	配 分	评分标准	得 分	备 注
3	电梯变频驱动电路常见故障分析	10	1）不能正确描述电梯变频驱动电路的类型和故障现象（扣5分） 2）不能正确分析电梯变频驱动电路故障产生的原因和给出故障排除的方法（扣5分）		
4	电梯变频驱动电路故障的检修	50	1）未能按正确思路检修出电梯变频驱动电路故障（扣50分） 2）未检修出变频驱动电路接触器故障（扣20分） 3）未检修出电梯变频驱动电路线路故障（扣20分）		
5	6S考核	10	1）工具器材摆放凌乱（扣2分） 2）工作完成后不清理现场，将废弃物遗留在机房设备内（扣4分） 3）设备、工具损坏（扣4分）		
6	总分				

注：评分标准中，各考核项目的单项得分扣完为止，不出现负分。

项目小结

本项目介绍了电梯变频驱动电路的组成和工作原理，变频驱动电路故障检修的步骤和方法，电梯变频驱动电路故障检修实例的操作步骤。通过理论学习和实操练习，学生可掌握电梯变频驱动电路故障检修的基础知识和基本技能。

项目九　电梯其他故障现象分析

上述几个项目介绍了分别发生在电源电路、主控制电路、制动电路、安全与门锁电路、门机控制电路、外呼内选通信电路、变频驱动电路等处的故障。事实上，电梯出现的故障多种多样，故障可能发生的位置往往不是由单一电路故障引起的，除了发生在以上电路等处的故障，还有可能发生在其他地方。因此，在分析电梯故障时，应全面地列出故障可能发生的原因，然后一一排除，找出故障发生点。本项目列出了电梯常见故障现象，并分析了其可能原因。通过本项目学习，学生可掌握故障分析的基本技能。

知识目标

1）掌握电梯平层误差大的原因。
2）掌握电梯运行中的故障现象和故障原因。
3）掌握熔丝熔断的原因。
4）掌握接触器吸合发出噪声的原因。
5）掌握电动机通电发出噪声的原因。

 能力目标

1）能够正确描述电梯平层故障现象，并分析其原因。
2）能够正确描述电梯运行中的故障现象，并分析其原因。
3）能够正确分析接触器及电动机发出噪声的原因。

项目描述

电梯故障现象复杂，除上述介绍的几大电路故障之外，还存在着其他一些故障，包括电梯平层误差故障、运行故障、熔丝熔断故障、接触器故障等。本任务要求根据相应故障现象分析故障原因并进行故障诊断与维修。

项目分析

电梯出现平层误差过大，并不是由平层开关电路所造成的；电梯起动时舒适感差、有冲击感，和变频驱动电路并没有关系；电梯停车时舒适感差，有冲击感，和变频驱动电路也没有关系；电梯轿厢或层门有麻电感觉、电梯熔丝熔断、接触器吸合发出噪声等也不是由以上几大电路故障造成的。对于这些可能的故障现象，进行故障诊断与维修时，不应局限于上述介绍的几大控制电路，应从基本的用电故障着手考虑。

相关知识

一、电梯平层误差故障

电梯出现平层误差故障，可能的原因较多，既有机械方面的原因，也有电气方面的原因。表 2-36 列出了平层误差过大的故障分析。

表 2-36　电梯平层误差过大的故障分析

故障现象	可能原因	排除方法
平层误差大	1. 平层开关位置不对或有故障	调整平层开关位置或更换新的平层开关
	2.（交流双速梯）制动器制动力矩太小，弹簧过松	调整制动器制动力矩，提高平层精度
	3. 井道层楼平层隔磁板位置不当	调整井道层楼平层隔磁板位置
	4. 对重过重或过轻，导致停车平层欠佳	调整对重重量（调平衡系数）
	5. 调速电梯平层速度过高，不能精确停车	调整调速电梯平层速度，使其能精确停车
	6. 调速电梯制动减速度太小（斜率太小），平层时速度降不下来，不能精确停车	调整调速电梯制动减速度斜率，使其能精确停车
	7. 制动器接触器不良，不能及时释放，精确抱闸停车	检查调整或更换接触器，使其动作灵活，工作可靠

二、电梯起动、停车故障分析

表 2-37 列出了电梯起动、停车常见故障分析。

表 2-37　电梯起动、停车常见故障分析

故障现象	可能原因	排除方法
停车时舒适感差，有冲击感	1.（交流双速梯）制动器弹簧过紧，制动力大	调整制动器弹簧，使其符合要求，改善停车时的舒适感
	2. 调速电梯平层速度过高，速度没有降到零就抱闸	调整调速电梯平层速度，使其在平层位置时速度为零，同时抱闸
	3. 调速电梯制动减速度太小（斜率太小），平层时速度降不下来，没有在零速时就抱闸	调整调速电梯制动减速度斜率，使其在平层位置时速度为零，同时抱闸

三、电梯常见运行故障现象分析

电梯常见运行故障现象分析见表 2-38。

表 2-38　电梯常见运行故障现象分析

故障现象	可能原因	排除方法
电梯只能下行，不能上行	1. 上限位开关没有复位或有关线路断开	检修上限位开关和有关线路，若上限位开关损坏，则应更换
	2. 有关上行线路故障。不能使电梯向上运行	检修有关上行线路
电梯只能上行，不能下行	1. 下限位开关没有复位或相关线路断开	检修下限位开关和有关线路，下限位开关如损坏，则应更换
	2. 下行线路有故障，不能使电梯向下运行	检修有关下行线路
电梯只有慢车，没有快车	1. 快车运行线路故障	检查快车运行线路，排除故障
	2. 相应方向的强迫减速开关没有复位或相关线路断开	检查修复强迫减速开关和相关线路
电梯减速后不能正确停层	1. 平层开关没有动作	检查平层开关是否良好，平层隔磁板安装位置是否正确
	2. 该层距离太短，不能在平层区有效停车	调整减速距离，使电梯在减速距离内有效停车
电梯在运行中突然急停	1. 外电路发生故障，电梯供电系统不能正常供电，电梯抱闸停车	如轿厢内有乘客，应通知维修人员采取措施疏散乘客；在采取措施疏散乘客前，应先切断电源，以免突然来电，造成电梯起动发生意外
	2. 由于某种原因，电流过大，总开关熔丝熔断，或断路器跳闸，电梯抱闸停车	找出故障原因，更换熔丝或重新合上断路器
	3. 安全与门锁电路发生故障，电梯抱闸停车	检查安全装置，找出故障原因，排除故障
	4. 门刀碰撞门锁滚轮，使门锁钩脱开，门锁电路断开，电梯抱闸停车	调整门刀与门锁滚轮的间隙，检查是什么原因造成门刀碰撞门锁滚轮。有时，轿厢的晃动也会引起门刀与门锁滚轮碰撞
	5. 安全钳动作	在机房断开总电源，用松闸扳手将制动器松开，用人为的方法使轿厢向上移动，使安全钳楔块脱离导轨，并使轿厢停靠在层门处，疏散乘客。检查电梯，找出安全钳动作的原因，并检查导轨有无异常，用锉刀将导轨上的制动痕修光

四、电梯其他故障现象分析

电梯其他故障现象分析见表2-39。

表2-39　电梯其他故障现象分析

故障现象	可能原因	排除方法
轿厢或层门有麻电感觉	1. 轿厢或层门接地线断开或接触不良	检查接地线，使接地电阻不大于4Ω
	2. 接地系统中性线、重复接地线断开	接好中性线、重复接地线
	3. 线路上有漏电现象	检查线路绝缘装置，其绝缘电阻不应低于0.5MΩ
局部熔丝经常熔断	1. 该电路导线有接地点或电气元器件有接地	检查接地点，加强绝缘
	2. 有的继电器绝缘垫片击穿	加强绝缘或更换继电器
总电源熔断器经常烧断或断路器经常跳闸	1. 熔丝容量小且压接松，接触不良	按额定电流更换熔丝，并压接紧固
	2. 有的接触器接触不良，有卡阻	检查调整接触器，排除卡阻或更换接触器
	3. 电梯起动、制动时间过长	调整起动、制动时间
接触器吸合时发出噪声	1. 接触器铁心吸合处有杂质，使接触器吸合时存在气隙，发出噪声	清除接触器铁心吸合处的杂质，使接触器铁心吸合时紧密，消除噪声
	2. 接触器接触不良	更换接触器
电动机通电时发出噪声，不旋转，温度上升	1. 电动机断相	立即断开电源，检查电动机的三相电源和电动机接线端子的接触情况
	2. 制动器没有松开	立即断开电源，检查制动器不松闸的原因
	3. 减速器有卡阻	立即断开电源，检查减速器卡阻的原因

 项目准备

根据项目内容及项目要求选用仪表、工具和器材，见表2-40。

表2-40　仪表、工具和器材明细

序　号	名　　称	型号与规格	单　位	数　量
1	电工通用工具	验电器、钢丝钳、螺钉旋具、电工刀、尖嘴钳、剥线钳	套	1
2	万用表	自定	块	1
3	劳保用品	绝缘鞋、工作服等	套	1

 项目实施

1）电梯出现运行中急停故障，试分析原因，并进行故障诊断与维修，并将诊断与维修的步骤写出。

2）电梯出现平层误差过大，试分析原因，并进行故障诊断与维修，并将诊断与维修的步骤写出。

 项目考核

项目完成后，由指导教师对本项目的完成情况进行实操考核。电梯其他故障现象分析实操考核见表2-41。

表 2-41　电梯其他故障现象分析实操考核表

序号	考核项目	配　分	评分标准	得　分	备　注
1	安全操作	10	1）未穿工作服，未戴安全帽，未穿防滑电工鞋（扣 1～3分） 2）不按要求进行带电或断电作业（扣 3 分） 3）不按要求规范使用工具（扣 2 分） 4）其他违反作业安全规程的行为（扣 2 分）		
2	电梯起停故障分析、诊断与维修	20	1）不能分析电梯起停故障产生的原因（扣 10 分） 2）不能诊断与维修电梯起停故障（扣 10 分）		
3	电梯运行故障分析、诊断与维修	20	1）不能正确描述电梯运行过程中的故障现象（扣 5 分） 2）不能正确分析电梯运行过程中故障产生的原因和给出故障排除的方法（扣 10 分） 3）不能诊断与维修电梯运行故障（扣 10 分）		
4	电梯平层故障分析、诊断与维修	20	1）不能正确描述电梯平层故障现象（扣 5 分） 2）不能正确分析电梯平层故障产生的原因和给出故障排除的方法（扣 10 分） 3）不能诊断与维修电梯平层故障（扣 10 分）		
5	电梯电动机、接触器噪声故障分析	20	1）不能分析电梯电动机、接触器噪声故障产生的原因（扣 10 分） 2）不能诊断与维修电梯电动机、接触器噪声故障（扣 10 分）		
6	6S 考核	10	1）工具器材摆放凌乱（扣 2 分） 2）工作完成后不清理现场，将废弃物遗留在机房设备内（扣 4 分） 3）设备、工具损坏（扣 4 分）		
7	总分				

注：评分标准中，各考核项目的单项得分扣完为止，不出现负分。

 项目小结

本项目分析了电梯平层误差故障、电梯起停故障、电梯运行故障、电梯接触器电动机噪声故障等，通过本项目的学习，学生应掌握电梯常见故障的分析方法，并能够诊断与维修常见故障。

模块三

电梯机械系统常见故障诊断与维修

Chapter **3**

本模块介绍了电梯常见的三种机械系统故障及其诊断与维修方法，即电梯曳引机故障诊断与维修、电梯轿厢运行故障诊断与维修、电梯层门轿门系统故障诊断与维修。通过学习，学生应掌握电梯机械系统的组成和工作原理，电梯机械故障诊断与维修的基本理论与方法，具备电梯机械故障诊断与维修的基本常识。在此基础上，通过实操练习，学生应具备诊断与维修电梯机械故障的基本技能，能够熟练地根据电梯机械系统的组成和工作原理进行分析和检测，准确判断故障位置，并根据相关规范与标准完成电梯机械故障维修的工作任务。

模块目标

1）掌握电梯机械系统的组成和工作原理。
2）掌握电梯常见机械系统故障现象及故障产生的原因。
3）掌握电梯曳引机故障诊断与维修的基本技能。
4）掌握电梯轿厢运行故障诊断与维修的基本技能。
5）掌握电梯层门轿门系统故障诊断与维修的基本技能。

内容描述

电梯是由机械系统和电气系统组成的一个典型的机电一体化设备。电梯运行中，由于机械系统零部件或电气系统元器件不能正常工作，导致系统产生异常的振动和噪声，影响电梯的乘坐舒适感，失去设计中预定的一个或几个功能，甚至不能正常运行，此时，必须停机修理，防止设备及人身事故。

本模块介绍的电梯故障是由于机械系统零部件异常产生的机械故障。相比电梯电气系统故障，电梯机械系统故障尽管只占电梯全部故障的30%，但是一旦发生，可能会造成较长时间的停机待修，甚至会造成更为严重的人身和设备事故。因此，电梯维保人员有必要掌握电梯机械系统故障诊断与维修的基本方法和技能。

通过完成本模块基本知识的学习，电梯曳引机故障诊断与维修、电梯轿厢运行故障诊断与维修、电梯层门轿门系统故障诊断与维修等三个项目的实施，学生可全面掌握常见电梯机械故障，并学会分析故障产生的原因，学会故障的排除方法，能准确判断故障产生的部位并进行修复。

项目一　电梯机械系统故障诊断与维修基本知识

 知识目标

1）掌握电梯机械系统的组成。
2）掌握电梯曳引系统的组成和工作原理。
3）掌握电梯导向系统的组成和作用。
4）掌握电梯轿厢的组成。
5）掌握电梯门系统的组成和工作原理。
6）掌握电梯重量平衡系统的组成和作用。
7）掌握电梯机械安全保护系统的组成。

能力目标

1）能够查找电梯曳引系统各部件。
2）能够查找电梯导向系统各部件。
3）能够查找电梯轿厢各部件。
4）能够查找电梯门系统各部件。
5）能够查找电梯重量平衡系统各部件。
6）能够查找机械安全保护系统各部件。

项目描述

电梯出现机械故障，要求检修人员根据故障现象及相关机械知识与技能进行故障原因分析及故障排除。本项目学习电梯机械系统的组成及工作原理。

项目分析

诊断与维修电梯机械系统故障，首先要知道电梯机械系统的组成，并能查找其各零部件的位置，其次要掌握常见电梯机械故障的现象及故障发生的原因等基本知识。为此，本项目首先介绍了电梯六大机械系统的组成和工作原理，包括曳引系统、导向系统、轿厢系统、门系统、重量平衡系统、安全保护系统等；其次介绍了电梯机械系统故障的表现，并分析了机械系统故障产生的原因。

相关知识

一、电梯机械系统的组成与工作原理

电梯机械系统按功能系统划分，主要由曳引系统、导向系统、轿厢系统、门系统、重量平衡系统、机械安全保护系统六大部分组成，见表3-1。

表 3-1　电梯机械系统组成

系统名称	功　能	组　成
曳引系统	输出与传递动力，驱动电梯运行	曳引电动机、曳引轮、导向轮、曳引钢丝绳
导向系统	限制轿厢和对重装置的自由度，使轿厢和对重装置只能沿着导轨上下运动	轿厢及对重装置的导轨、导靴、导轨支架
轿厢系统	用以运送乘客和货物的组件，是电梯的工作部分	轿厢架和轿厢体
门系统	乘客或货物的进出口，保证电梯安全运行必不可少的部分	轿门、层门、开门机、联动机构、门锁等
重量平衡系统	相对平衡轿厢重量及补偿高层电梯中曳引绳长度的影响	对重装置和重量补偿装置
机械安全保护系统	保证电梯安全使用，防止一切危及人身和设备安全的事故发生	限速器、安全钳、缓冲器

1. 曳引系统

电梯曳引系统的作用是输出动力，通过曳引力驱动轿厢运行，其主要组成部分有曳引机、电磁制动器、减速器、曳引轮、导向轮及曳引钢丝绳等。

1）曳引机：电梯的主拖动机械，向轿厢提供动力。

2）电磁制动器：通过电磁制动器线圈中电流的通断控制电磁制动力的产生，从而控制曳引电动机制动轮的制动。

3）减速器：对于有齿轮曳引机，需要在曳引电动机和曳引轮之间安装减速器，降低转速的同时得到较大的转矩。

4）曳引轮：嵌挂曳引钢丝绳的轮子，用于产生驱动力。

5）导向轮：防止轿厢和对重装置产生碰撞，调整轿厢和对重装置之间的距离。

6）曳引钢丝绳：用来悬挂轿厢和对重装置，承受轿厢和对重装置的重量，同时承受摩擦损耗及导向轮和滑轮的反复扭折。

2. 导向系统

电梯导向系统主要由导轨、导靴、导轨支架组成，其主要功能是用来限制轿厢和对重装置的活动自由度，使其只能沿着导轨上下运动。

1）导轨。导轨为轿厢和对重装置在垂直方向运动提供导向，限制轿厢和对重装置在水平方向的移动。当安全钳工作时，导轨用来支撑轿厢和对重装置重量。

2）导靴。导靴装在轿厢和对重架上，与导轨配合，用于防止轿厢和对重装置在运行过程中产生偏斜或摆动。

3）导轨支架：支撑和固定导轨，固定在井道壁或横梁上。

3. 轿厢和称量装置

轿厢是运送乘客或货物的承载部件，由轿厢架和轿厢体两大部分组成。对于客梯，轿底还安装有负载称量装置。

1）轿厢架：用来固定和支撑轿厢及其附件的框架。通常由上梁、立梁、下梁和拉条等组成。

2）轿厢体：固定在轿厢架上，由轿底、轿壁和轿顶等组成。

4. 门系统

电梯门系统主要包括轿门、层门。层门设置在建筑物每层电梯停站的门口；轿门安装在轿厢体上，随轿厢一起上升下降。

1）门：由门扇、门挂板（含滑轮）、门导靴和门地坎等部件组成。

2）开关门机构：主要由电动机驱动，同步齿形带传动构成的开关门机构。

3）门刀和门锁：用来锁闭层门与轿门，开启层门的装置。

4）门的联动机构：电梯门多数采用二扇、三扇或四扇。在门的开启闭合过程中，轿门通过系合装置带动一扇层门，其他门扇的移动通过联动机构实现。

5. 对重装置及重量补偿装置

电梯对重装置及重量补偿装置是电梯的重量平衡系统。对重装置可用来平衡轿厢的重量和部分电梯负载的重量，主要由对重架和对重块组成。重量补偿装置是悬挂在轿厢和对重装置底部，用于补偿由于电梯高度提升而造成的曳引轮两边曳引绳自重相差过大的装置。

6. 机械安全保护装置

电梯的机械安全保护装置主要包括限速器、安全钳和缓冲器。

1）限速器：当轿厢速度超过允许值时，能发出电信号或产生机械动作的安全装置。

2）安全钳：安装在轿厢上，能在限速器作用时立即做出反应，产生机械动作将轿厢制停在导轨上，同时切断电梯动力电源。

3）缓冲器：当轿厢或对重装置蹲底时，用来减缓冲击力。

二、电梯机械系统常见故障的现象及原因

1. 电梯机械系统常见故障现象

电梯机械系统发生故障时，在设备的运行过程中会产生一些迹象，维保人员可根据这些迹象发现设备的故障点。机械系统发生故障时常见的迹象主要包括以下几个方面。

1）振动异常。振动是机械运行过程中的属性之一，通过不正常的振动或晃动可发现系统故障所在位置。

2）噪声异常。电梯机械系统在正常运转过程中发出的声音是均匀而轻微的。当设备在正常工况下发出杂乱而沉重的声响时，说明设备已出现异常。

3）发热异常。电梯工作时，常常会发生曳引电动机、制动器、轴承等部位的过热现象，如不及时发现，将引起机件烧毁事故。

4）磨损残余物的激增。通过观察轴承等零件的磨损残余物，并定量测定油样中磨损微粒的多少，可确定机件磨损的程度。

5）裂纹的扩展。通过机械零件表面或内部缺陷的变化趋势判断机械故障的严重程度。

电梯故障发生时，维保人员应首先向电梯使用者了解故障的情况和现象，到现场观察设备状况。如果电梯还可以运行，可进入轿顶用检修运行若干次，通过观察、听闻、鼻闻、手摸等方法，判断故障发生的部位。

2. 电梯机械系统常见故障的原因

电梯机械系统故障产生的原因可分为三类。

1）由于某些零部件出现磨损过度或老化、日常的维护与保养工作或使用管理不当，没

能预先发现并及时更换或修复不可靠的、有缺陷的或非正常的零部件，以致缺陷进一步扩大。电梯运转过程中，自然磨损是正常的，只要及时予以调整、保养，电梯就能正常运行。如果不能及时发现导轨、导靴、门上坎、门滑轮、门导靴、钢丝绳、轮槽等滑动部件的磨损异常和转动部位销轴、轴承磨损的异常并加以调整，就会加速机件的磨损，从而造成机件的磨损报废，导致机械故障的发生。

2）电梯在使用过程中出现的正常延伸或振动引起的紧固件松动或自然松脱，使机件发生位移、脱落或失去原有的精度而造成电梯故障。

3）由于机械部件的日常润滑不良或润滑不足而造成的系统故障，造成转动部位工作不正常而产生发热磨损直至部件间相互咬死，导致运动部位产生非正常的工作故障。

 ## 项目准备

根据项目内容及项目要求选用仪表、工具和器材，见表3-2。

表3-2 仪表、工具和器材明细

序 号	名 称	型号与规格	单 位	数 量
1	钳工工具	钢丝钳、螺钉旋具、尖嘴钳、剥线钳、普通扳手、活扳手、呆扳手、塞尺	套	1
2	万用表	自定	块	1
3	劳保用品	绝缘鞋、工作服等	套	1

 ## 项目实施

1）查找电梯曳引系统各零部件的位置。
2）查找电梯门系统各零部件的位置。
3）查找电梯机械安全保护系统各零部件的位置。

 ## 项目考核

项目完成后，由指导教师对本项目的完成情况进行考核。电梯机械系统故障诊断与维修基本知识考核见表3-3。

表3-3 电梯机械系统故障诊断与维修基本知识考核表

序号	考核项目	配分	评分标准	得 分	备 注
1	安全操作	10	1）未穿工作服，未戴安全帽，未穿防滑电工鞋（扣1~3分） 2）不按要求进行带电或断电作业（扣3分） 3）不按要求规范使用工具（扣2分） 4）其他违反作业安全规程的行为（扣2分）		

（续）

序号	考核项目	配　分	评分标准	得　分	备　注
2	电梯机械系统组成认知	20	1）不能说出电梯机械系统的组成（扣2分） 2）不能说出曳引系统的组成和工作原理（扣2分） 3）不能查找曳引系统部件的位置（扣2分） 4）不能说出导向系统的组成（扣2分） 5）不能说出轿厢系统的组成（扣2分） 6）不能说出门系统的组成和工作原理（扣4分） 7）不能查找电梯门系统部件的位置（扣2分） 8）不能说出重量平衡系统的组成（扣2分） 9）不能说出电梯安全保护系统的组成（扣2分）		
3	电梯机械系统故障迹象和表现	30	1）不能说出电梯机械系统常见的故障迹象和表现（扣5分） 2）不能说出电梯振动异常的位置（扣5分） 3）不能说出常见发出异常噪声的位置（扣5分） 4）不能说出电梯过热的部位（扣5分） 5）不能说出电梯磨损残余物激增的部位（扣5分） 6）不能说出电梯部件裂纹产生的位置（扣5分）		
4	电梯机械系统故障产生的原因	30	1）不能说出电梯机械系统产生故障的原因的种类（扣5分） 2）不能说出电梯机械系统磨损现象产生的部位及危害（扣10分） 3）不能说出电梯机械系统连接件松动产生的原因和部位（扣5分） 4）不能说出电梯机械系统润滑的部位（扣10分）		
5	6S考核	10	1）工具器材摆放凌乱（扣2分） 2）工作完成后不清理现场，将废弃物遗留在机房设备内（扣4分） 3）设备、工具损坏（扣4分）		
6	总分				

注：评分标准中，各考核项目的单项得分扣完为止，不出现负分。

项目小结

　　本项目介绍了电梯机械系统的组成和工作原理，包括曳引系统、导向系统、轿厢系统、门系统、重量平衡系统和机械安全保护系统；分析了电梯机械系统产生故障时的迹象及故障产生的原因。通过学习及实操练习，学生可掌握电梯机械系统故障诊断与维修的基本知识。

项目二　电梯曳引机故障诊断与维修

知识目标

　　1）掌握电梯曳引机轴承端漏油故障产生的原因及故障排除的方法。

2）掌握电梯曳引机运行时产生异常噪声的原因及故障排除的方法。

3）掌握电梯曳引机运行时产生异常振动的原因及故障排除的方法。

4）掌握电梯曳引机运行时产生异常发热的原因及故障排除的方法。

5）掌握电梯制动器常见故障现象及故障排除的方法。

能力目标

1）能够按规定要求与步骤排除电梯曳引机轴承端漏油故障。

2）能够按规定要求与步骤排除电梯曳引机产生异常噪声的故障。

3）能够按规定要求与步骤排除电梯曳引机产生异常振动的故障。

4）能够按规定要求与步骤排除电梯曳引机异常发热的故障。

5）能够按规定要求与步骤调整制动弹簧、更换制动器闸瓦衬垫。

项目描述

电梯曳引机运转异常时，会出现轴承端漏油、发出异常噪声、产生异常振动、曳引机某部位过热等现象，从而影响电梯的正常运行。因此，有必要研究这些故障产生的原因及排除这些故障的方法。本项目要求根据曳引机运转异常分析故障原因，排查故障点并填写检修记录单。

项目分析

电梯曳引机常见的故障主要表现为轴承端漏油、异常噪声、异常振动、异常发热等现象。为了排除这些故障，电梯维保人员首先要熟悉故障产生的原因及部位，其次要掌握故障排除的方法。

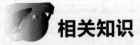

相关知识

一、电梯曳引机轴承端漏油故障的分析

1. 电梯曳引机轴承端漏油故障的现象及危害

曳引机制造过程的工艺缺陷、油封质量问题或使用和保养不当，都可能导致曳引机漏油。电梯曳引机轴承端漏油部位包括曳引电动机轴承端、减速器轴承端、制动轮轴承端、曳引轮与导向轮轴承端等。部分漏油流到曳引轮上，曳引轮高速运转，把泄漏的油又甩到钢丝绳上，时间一久，曳引轮槽、导向轮槽及曳引钢丝绳上的油脂越积越多。油脂影响钢丝绳在线槽内的润滑情况，从而直接影响摩擦系数，导致电梯曳引能力降低。

2. 电梯曳引机轴承端漏油故障的原因分析

曳引机轴承端漏油故障在整梯机械故障率中占有较大的比例，其故障原因有许多方面，从机械角度考虑，常见的轴承端漏油故障的原因分析及处理方法见表3-4。

表 3-4　电梯曳引机轴承端漏油故障的原因分析及处理方法

原因分析	处理方法
油封老化磨损	少量漏油时，仔细观察漏油的质量状况，如果油的黏度太低，应更换
油的黏度降低	
加油量太多	大量漏油时，应观察油量，若剩余油量较少，应及时更换油封
油封材质不好，橡胶弹性差和耐油性能差	
油封圈与轴颈贴合性能较差	

3. 电梯曳引机轴承端漏油故障的排除方法

曳引机轴承端漏油故障的诊断方法常采用目测法，主要观察漏油质量和漏油数量。其故障诊断与维修流程图如图 3-1 所示。

二、曳引机运行故障分析

1. 曳引机运行时产生异常噪声的故障分析

曳引机运行时产生异常噪声，其可能原因有两个方面：轴承故障和蜗轮蜗杆传动故障。

轴承方面，其可能原因包括轴承磨损、滚道或滚子（柱）变形，破坏了原有的轴承配合精度，造成滚道游隙和径向间隙增大，致使运行时产生径向和轴向无规则的游动而产生噪声；蜗轮蜗杆传动方面，其可能原因包括蜗轮节径与孔径同轴度或者齿形公法线

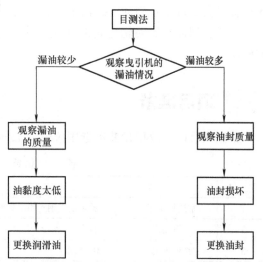

图 3-1　电梯曳引机轴承端漏油故障诊断与维修流程图

尺寸周期性变化，或齿形尺寸大小的周期性变化，从而产生侧隙变化，同时造成蜗杆副齿形啮合的变化，由此产生周期性的振荡噪声。

2. 曳引机运行时产生异常振动的故障分析

曳引机运行时产生振动或周期性振动故障的原因包括曳引机减速器故障、电动机动平衡故障、曳引机底盘安装故障、制动器故障、曳引轮或导向轮轴承磨损故障五个方面。

曳引机减速器的蜗杆中心高度与电动机转子轴中心高度不在同一个中心平面上，这可能是在装配测试时未校正，或者其定位销因受重载的影响而发生走位，致使联轴器运转受阻而产生周期性振动。处理方法：取下定位销，排除不等高、定位销定位的误差、不在同一中心平面以及扭曲等故障。电动机转子动平衡和飞轮动平衡不好，也会产生周期性振动，处理方法：校正转子轴动平衡、飞轮动平衡。曳引机底盘的搁机平面存在平面度误差，因螺栓过紧将曳引机与电动机固定在底盘上而造成材料变形，致使中心等高变化，从而产生振动，处理方法：调整搁机底盘上的螺栓。制动器闸瓦未调整好，闸瓦因锁紧螺母未锁紧或装配不当触碰制动轮，处理方法：调整闸瓦与制动轮间隙并用锁紧螺母锁紧。

3. 电梯运行时曳引机发热的故障分析

曳引机发热的原因包括：产生热膨胀，使蜗轮蜗杆副轴受到热膨胀的影响，造成齿形、

啮合尺寸以及蜗轮杆副啮合的侧隙与啮合的节径产生变化，处理方法：用目测法检查油箱的油面线位置并测量油温。如果油少或油的润滑黏度不够，应当及时更换；如果齿形和啮合中心距、侧隙受到热膨胀的影响，对啮合精度造成影响，也会加大摩擦生热；油箱内的油量太少而也会造成曳引机发热，如果更换润滑油之后，电梯运行时曳引机温度温升仍较高，则可能是轴承的磨损比较严重，需要更换轴承，在更换轴承时，应检查蜗杆副的啮合精度，检查蜗轮的同轴度精度。

三、电梯曳引机制动器的故障分析

电梯运行时出现制动装置发热现象，从机械角度考虑，该故障的原因包括制动电磁铁工作行程过大或过小；制动电磁铁工作时，由于磁杆有卡住现象，会产生较大的电流，使制动装置发热；闸瓦与制动轮之间的间隙变化，造成单边摩擦生热，同时制动效果变差等三个方面。

 **项目准备**

根据项目内容及项目要求选用仪表、工具和器材，见表 3-5。

表 3-5　仪表、工具和器材明细

序　号	名　　称	型号与规格	单　位	数　量
1	常用钳工工具	验电器、钢丝钳、螺钉旋具、电工刀、尖嘴钳、剥线钳	套	1
2	万用表	自定	块	1
3	钳形电流表	0 ~ 50A	块	1
4	手拉葫芦	2t	台	1
5	塞尺		把	1
6	千分尺		把	1
7	劳保用品	绝缘鞋、工作服、护目镜等	套	1

 **项目实施**

一、电梯曳引机轴承端漏油故障诊断与维修

1. 准备工作

1）将电梯轿厢用手拉葫芦吊起，使用支撑木将对重装置撑起，提拉安全钳拉杆，使安全钳钳块动作，然后稍微松一下手拉葫芦，使轿厢重力主要由安全钳承受。

2）当曳引钢丝绳松掉后，将钢丝绳拆卸下，并做好排列顺序标记。

3）将曳引机减速器润滑油放入干净的桶，拆下电动机、编码器接线及抱闸接线。

2. 拆除电动机

1）记下抱闸两边弹簧的长度，收紧一边抱闸臂的弹簧，放松制动闸瓦。

2）缓慢放松弹簧，检查制动轮是否转动。确认制动轮停止后，放松剩下一侧弹簧，松开抱闸。

3）在电动机上绑好钢丝绳，并连接好手拉葫芦，使钢丝绳处于松弛状态。

4）用套筒扳手松开电动机轴和蜗杆之间联轴器的固定螺栓。

5）松开电动机与电动机支架的安装联接螺栓。

3. 更换油封

1）放松蜗杆后端盖的固定螺栓。

2）拆下抱闸制动轮。

3）拆除蜗杆前端盖。

4）取出端盖，更换油封。

4. 装配

1）用0号砂纸在蜗杆与密封圈接触部位轻轻打磨。

2）安装密封圈。安装时，密封圈唇口向内，压紧螺栓要交替拧紧，压盖均匀地压紧密封圈。

3）将制动轮安装在蜗杆上。拧紧后端盖安装螺栓，将按键的位置对准后推入制动轮，拧紧固定螺栓。

4）将电动机安装到电动机安装架上，在联轴器中插入联接螺栓，拧紧电动机与电动机安装架之间的固定螺栓，最后拧紧联轴器螺栓。

5）将抱闸制动臂安装回原来位置，调节弹簧至记录刻度。

6）重新连接电动机电源线、接地线及编码器、抱闸接线。

7）接通电梯电源，慢车下行，检查是否有异常，取出对重支撑木。

8）电梯在中间层运行，检查抱闸是否有异常，调整抱闸弹簧力矩。

二、电梯曳引机运行异常故障诊断与维修

1. 曳引机运行时产生异常噪声的故障诊断与维修

（1）工具

1）钳工常用工具：活扳手、呆扳手、梅花扳手、套筒扳手、螺钉旋具、木槌和锉刀等。

2）起重、吊装工具：手拉葫芦、起重用钢丝绳和夹绳钳。

3）其他：细砂纸、钙基或锂基润滑脂。

（2）曳引机蜗杆轴承的更换与装配

1）明确曳引电动机轴承的功能与作用，熟悉曳引机的工作原理。

2）按照要求完成曳引电动机的吊装。

3）拆下曳引电动机与联轴器的联接螺栓。

4）拆下曳引机减速器蜗杆轴承进行清洁、加油或更换。

5）装配曳引机减速器蜗杆轴承、复位联轴器及曳引电动机。

6）将电源接入控制开关。

7）检查合格后进行通电实验。

（3）曳引机蜗轮轴承的更换与调整

1）明确曳引电动机轴承的功能与作用，熟悉蜗轮滚动轴承的工作原理。

2）按照要求完成曳引电动机的吊装。

3）拆下曳引轮。

4）拆下蜗轮轴的滚动轴承。

5）完成曳引轮滚动轴承的安装与调节。

6）将电源接入控制开关。

7）检查合格后进行通电实验。

（4）蜗轮蜗杆的修复　蜗轮蜗杆啮合出现故障后，因为不可能将其修复到原来的啮合质量，一般采用更换新件的方法进行修理。但对于轻微的胶合可以考虑进行修复，蜗杆副修复的关键在于蜗杆。对中等胶合以下蜗杆的修理指标是：完全去掉蜗杆齿面上贴焊的铜金属瘤及涂敷在齿面上的铜粉。修理过程中不得损伤齿面，也不能增大齿面粗糙度。修复方法有以下两种。

1）机加工修理。可在蜗杆磨床上磨去蜗杆齿面上的金属铜，但不能使吃厚变得太薄，也可采用研磨、抛光或桁磨等方法进行。对蜗轮可以用剃齿或滚齿微削去齿面一层金属，修正蜗轮的关键在于对刀，加工时，要保证齿面两侧微削量一致。修复后的蜗轮蜗杆一定要经过跑合，跑合没有异常现象时即可恢复使用。

2）手工修复。手工修复蜗杆比较困难，一般用整形锉、油石、水砂纸等工具配合将蜗杆齿面上的金属铜全部去掉。修复完毕后，将蜗杆放在磨床上抛光，直到完全没有金属铜为止。修复蜗轮较简单，可用锉刀、刮刀精心修理。修复后的蜗轮蜗杆经彻底清洗才能安装，安装后必须先空跑，再带动轿厢空运行 4～5h，若温升在 60℃ 以下，且无其他异常现象，方可投入使用。

2. 曳引机运行时产生异常振动的故障诊断与维修

（1）转子轴动平衡校正方法　转子的不平衡是因为其中心主惯性轴与旋转轴线不重合而产生的。平衡就是改变转子的质量分布，使其中心主惯性轴与旋转轴线重合而达到平衡的目的。

当测量出转子不平衡的量值或相位后，校正的方法有以下几种。

1）去重法，即在重的一侧用钻孔、磨削、錾削、铣削和激光穿孔等方法去除一部分金属。

2）加重法，即在轻的一侧用螺钉联接、铆接、焊接、喷镀金属等方法加上一部分金属。

3）调整法，通过拧入或拧出螺钉以改变校正重量半径，或在槽内调整两个或两个以上的配重块位置。

4）热补偿法，通过对转子局部加热来调整工件装配状态。

（2）电动机与减速器轴同轴度的测量　校正电动机与减速器同轴度应采用专用设备。为了使电梯曳引电动机与减速器的轴成一条直线，输出最大功率和减少振动、噪声，需要调整同轴度。调整时常采用如下方法：将电动机半联轴节固定在一个专用的支架上，转动电动机，使支架的两个测量间隙针顶在制动轮的四周各点处。用塞尺测量，使测量指针间隙差不超过 0.1mm。当用外径千分尺代替测量针时，边转动，边测量，边调整，达到要求后再将电动机机座螺栓拧紧，并将联轴节的销子穿上拧紧。弹性连接时，蜗杆与电动机轴的同轴度误差不超过 0.1mm；刚性连接时，同轴度误差不大于 0.02mm。

（3）主机振动或周期性振动的排除

1）曳引机的振感，用手触摸法检查，按图 3-2 所示流程检查。

按图 3-2 所示流程检修完毕后，如果还有振动，而且是周期性的，则从两方面着手检查，即调整转子轴的动平衡与飞轮的动平衡。

2）曳引轮或导向轮的轴承有噪声，应当及时更换。

3）电磁制动器的闸瓦未调整好，应对其间隙予以调整，并用锁紧螺母锁定。

经测量无误，又更换了轴承，再进行空载试运行，如无异常即排除了故障。经调整、检查和修复排除了故障后，电梯即恢复正常运行。

3. 电梯运行时曳引机主机发热的故障诊断与维修

曳引机主机发热故障检修流程图如图 3-3 所示。

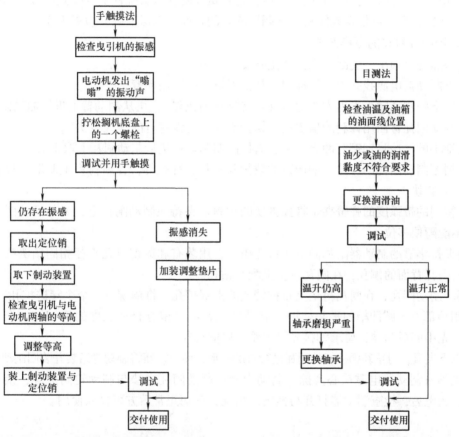

图 3-2　曳引机振动故障检修流程图　　　图 3-3　曳引机主机发热故障检修流程图

三、电梯制动器故障诊断与维修

电梯出现制动闸瓦衬垫磨损严重、制动间隙过大、制动发热严重等现象，可通过调整制动弹簧、更换制动器闸瓦衬垫消除故障现象。

1. 制动弹簧的调整

制动力矩由主弹簧产生，必须调整主弹簧的压缩量，方法如下：松开主弹簧压紧螺母，把调节螺母拧进，以减小弹簧长度，增加弹力，使制动力矩变大；拧出调节螺母，增加弹簧长度，减少弹力，使制动力矩变小，调整完毕后拧紧压紧螺母。

注意事项：

1）应使两边主弹簧长度相等，调整量适当。

2）满足轿厢下降提供足够制动力，迫使轿厢迅速停止运行。

3）满足轿厢在制动时不能过急过猛，保持制动平稳，实现平滑迅速制动，故制动力矩不能过大。制动弹簧调节过紧，制动力过大，将造成电梯上平层低，下平层高。

4）若制动力矩过小，则不能迅速停车而影响平层精度，甚至出现滑车或出现反平层现象。若制动弹簧过松，则制动力过小，造成电梯上平层高，下平层低。

制动器使用日久，制动带会产生磨损，特别是在使用初期磨损速度较快，待制动带与制动轮磨合后，磨损才趋于缓和。因制动带磨损，主弹簧随之伸长，造成制动力矩逐渐减小。为了调整方便，最好在制动器安装调整好后，将弹簧长度在双头螺杆上刻线做记号。当制动带磨损，弹簧伸长后，可根据刻线将弹簧调回原来的长度，以保证制动力矩不变。

2. 制动器闸瓦衬垫的更换方法

1）将轿厢升至顶层，关断电源，并做好安全措施。

2）拆下制动器电源线并做序号标记，从曳引机上拆下制动臂。

3）在拆下的制动臂上做出方向记号（以免装配时出错），再从制动臂上拆下制动闸瓦。

4）在制动闸瓦背面用锋利的扁铲剔除铆接制动块上铜铆钉的"元宝头"。

5）用细小的样冲将铜铆钉冲出，将已磨损的旧制动衬垫从制动闸瓦上取下。

6）依据原制动闸瓦的尺寸、铜铆钉的数量和直径、孔距等，在新衬料上割取和原衬垫大小一致的衬料块。

7）用特制的带弧度的弹簧夹子将预更换的衬料块夹持在制动闸瓦上，要与闸瓦弧度贴合紧密，不能随便移位。

8）将夹持牢靠的制动器闸瓦固定在台虎钳上，用装有和原铆钉孔直径相同钻头的手电钻透过制动闸瓦背面的铆孔，在闸瓦衬垫上配套钻孔。

9）翻转制动闸瓦，在闸瓦衬垫上新钻铆孔的上部扩孔，将铜铆钉一个个穿进扩孔。

10）用顶部有半圆凹槽的平头样冲在制动闸瓦背部对留有合适长度的铜铆钉一个一个进行铆接，先中间后两端，要求铆接光滑美观、坚固可靠。

11）取下夹具，对重新铆接好的闸瓦进行打磨整形，便可重新将制动臂组装并装回制动架。

12）调整好制动器电磁铁心间隙、制动力矩、制动闸瓦衬垫与制动轮间隙等，接上制动器电源，送电后，检查制动器打开与抱闸的情况，一切正常后方可投入使用。

 项目考核

项目完成后，由指导教师对本项目的完成情况进行实操考核。电梯曳引机故障诊断与维修实操考核见表3-6。

表3-6　电梯曳引机故障诊断与维修实操考核表

序号	考核项目	配　分	评分标准	得　分	备　注
1	安全操作	10	1）未穿工作服，未戴安全帽，未穿防滑电工鞋（扣1～3分） 2）不按要求进行带电或断电作业（扣3分） 3）不按要求规范使用工具（扣2分） 4）其他违反作业安全规程的行为（扣2分）		

（续）

序号	考核项目	配 分	评分标准	得 分	备 注
2	电梯曳引机常见故障认知	10	1）不能说出电梯曳引机常见故障（扣5分） 2）不能查找出电梯曳引机故障部位（扣5分）		
3	曳引机轴承端漏油故障诊断与维修	10	1）不能说出曳引机轴承端漏油故障产生的可能原因（扣5分） 2）不能诊断与维修曳引机轴承端漏油故障（扣5分）		
4	曳引机异常噪声与振动故障诊断与维修	40	1）不能说出曳引机异常噪声与振动故障产生的可能原因（扣5分） 2）不能诊断与维修曳引机异常噪声与振动故障（扣5分） 3）不能正确进行曳引电动机、联轴器的拆卸（扣5分） 4）不能正确进行减速器蜗杆、蜗轮轴轴承的拆卸、清洗与复位（扣5分） 5）未正确调整制动器闸瓦间隙（扣5分） 6）未进行曳引轮、导向轮轴承故障的诊断与维修（扣5分） 7）未正确校正转子轴的动平衡（扣5分） 8）未检查与调整曳引机和电动机两轴的等高（扣5分）		
5	电磁制动器故障诊断与维修	20	1）不能说出电磁制动器可能的故障及故障产生的可能原因（扣4分） 2）不能诊断与维修电磁制动器故障（扣4分） 3）未检查与调整制动弹簧（扣4分） 4）未检查与调整制动闸瓦与制动轮间隙（扣4分） 5）未检查与更换制动闸瓦衬垫（扣4分）		
6	6S考核	10	1）工具器材摆放凌乱（扣2分） 2）工作完成后不清理现场，将废弃物遗留在机房设备内（扣4分） 3）设备、工具损坏（扣4分）		
7	总分				

注：评分标准中，各考核项目的单项得分扣完为止，不出现负分。

项目小结

本项目讲述与分析了电梯曳引机常见故障及其诊断与维修的方法，包括曳引机轴承端漏油故障、曳引机异常噪声故障、曳引机异常振动故障、曳引机主机发热故障、电磁制动器故障五个方面，并给出了电梯曳引机故障诊断与维修的步骤。通过学习及实操练习，学生可掌握电梯曳引机故障诊断与维修的基本知识与基本技能。

项目三 电梯轿厢运行故障诊断与维修

知识目标

1）掌握电梯轿厢运行中常见的故障现象。

2）掌握电梯轿厢运行中速度故障的原因及排除方法。

3）掌握电梯轿厢运行中晃动的原因及排除方法。

4）掌握电梯轿厢运行中有撞击声的原因及排除方法。

5）掌握电梯轿厢冲顶或蹲底的原因及排除方法。

6）掌握电梯轿厢运行中突然停止的原因及排除方法。

能力目标

1）能够正确描述电梯轿厢运行中产生的故障。

2）能够正确分析电梯轿厢运行中产生故障的原因。

3）能够按规定的要求与步骤完成电梯轿厢运行中速度故障的维修。

4）能够按规定的要求与步骤完成电梯轿厢运行中晃动的维修。

5）能够按规定的要求与步骤完成电梯轿厢运行中有撞击声的维修。

6）能够按规定的要求与步骤完成电梯轿厢运行中冲顶或蹲底的维修。

7）能够按规定的要求与步骤完成电梯轿厢运行中突然停止的维修。

项目描述

电梯轿厢运行中会出现速度不正常、晃动、撞击、冲顶、蹲底、急停等各种故障，造成乘客舒适感变差，甚至会造成电梯设备的安全事故和乘客的安全事故，从而影响电梯的正常运行，降低电梯运行的效率。因此，有必要对电梯轿厢运行中产生的各种故障进行分析和研究。

项目分析

电梯轿厢运行中产生异常现象时，作为电梯维保人员，首先要正确识别故障的现象，其次要正确分析故障产生的原因并给出故障维修的方法和步骤。因此，本任务首先列出了电梯运行中产生的各种故障，其次分析了故障产生的原因，最后给出故障维修的方法和步骤。

相关知识

一、电梯轿厢运行速度故障分析

电梯轿厢运行中出现速度不正常的故障，其主要原因包括减速器蜗轮蜗杆副故障、轴承故障、曳引钢丝绳故障、电磁制动器故障等。蜗轮蜗杆副的故障主要表现为啮合面接触不良，电梯运行中速度不稳定，轴承故障主要表现为蜗杆轴上的推力球轴承的滚子与滚道严重磨损，产生轴向间隙，引起电梯起动和停车过程中蜗杆轴向窜动。对于这两种减速器间接影响电梯运行的故障，前面已经做了具体分析与处理，即检查曳引减速器内润滑油的油质和油量，如果油质差、油量少或者轴承材质差或原先的装配未调整好，都会逐渐产生和加大轴向窜动量，因此应该及时更换润滑油，调整轴向间隙。对于曳引钢丝绳和绳槽之间存在油污，致使运行时钢丝绳局部打滑，使轿厢运行速度产生变化，处理时只需清除钢丝绳和曳引绳槽中的油污，对已磨损的钢丝绳和绳槽需要及时更换和修正。对于电磁制动器压力弹簧调节不当（压力太小），当电梯起动时进行，产生向上提拉的抖动感，减速制动时又产生倒拉的感觉，处理时按照以前介绍的处理步骤即检查与调整闸瓦间隙，调整弹簧压力，确保电梯停止运行时静止并且位置不变，直到工作时才松闸。

二、电梯轿厢运行中晃动分析

电梯轿厢运行中产生晃动，其主要原因包括导向系统故障、钢丝绳故障、蜗轮蜗杆传动故障三个方面。

1. 导向系统故障

导向系统故障包括导轨故障和导靴故障两个方面，导轨故障主要体现在导轨磨损严重，使导轨与导靴产生了较大间隙，从而使轿厢水平方向晃动（前后或左右晃动），对重装置导轨扭曲也会产生晃动。另外，导轨的直线度与水平度超差，两导轨平行度的开档尺寸有偏差，也会造成晃动。导轨出现以上故障时，应检查调整各导轨的直线度、平行度及开档尺寸，同时检查压导板、接导板处螺栓是否有松动。

导靴故障主要是指滑动导靴的靴衬或滚动导靴的滚轮严重磨损，从而产生较大间隙，造成轿厢垂直方向晃动。出现这种问题时，应检查磨损情况，如果磨损严重应立即更换。

2. 钢丝绳及绳轮故障

钢丝绳的故障表现在两方面，一是钢丝绳与绳槽间磨损不一致致使各钢丝绳的线速度不一致，造成钢丝绳的速度紊乱传递给轿厢，从而引起轿厢上下振动；二是钢丝绳均衡受力装置未调整好所致。出现这种故障时，应调整均衡受力装置，更换钢丝绳或曳引轮。

3. 蜗轮蜗杆传动故障

蜗杆副存在轴向窜动或者蜗轮的节径与孔径同轴度超差，输入与输出轴三眼不直，从而使振动传递至轿厢。出现这种故障时，应调整同轴度，校正轴向间隙，若有可能，更换一对蜗杆副。

三、电梯轿厢运行中有撞击声分析

造成电梯轿厢运行中有撞击声的原因包括重量补偿装置故障、轿厢故障、导轨导靴故障等方面。重量补偿装置方面，包括由于补偿链和补偿绳装配不妥造成擦碰轿壁；补偿链与下梁连接处未加减振橡胶或者连接处未加隔振装置，补偿链未加补偿绳索予以减振或者未加润滑剂予以润滑；随行电缆未消除应力，所产生的扭曲容易擦碰轿厢壁。轿厢方面主要是由于轿顶与轿壁、轿壁与轿底、轿架与轿顶、轿架下梁与轿底之间的防振消音装置脱落。导向系统方面主要是由于导靴与导轨间隙过大或者两根主导轨向层门方向中凸，从而引起与护脚板的擦碰；导靴有节奏地与导轨拼接处擦碰或与其他异物擦碰。

四、电梯轿厢冲顶或蹲底分析

电梯轿厢出现冲顶或蹲底现象，原因包括平衡系数未能匹配、钢丝绳与曳引轮表面严重磨损、钢丝绳表面油脂过多、制动器闸瓦间隙太大或者制动器弹簧压力过小、上下平层开关位置有偏差或装配有误等五个方面。

五、电梯轿厢运行中突然停止分析

电梯轿厢运行中突然停止的原因包括由于限速器、安全钳动作，由于安全开关或电源故障导致的制动器失电动作。

由于限速器、安全钳机械故障导致电梯停止的原因包括限速器调整不当，离心块弹簧老化，其拉力未能克服动作速度的离心力；限速器钢丝绳调整不当，其张紧力不够或钢丝绳直径变化引起钢丝绳拉伸；导轨直线度偏差与安全钳楔块间隙过小，擦碰导轨，引起摩擦阻力致使安全钳误动作等三个方面。

由于安全开关或电源故障导致的电梯突然停止故障的原因包括轿门门刀碰触层门门锁滚轮，使门锁开关断开；称量装置的秤砣偏位；制动器故障，使之抱闸；曳引机闷车，热继电器跳闸等。

 ## 项目准备

根据项目内容及项目要求选用仪表、工具和器材，见表3-7。

表3-7　仪表、工具和器材明细

序　号	名　　称	型号与规格	单　位	数　量
1	常用钳工工具	钢丝钳、螺钉旋具、尖嘴钳、剥线钳、普通扳手、活扳手、呆扳手、塞尺	套	1
2	万用表	自定	块	1
3	劳保用品	绝缘鞋、工作服等	套	1

 ## 项目实施

一、电梯轿厢运行速度故障维修

关于减速器故障和制动器故障的排除已经做了详细介绍。本任务只介绍因钢丝绳与曳引轮绳槽有油污致使钢丝绳局部打滑产生速度不稳定的故障进行维修。出现这种故障时，除了要清除轮槽和钢丝绳表面油污外，如果钢丝绳磨损严重，还需更换钢丝绳。

1. 钢丝绳绳头的制作

1）根据样线测量钢丝绳长度。

2）用砂轮机切断钢丝绳，并在截断处用细钢丝和乙烯胶带包扎。

3）将钢丝绳从绳套口穿入穿出。

4）用螺栓固定钢丝绳穿入穿出部位。

2. 钢丝绳张力的调整

电梯是多绳提升，在使用中会产生结构性伸长，这一伸长过程在钢丝绳安装早期阶段发展相当迅速，使用几个月或一年（视电梯运行频次、负载大小而定）后，伸长量随时间的增加而减少，直至处于稳定期。多绳提升要求每根钢丝绳受力均等，利用钢丝绳锥套上的钢丝绳张力调整装置，拧紧或放松螺母改变弹簧力的办法实现。弹簧还可起微调作用，瞬时不平衡力由弹簧补偿。测量钢丝绳时按以下步骤进行：

1）将电梯运行至顶层平层位置，在中间站打开层门，用专用测量工具将对重侧钢丝绳拉至指定位置，记录下此时弹簧秤的拉力值。逐根测量后，计算其平均值。钢丝绳张力与平

均值偏差不应超过 5%，相互间的偏差不超过 10%。这种测量方法的优点是测量数据准确，偏差小；缺点是操作有一定难度。

2）将电梯置于检修状态，人站在轿顶，将轿厢与对重装置运行至同一位置，测量对重侧的钢丝绳张力，测量方法同上。这种测量方法的优点是测量方便，但是数据偏差大。

3. 钢丝绳的更换

更换钢丝绳时，同时检查曳引轮的磨损情况，如果曳引轮磨损超标或磨损不均匀，应同时予以更换。更换的钢丝绳与曳引轮的性能指标要保持一致，不能硬也不能软，应选用与旧绳参数基本相同的产品，以免磨损曳引轮或被曳引轮磨损，从而加速钢丝绳与曳引轮的磨损。换绳时遵循以下操作。

1）切断电梯电源，将轿厢吊起。

2）换绳时不要一下子把旧绳全部拆掉，最好分两次换旧绳，最少要留一根以保证安全。拆下部分绳头组合，用大绳将钢丝绳放下。

3）取出钢丝绳。

4）放新绳，截绳，固定并调整张紧力。

二、电梯轿厢运行中晃动故障维修

1. 轿厢运行中晃动故障检修流程

轿厢运行中晃动故障检修流程图如图 3-4 所示。

2. 更换导靴

（1）更换上靴衬

1）按规定步骤进入轿顶，做好导靴与邻近导轨的清洁，将新靴衬擦净并涂上机油备用。

2）拆下靴衬上下压板，将新靴衬放在旧靴衬之上并贴靠在导轨上，用锤柄或垫上旧靴衬往下砸新靴衬，新靴衬移动到位时，旧靴衬便被顶替下来。操作时应注意防止旧靴衬坠落。

3）装上靴衬上下压板。

（2）更换下靴衬

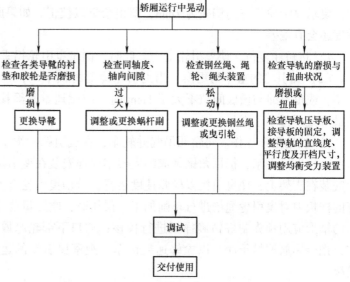

图 3-4 轿厢运行中晃动故障检修流程图

1）按规定步骤进入底坑，做好导靴、安全钳和临近导轨的清洁。

2）标记好导靴调整弹簧螺母的位置，供复原时参考。拆下靴衬的下部压板，将导靴调整弹簧螺母旋紧，使靴衬不受力。

3）从下部抽出靴衬，如不好取，可将轿厢点动慢速上行，当靴衬露出一部分时便可抽出，将抹过油的靴衬换上。

4）装上靴衬下压板，调整弹簧螺母。

换靴衬时，应对靴衬的磨损情况进行检查，发现磨损部位有明显偏差时，应适当调整导靴座的位置。换好靴衬后，应慢速试车，观察靴衬运行情况，及时进行调整。上下同时作业时要配合好，在底坑操作时注意位于安全位置。

3. 曳引轮的检查、调整及重车与更换

（1）曳引轮铅垂度的检查与调整　产生曳引轮偏差的原因一般有两个，一是组装质量不高，二是运行后曳引机座曳引轮一侧长期受力，使机座下减振橡胶垫失去弹性变薄，造成机座整体倾斜，曳引轮随之倾斜。检查时，应分清造成偏差的原因，采用水平仪放在曳引机座上或用磁力线锤测曳引轮铅垂度。

如果机座整体向曳引轮一侧倾斜，说明机座下面的橡胶减振垫变形失效，应予以更换。若机座整体没有倾斜而只是曳引轮本身铅锤有偏差，则应检查曳引机主轴与曳引轮的组装质量，并找出原因，采取增减轴承座或支座垫片的措施进行调整。出现曳引轮偏差超标，大多是由于减振垫变形失效造成的。更换减振垫的方法如下：

1）将轿厢吊起使曳引轮不受力。

2）用两根撬棍将曳引机底座从装有曳引轮的一侧提起，将旧减振垫去除并更换新的减振垫。撬底座前应做好底座位置标记。

3）将两根撬棍先后撤出，使曳引机底座恢复原位。这时，用磁力线锤测量曳引轮铅垂度，要求曳引轮反方向偏差为2mm，留出余量以校正。如果此时偏差为0，曳引轮受力后铅垂度还会有偏差。

4）将轿厢复位，使曳引轮受力，此时，测量曳引轮铅垂度应符合要求。

（2）曳引轮的重车与更换　当曳引轮绳槽磨损不一，各绳槽之间的最大误差为绳径的1/10，或曳引绳与槽底间隙不大于1mm时，应就地重车绳槽或更换曳引轮。重车后，曳引轮最薄处不得小于绳径。

1）就地重车操作。将轿厢吊起并轧车，在曳引钢丝绳上做好位置标记，然后将钢丝绳从曳引轮上摘下来，把用角钢制成的支架牢固地安装在曳引机承重梁上或曳引机座上。把刀架安装在支架上，使曳引机以检修速度运行，带动曳引轮自上而下向操作者方向旋转。用磨好的样板刀对曳引轮绳槽进行车削加工，操作时，吃刀量要小，并遵守车工操作规程。重车后的槽形应用预先制好精确样板进行校核；切口下部轮缘厚度不得小于绳径；做好清洁工作，把金属屑擦拭干净，以检修速度试车，观察曳引轮的运转情况、钢丝绳与绳槽的接触情况。

2）更换曳引轮的操作。首先，为了使新曳引轮能与原曳引钢丝绳的硬度相匹配，要确认新曳引轮的材质与原曳引轮相同，以免造成硬度不合格而发生曳引轮绳槽或钢丝绳被磨坏的事故。更换时，首先将轿厢吊起，在曳引钢丝绳上做好位置标记，将钢丝绳从曳引轮中取下，用手拉葫芦将曳引轮主轴吊好或用支撑物支好，保证在拆下曳引轮侧的轴承座和座架时曳引轮主轴不移位。注意记录和保存垫片的位置和数量；拆下曳引轮上的联接螺母；更换新曳引轮；复位座架和轴承座及其垫片；松下手拉葫芦，用卷尺测量前后位置，偏差不大于3mm；用线锤测量铅垂度，应不大于0.5mm；用百分表检测水平方向扭转误差，应不大于0.5mm；在摘绳状态下送电，以慢车速度试验曳引轮转动情况，正常后方可挂绳试车。

4. 调整齿侧间隙

齿侧间隙过大会造成曳引机抖动，致使轿厢在运行中发生振动还会增大噪声。对齿侧间隙进行调整可采用以下措施：

1）减少主轴两端轴承座底部垫片，就能减小中心距。

2）主轴两端的轴承座内装设偏心套，同时转动两端的偏心套，就可改变中心距。

3）主轴的两个支撑端与箱体的中心距有偏差时，只要将轴转动，就可以调整中心距。

4）同时升降支撑主轴的两侧箱体端盖的调整高度，也可以调整中心距。

当轮齿磨损使齿侧间隙超过 1mm，并在运转中产生猛烈撞击时，或者轮齿磨损量达到原齿厚的 15% 时，应成对更换蜗轮与蜗杆。

三、电梯轿厢运行中有噪声故障维修

1. 电梯轿厢运行中有撞击声故障检修流程

轿厢运行中有撞击声故障检修流程图如图 3-5 所示。

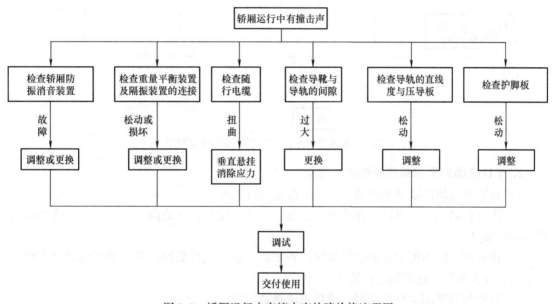

图 3-5　轿厢运行中有撞击声故障检修流程图

2. 电梯轿厢运行中有撞击声的检查与调整

1）检查各防振消音装置并加以调整或更换橡胶垫块。

2）检查与更换轿架下梁悬挂平衡链的隔振装置是否连接可靠，若松动或已损坏，应予以调整或更换。

3）检查随行电缆是否扭曲，若已扭曲，应垂直悬挂并消除应力。

4）检查与调整导靴与导靴间隙是否过大，以及导轨的直线度与压导板是否松动，护脚板是否松动，更换导靴靴衬并且调整导轨与护脚板。更换导靴、调整导轨及其压导板时应按正确的步骤进行；检查随行电缆时，为防止电缆晃动碰擦轿厢或者由于电缆扭曲与自重关系长期过度地处在交变载荷下造成电缆内部导线折断，应在井道偏高处用电缆夹予以固定以及采用轿底电缆夹予以固定减缓电缆重量，防止擦碰轿壁。

四、电梯轿厢冲顶或蹲底故障维修

1. 电梯轿厢冲顶或蹲底故障检修流程

电梯轿厢冲顶或蹲底故障检修流程图如图3-6所示。

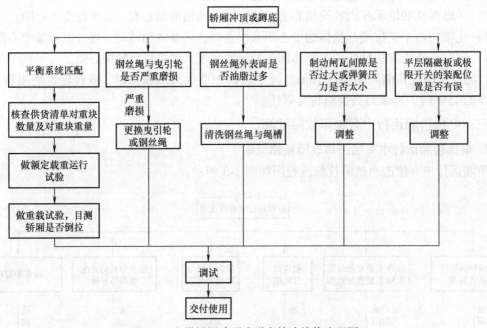

图3-6　电梯轿厢冲顶或蹲底故障检修流程图

2. 电梯轿厢冲顶或蹲底的检查与调整

1) 核查对重块的数量及重量，做额定载重运行试验。

2) 进行重载试验，将轿厢分别移至上端或下端，使其向下或向上运行，目测轿厢是否有倒拉现象。

3) 检查钢丝绳和曳引轮的磨损情况，若磨损严重应进行更换；检查钢丝绳和曳引轮表面是否有过多油脂，过多则进行清洁。

4) 检查和调整制动闸瓦间隙，调整制动弹簧压力。

5) 检查和调整上、下平层开关和极限开关位置。

五、电梯轿厢运行中停止故障维修

1. 电梯轿厢运行中突然停止故障检修流程图

电梯轿厢运行中突然停止的故障检修流程图如图3-7所示。

2. 电梯轿厢运行中突然停止的检查与调整

1) 通电后，检查制动器抱闸是否松开。

2) 检查制动装置的调节螺钉是否松动、闸瓦间隙是否太小或电磁铁距离是否太小。

3) 检查安全钳楔块与导轨间隙及导轨的直线度，调整导轨的直线度及平行度，调整和修复导轨与楔块的间隙。

4) 检查限速器及其开关正常与否，并进行调整。

5) 检查门刀与门锁滑轮的位置，并进行调整。

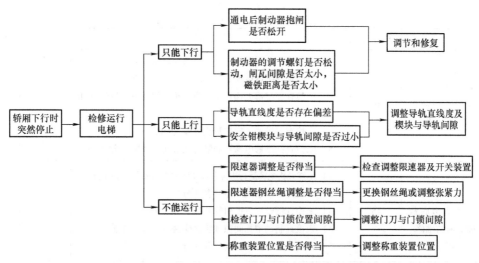

图 3-7　电梯轿厢运行中突然停止的故障检修流程图

6）检查并调整称量装置位置。

 项目考核

项目完成后，由指导教师对本项目的完成情况进行实操考核。电梯轿厢运行故障诊断与维修实操考核见表3-8。

表3-8　电梯轿厢运行故障诊断与维修实操考核表

序号	考核项目	配分	评分标准	得分	备注
1	安全操作	10	1）未穿工作服，未戴安全帽，未穿防滑电工鞋（扣1~3分） 2）不按要求进行带电或断电作业（扣3分） 3）不按要求规范使用工具（扣2分） 4）其他违反作业安全规程的行为（扣2分）		
2	电梯轿厢运行故障认知	10	1）不能说出电梯运行中的常见故障（扣5分） 2）不能说出电梯轿厢运行中常见故障的部位（扣5分）		
3	电梯轿厢速度故障诊断与维修	10	1）不能分析电梯轿厢运行中速度不正常的原因（扣2分） 2）未检查并维修电梯减速器蜗轮蜗杆副故障（扣2分） 3）未检查并维修电梯减速器轴承故障（扣2分） 4）未检查并维修电梯曳引钢丝绳故障（扣2分） 5）未检查并维修电梯电磁制动器故障（扣2分）		
4	电梯运行中晃动故障诊断与维修	15	1）不能分析电梯运行中轿厢晃动故障（扣2分） 2）未检查并维修电梯导向系统故障（扣3分） 3）未检查并维修电梯钢丝绳故障（扣5分） 4）未检查并维修电梯蜗轮蜗杆副故障（扣5分）		

（续）

序号	考核项目	配 分	评分标准	得 分	备 注
5	电梯运行中有撞击声故障诊断与维修	10	1）不能分析电梯运行中轿厢撞击声故障（扣2分） 2）未检查并维修电梯导向系统故障（扣2分） 3）未检查并维修电梯重量平衡系统与随行电缆故障（扣2分） 4）未检查并维修电梯护脚板故障（扣2分） 5）未检查并维修电梯轿厢隔音装置连接故障（扣2分）		
6	电梯运行中冲顶或蹲底故障诊断与维修	15	1）不能分析电梯运行中冲顶或蹲底故障的原因（扣3分） 2）未检查平衡系数故障（扣3分） 3）未检查钢丝绳及曳引轮故障（扣3分） 4）未检查制动闸瓦间隙和制动弹簧压力（扣3分） 5）未检查平层开关位置（扣3分）		
7	电梯运行中突然停止故障诊断与维修	20	1）不能正确分析电梯运行中突然停止故障的原因（扣2分） 2）未检查与调整制动器故障（扣4分） 3）未检查与调整限速器故障（扣4分） 4）未检查与调整导轨直线度（扣2分） 5）未检查与调整导轨与导靴间隙（扣2分） 6）未检查与调整门刀与门锁滚轮间隙（扣4分） 7）未检查称重装置位置（扣2分）		
8	6S 考核	10	1）工具器材摆放凌乱（扣2分） 2）工作完成后不清理现场，将废弃物遗留在机房设备内（扣4分） 3）设备、工具损坏（扣4分）		
9	总分				

注：评分标准中，各考核项目的单项得分扣完为止，不出现负分。

📖 项目小结

本项目分析了电梯轿厢运行中常见的五种故障，包括轿厢运行速度故障、轿厢运行中晃动、轿厢运行中有撞击声、轿厢冲顶或蹲底、轿厢突然停止，并给出了故障检修流程图。通过学习及实操练习，学生可掌握电梯轿厢运行故障诊断与维修的基本知识与基本技能。

项目四　电梯层门轿门系统故障诊断与维修

💡 知识目标

1）掌握电梯层门轿门系统的组成和工作原理。

2）掌握电梯层门轿门系统的常见故障现象。

3）掌握电梯层门轿门系统开关门过程中产生异常振动、噪声、滑行故障的原因与故障维修的方法和步骤。

4）掌握电梯层门轿门系统开关门到位后门扇形状和位置异常故障的原因、故障维修的方法和步骤。

5）掌握电梯层门轿门系统不能正常开关门的机械故障的原因、故障维修的方法和步骤。

能力目标

1）能够诊断和维修电梯层门轿门系统开关门过程中产生异常振动、噪声、滑行的故障。

2）能够诊断和维修电梯层门轿门系统开关门到位后门扇形状和位置异常的故障。

3）能够诊断和维修电梯不能正常开关门的机械故障。

项目描述

电梯层门、轿门是保障乘客安全进出轿厢的重要保护装置，其功能的正常与否和运行质量的好坏直接影响着电梯的安全性能。在电梯出现的可能故障中，层门轿门系统出现故障的概率较高，且故障较为集中，维修工作量大。因此，对于电梯维保人员来讲，掌握常见的电梯层门轿门系统故障诊断与维修的方法和步骤非常重要。

项目分析

电梯层门轿门系统常见的故障有三种，即开关门过程中产生异常振动、噪声、滑行异常，电梯门扇形状和位置异常，电梯不能正常开关门。本项目分析了这三种故障产生的原因，并给出了故障维修的方法和步骤。

相关知识

一、电梯层门轿门开关门过程故障分析

1. 电梯开关门过程中产生振动、噪声、滑行异常的故障分析

电梯开关门在电梯停止运行时进行。开关门时，由门电动机通过传动系统带动轿门开启与关闭，轿门在开启与关闭过程中通过门刀带动层门门锁滚轮使层门开启与关闭。轿门和层门在开启与关闭过程中，门锁装置同时打开与闭合。因此，在开关门过程中，门电动机的故障、传动系统的故障、导向系统的故障、门刀与门锁的故障、门扇的故障都会导致门扇在开启与闭合过程中产生振动、摩擦、撞击、异常噪声，同时出现门在滑行过程中跳动、摆动等异常现象。

2. 电梯开关门到位后，门扇出现异常形状与位置异常的故障分析

电梯开门后两扇层门或轿门不对中、关门后门缝间隙过大、门对口处平面度超差等现象也会影响电梯运行的安全性与平稳性，因此也是一个潜在故障。

（1）中分式门关闭后，门对口处的故障分析　中分式层门两门扇间的门缝呈现 V 形、门缝间隙过大、对口处不平。排除安装误差之外，主要是由门扇的垂直度超差引起的，而导致门扇垂直度超差的原因主要包括吊挂门扇的门挂板组件中门导轨、门滑轮表面污垢太多，门导轨、门滑轮磨损不均匀；由于门扇滑行时的振动，造成门扇的联接螺栓松动，导致门扇垂直度超差。

（2）电梯开门后，左右层门不对中　从电梯的安装工艺分析得知，门套的安装是根据门样线定位的，门套安装后固定不变，因此，电梯平层开门后，门扇边缘与门套端面不平齐使得门套中线与门扇中线不重合，造成这一现象的原因包括门扇联接螺栓松动、门挂板和传动带的联接螺栓松动、传动带或钢丝绳张紧力不足、轿门门刀与层门开锁滚轮之间的水平位置发生较大偏差所致。

二、电梯不能正常开关门

电梯出现不能正常开关门的现象，从机械角度考虑，主要包括开关门电动机损坏、传动带及钢丝绳未张紧或脱落、层门轿门上坎导轨下坠导致门扇下沿拖地、门导靴撞坏嵌入地坎造成门扇不能开启或关闭。

项目准备

根据项目内容及项目要求选用仪表、工具和器材，见表3-9。

表3-9　仪表、工具和器材明细

序　号	名　　称	型号与规格	单　位	数　量
1	钳工工具	钢丝钳、螺钉旋具、尖嘴钳、剥线钳、普通扳手、活扳手、呆扳手、塞尺	套	1
2	万用表	自定	块	1
3	劳保用品	绝缘鞋、工作服等	套	1

项目实施

一、电梯层门轿门开关门过程中的故障诊断与维修

1. 电梯层门轿门开关门过程中产生噪声、振动、滑行异常的故障检修流程

电梯层门轿门开关门过程中产生噪声、振动、滑行异常现象，可按图3-8所示的故障检修流程图进行检查。

2. 检查与排除门系统故障

1）检查门电动机、编码器工作中有无异常振动、响声，各紧固螺栓是否紧固。

2）检查层门与轿门传动装置，润滑各转动部位，更换或调整传动带，并调整两轴平行度与张紧力，检查传动带表面有无破损，带内有无异物，开关门时传动带和各轮及其他部件有无不正常摩擦，更换传动带以及调整张紧力。

3）去除导轨上的污垢并调整上、下导轨垂直、平行、扭曲等，修正导轨异常的凸起，确保门滑行正常。

4）检查门滑轮的磨损、外形，检查门导靴的连接、扭曲、插入深度、磨损，清洁门地坎。

5）检查门刀垂直度、门刀与滚轮间隙、门刀与地坎间隙、门锁滚轮与地坎间隙，润滑

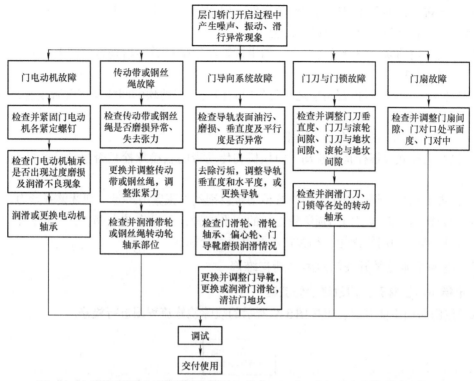

图 3-8　电梯层门轿门开关门过程中产生噪声、振动、滑行异常故障检修流程图

滑动部位。

3. 更换传动带的步骤

1）关闭电源，卸下防护罩，旋松电动机的装配螺栓。

2）移动电动机使传动带松弛，取下传动带。

3）检查传动带是否过度磨损。过度磨损意味着传动装置设计或保养上存在问题。

4）选择合适的传动带替换。

5）清洁传动带及带轮。

6）检查带轮是否存在裂纹或磨损，若磨损过度，则必须更换带轮。

7）检查带轮是否平行。

8）检查其余传动装置及部件、轴承轴套的润滑情况及对称性。

9）对于多条带传动的装置而言，必须更换所有传动带，如果多条带传动装置上只更换一条，新带的张力可能会合适，但所有的旧带则会张紧力不足，传动装置可能仅依靠这条新带带负载，致使新带过早损坏。

10）调整中心距，用手转几圈主动轮，使用张紧力测量仪检查张紧力是否适当。

11）拧紧电动机紧固螺栓，纠正扭矩。

12）试运行，检查是否存在异常振动、异常噪声。

4. 电梯开关门到位后，门扇形状与位置异常的故障维修

（1）门扇垂直度超差故障的检查与排除

1）在层站对两门扇的垂直度进行检测，当垂直度超差较大时，需对门扇进行调整。

2）进入轿顶，拆下该门扇的门滑轮组件，用游标卡尺检查两个门滑轮的外圆直径尺寸是否一致，若偏差较大，则应更换门滑轮。

3）检查门扇的联接螺母是否松动。如果拧紧联接螺母后门扇垂直度超差仍然较大，可加装垫片进行调整。

调整完成后，应注意检查门扇之间及门扇与门套、门地坎的间隙是否有所改变，是否符合国家标准的要求。

（2）门扇不对中故障的检查与排除

1）检查门扇联接螺栓是否松动、门挂板和传动带的联接螺栓是否松动，若松动，拧紧相应螺栓。

2）检查传动带或钢丝绳张紧力，若传动带或钢丝绳张紧力不足，则调整张紧力。

3）检查轿门门刀与层门门锁滚轮之间的水平位置是否发生较大偏差，若偏差较大，则调整轿门门刀与层门门锁滚轮，相关技术要求应符合标准。

二、电梯不能正常开关门故障诊断与维修

1. 电梯不能正常开关门故障检修流程

电梯层门轿门不能开启，可按图3-9所示的故障检修流程图进行检修。

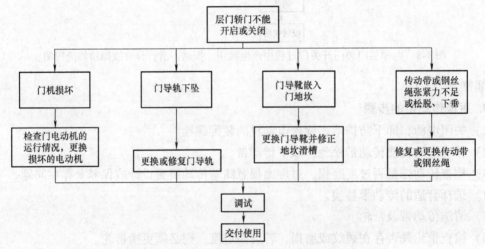

图3-9　电梯不能正常开关门故障检修流程图

2. 检查与排除层门轿门不能开启的故障

1）检查门机是否损坏，若损坏，应立即更换。

2）检查门导轨是否下坠，若下坠，则更换或修复门导轨。

3）检查门导靴嵌入门地坎的情况及门导靴质量，修复或更换门导靴。

4）检查传动带及钢丝绳是否松脱或损坏，修复或更换已损坏的传动带或钢丝绳。

 项目考核

项目完成后，由指导教师对本项目的完成情况进行实操考核。电梯层门轿门系统故障诊断与维修实操考核见表3-10。

表 3-10　电梯层门轿门系统故障诊断与维修实操考核表

序号	考核项目	配分	评分标准	得　分	备　注
1	安全操作	10	1）未穿工作服，未戴安全帽，未穿防滑电工鞋（扣 1～3 分） 2）不按要求进行带电或断电作业（扣 3 分） 3）不按要求规范使用工具（扣 2 分） 4）其他违反作业安全规程的行为（扣 2 分）		
2	电梯开关门过程产生噪声、振动、滑行异常的故障诊断与维修	30	1）不能分析电梯开关门过程中产生噪声、振动的原因（扣 5 分） 2）未检查和维修门电动机故障（扣 5 分） 3）未检查和维修门传动系统故障（扣 5 分） 4）未检查和维修门导向系统故障（扣 5 分） 5）未检查门扇故障（扣 5 分） 6）未检查门刀与门锁故障（扣 5 分）		
3	电梯门扇形状和位置异常的故障诊断与维修	20	1）不能分析电梯门扇形状和位置异常的原因（扣 4 分） 2）未检查与维修门扇及门挂板的连接（扣 4 分） 3）未检查门导轨、门滑轮的污垢与磨损情况（扣 4 分） 4）未检查传动带或钢丝绳的张紧情况（扣 4 分） 5）未检查轿门门刀与层门门锁滚轮之间的水平位置（扣 4 分）		
4	电梯传动带的更换	10	1）不能说出传动带的更换步骤（扣 3 分） 2）未按规定步骤更换传动带（扣 3 分） 3）未按规定要求更换传动带（扣 4 分）		
5	电梯不能正常开关门的故障诊断与维修	20	1）不能分析电梯不能开关门的原因（扣 4 分） 2）未检查与维修门电动机（扣 4 分） 3）未检查与维修门导轨的下坠情况（扣 4 分） 4）未检查与维修门导靴与门地坎（扣 4 分） 5）未检查与维修传动带或钢丝绳的张紧力或松脱、下垂（扣 4 分）		
6	6S 考核	10	1）工具器材摆放凌乱（扣 2 分） 2）工作完成后不清理现场，将废弃物遗留在机房设备内（扣 4 分） 3）设备、工具损坏（扣 4 分）		
7	总分				

注：评分标准中，各考核项目的单项得分扣完为止，不出现负分。

 **项目小结**

　　本项目介绍了电梯层门轿门系统常见的三种机械故障诊断与维修的方法和步骤，即电梯层门轿门开启过程中故障诊断与维修、电梯轿门层门开启到位与关闭到位形状和位置误差故障诊断与维修、电梯不能开关门的机械故障诊断与维修。本项目分析了电梯开关门过程中产生振动与噪声、滑行异常故障的原因，并给出了故障诊断的思路；分析了电梯层门轿门开启到位和关门到位后形状和位置误差等故障的原因，并给出了故障诊断的一般步骤；分析了电梯不能正常开关门的机械故障的原因，并给出了故障诊断的思路。通过学习及实操练习，学生可掌握电梯层门轿门系统故障诊断与维修的基本分析方法和基本维修技能。

参 考 文 献

[1] 陈路兴. 电梯维修与保养 [M]. 广州：华南理工大学出版社，2015.

[2] 冯志坚，李清海. 电梯结构原理与安装维修：任务驱动模式 [M]. 北京：机械工业出版社，2015.

[3] 上海市电梯行业协会，上海市电梯培训中心. 电梯：原理·安装·维修 [M]. 北京：中国纺织出版社，2011.

[4] 马宏骞，石敬波. 电梯及控制技术 [M]. 北京：电子工业出版社，2013.

[5] 魏孔平，朱蓉. 电梯技术 [M]. 北京：化学工业出版社，2006.

[6] 闫莉丽. 高级电梯安装维修工技能实战训练 [M]. 北京：机械工业出版社，2010.